乌梁素海水环境状态特征及模拟研究

李畅游　史小红　赵胜男　著

U0272597

科学出版社

北京

内 容 简 介

本书是河湖湿地水环境保护与修复创新团队多年来在乌梁素海流域开展的系列科研工作的总结。本书就大型浅水湖泊的水环境演化及其机制、湖泊生态环境管理等目前人们关心的学科前沿问题进行详细探讨。主要内容包括：乌梁素海及河套灌区概况，乌梁素海水质污染特征及其演变，水环境综合评价，元素赋存形态及水质动态模拟，乌梁素海流域非点源污染负荷分析，乌梁素海生态环境需水及补水调水综合分析，乌梁素海生态系统服务功能与生态系统健康评价。

本书可供环境、资源、水利等相关专业的研究生、本科生及从事相应专业的科研、教学和工程技术人员参考。

图书在版编目（CIP）数据

乌梁素海水环境状态特征及模拟研究/李畅游，史小红，赵胜男著. —北京: 科学出版社, 2019.8

ISBN 978-7-03-060278-7

Ⅰ. ①乌⋯　Ⅱ. ①李⋯　②史⋯　③赵⋯　Ⅲ. ①淡水湖-水环境-环境管理-研究-乌拉特前旗　Ⅳ. ①X143

中国版本图书馆 CIP 数据核字(2018)第 296569 号

责任编辑: 何雯雯　王希挺 / 责任校对: 刘凤英
责任印制: 李　冬 / 封面设计: 王　浩

科学出版社 出版

北京东黄城根北街 16 号
邮政编码: 100717
http://www.sciencep.com

北京科信印刷有限公司 印刷
科学出版社发行　各地新华书店经销

*

2019 年 8 月第 一 版　开本: 787×1092　1/16
2019 年 8 月第一次印刷　印张: 12
字数: 290 000

定价: 88.00 元
(如有印装质量问题，我社负责调换)

作 者 简 介

李畅游 内蒙古农业大学水利与土木建筑工程学院教授、博士生导师。现任中国高等教育学会常务理事、内蒙古水利学会副理事长、教育部高等学校水利类专业教学指导委员会副主任、中国水利教育协会高等教育分会副理事长、中国农业工程学会副理事长、《农业环境科学学报》编委。

多年来一直从事水环境系统规划及管理、水资源最优化配置教学和科研工作。先后主持和参加了 40 余项国家和省部级重大科研项目，其中主持国家自然科学基金项目 8 项（重点项目 1 项），国际合作项目 3 项。1993 年获"内蒙古自治区优秀青年知识分子"荣誉称号，1994 年被自治区授予"优秀科技工作者"荣誉称号，1996 年获"内蒙古自治区有突出贡献的中青年专家"荣誉称号，2012 年获国务院特殊津贴。1995 年获国家科技进步三等奖，2001 年与 2009 年分别获国家级教学成果二等奖，2013 年获内蒙古自治区教学成果一等奖。发表论文 200 余篇，其中近 30 篇被 SCI 或 EI 收录。拥有国家专利 6 项。以第一作者撰写出版专著 5 部。

史小红 教授，博士，硕士生导师，针对我国北方高纬度、高海拔的寒旱区河流与湖泊特征进行环境演化、水文过程等机理研究。国家林业和草原局生态定位研究站网的乌梁素海湿地生态系统定位研究站站长，《中国林业百科全书湿地保护与管理卷》编写委员会编委，中国水利学会冰工程委员会委员，湿地生态功能与恢复北京市重点实验室学术委员会委员，中国海洋湖沼学会湖泊分会理事会理事。

从 2001 年起开始参加教学和科研工作，从事水环境保护、水环境化学、岩土环境物理学专业课程的教学工作，并一直进行寒旱区河湖湿地环境研究与保护的科研及生产项目。主持国家自然科学基金项目 2 项，国家重点研发计划项目 1 项，内蒙古自治区自然科学基金项目 1 项，国家林业局湿地生态站建设工程项目 1 项。参加国家自然科学基金项目 9 项，国际合作项目 2 项，其他省部级科研项目 13 项。2006 年获得内蒙古自治区科学技术一等奖，2013 年获得内蒙古自治区科学技术二等奖。以第一作者撰写和发表论文 11 篇，其中 5 篇被 SCI 和 EI 收录。拥有发明专利 1 项，实用新型专利 2 项。撰写专著 2 部，参编 3 部，参编图谱 1 部。

赵胜男 助理研究员，博士，从事湖泊水污染控制与水环境保护方面的研究。先后主持国家自然科学基金项目 1 项、内蒙古农业大学教育教学改革项目 1 项，参加国家自然科学基金项目 5 项、国家重点研发计划项目 1 项、国际合作项目 2 项、其他省部级科研项目 6 项。发表学术论文 18 篇，其中 4 篇被 SCI 收录。拥有国家专利 1 项。撰写专著 1 部，参编 3 部，参编图谱 1 部。

前　言

2018年3月5日,习近平总书记在参加第十三届全国人大一次会议内蒙古代表团审议时指出,要加强生态环境保护建设,统筹山水林田湖草治理,精心组织实施京津风沙源治理、"三北"防护林建设、天然林保护、退耕还林、退牧还草、水土保持等重点工程,实施好草畜平衡、禁牧休牧等制度,加快呼伦湖、乌梁素海、岱海等水生态综合治理,加强荒漠化治理和湿地保护,加强大气、水、土壤污染防治,在祖国北疆构筑起万里绿色长城。指示中突出了乌梁素海生态环境的重要性。

乌梁素海是黄河流域最大的湖泊湿地,是内蒙古河套灌区灌排体系的重要组成部分,也是黄河生态安全的"自然之肾"。乌梁素海生态环境保护对维系我国北方生态安全屏障、保障黄河水质和度汛安全、促进地区经济发展具有重要作用。因此,一直是中央环保督察关注的重点。2016年、2018年,中央环保督察组两次进入乌梁素海进行环保督察时指出,内蒙古自治区及巴彦淖尔市围绕乌梁素海生态环境保护做了一些工作,在分凌生态补水、环湖湿地建设、干渠河道管护、生态环境监测预警能力建设等方面取得了一些成效,水环境质量总体稳定,但仍然存在重视程度不够、工作统筹不力、治理进展缓慢等问题,乌梁素海生态环境形势仍然不容乐观,治理长效机制尚未形成。

本书为内蒙古农业大学河湖湿地水环境保护与修复团队成员十几年研究成果的提炼和总结,是乌梁素海湿地水环境重要的研究积累,凝聚了团队科研人员的智慧与见解。首先介绍了乌梁素海及河套灌区概况,进一步从湖泊水体富营养化、有机污染、盐化、水化学、重金属分布、浮游植物分布六个方面分析了乌梁素海水质污染特征及其演变,继而给出乌梁素海水环境的综合评价,并详细进行了乌梁素海元素赋存形态及水质动态模拟,计算了乌梁素海流域非点源污染负荷,给出了乌梁素海生态环境需水及补水调水综合方案,最后对乌梁素海生态系统服务功能与生态系统健康状况进行了评价。本书主体内容对于读者了解乌梁素海水环境演化过程及相关湖泊环境研究具有重要的参考价值。就乌梁素海而言,本书对进一步制定湖泊水环境综合整治方案,完善环境治理长效机制,从而实现湖泊水质的逐步改善可提供科学依据和技术支撑。

全书共7章。第1章由李畅游和赵胜男撰写,第2章和第3章由赵胜男和孙标撰写,第4章由李畅游、史小红、赵胜男撰写、第5章由史小红和孙标撰写、第6章和第7章由李畅游、史小红和孙标撰写。初稿完成之后,又进行了若干轮的修订和统稿。李兴、姜忠峰、吴用、李建茹、宋爽、田伟东、孙驰、朱永华、杜蕾、郭子杨、杨朝霞、杜丹丹、蒋鑫艳等博士和硕士研究生在资料的整理和后期的校稿工作中付出了辛勤的劳动。回顾多年来的研究历程,团队老师和同学们在这个奋进向上的集体中团结互助、和谐向上、忘我工作，既经历了无数的艰辛，也品尝到成功的喜悦。在此，笔者对所有为本书出版作出贡献的同事和朋友们致以衷心的感谢。

本书由国家重点研发计划（2017YFE0114800）、国家自然科学基金（51339002，51509133，51669022，51811530388，51569019，51869020）、内蒙古自然科学基金（2016MS0406）、内蒙古农业大学教育教学改革项目（JGYB201817）和内蒙古产业创新团队项目联合资助。

在撰写的过程中，笔者虽尽力而为，但限于知识水平以及对学科交叉综合性的把握，书中错误与不足在所难免，诚恳希望同行和读者批评指正，提出宝贵意见。

作　者
2018 年 7 月
于内蒙古农业大学

目　　录

第1章 乌梁素海及河套灌区概况

1.1 乌梁素海概况

1.1.1 乌梁素海自然地理概况

乌梁素海位于我国内蒙古自治区巴彦淖尔市乌拉特前旗境内，其地理坐标为 40°36′~41°03′N，108°43′~108°57′E，是全球同纬度地区内最大的湖泊，也是中国的第八大淡水湖泊。乌梁素海现有水域面积 298km²，其中芦苇区面积为 134.24km²，明水区面积为 163.76km²。湖泊呈南北长、东西窄的狭长形态（图 1-1），其中南北长 35~40km，东西宽 5~10km，湖岸线长 130km。湖水深度多数区域在 0.5~3.5m，最深能达到 3.9m，多年平均水深为 0.9m，2017 年平均水深为 1.5m。湖泊所在地区四季更替明显，气温变化差异大，多年平均气温为 7.3℃，全年日照时数为 3185.5h。湖泊流域内降雨少而蒸发大，多年平均降雨量为 220mm，蒸发量为 1502mm。全年无霜期为 152 天，湖水于每年11 月初结冰，直到翌年 3 月末到 4 月初开始融化，冰封期约为 5 个月。

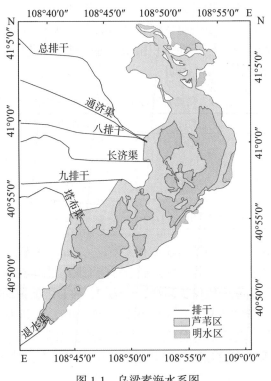

图 1-1 乌梁素海水系图

后套平原（包括乌梁素海）海拔在 1700m 以下，东西长 170km，南北宽 40km。由西南向东北微倾斜，至乌梁素海为最低。地下水比降也由西南向东北逐渐减小，导致地下水流动渐趋微弱，水分上升作用渐趋增强，含盐量增大，造成土壤盐碱化。乌梁素海是 1850 年由黄河改道而形成的河迹湖。由于狼山西部缺口，在西北风作用下，阿拉善沙地流沙向东蔓延，加上色尔腾山、乌拉山等流域山洪所携带泥沙的不断堆积，并不断向南扩展，促使河床不断抬高，到 1850 年将现在西山咀以北早期黄河主流隔断 15km 左右，造成黄河主流南移，留下故道一段，形成一半弧形的长条洼地，即乌梁素海的前身。整个河套平原在地质上是一个内陆断陷盆地，乌梁素海流域受狼山旋扭构造作用，形成扇面状。沉积层在本流域地层结构中分布十分广泛，沉积层上部是冲积层、洪积层和风积层，下部是新老第四纪湖相淤积层。

乌梁素海流域内部地貌形态包括山麓阶地、山前冲洪积平原、黄河冲积湖积平原及风成沙丘几个部分。黄河冲积湖积平原是河套平原的主体，土壤由细砂、粉砂、亚砂土和亚黏土组成。沉积物分布一般以黄河故道上土质较粗的砂质沉积物为主。在黄河沉积分选作用下，乌梁素海流域土质有由西向东颗粒渐细的分布趋势。风积物在本区的分布也很广泛，有些流动沙丘高度在 2~20m，半固定沙丘高 1~2m，固定沙丘很缓，呈波状起伏，长满沙蓬等耐旱植物。风蚀洼地主要分布于西北东南一线，一般面积为 0.5~2km^2，深 0.5m 左右。山前冲洪积平原介于黄河冲积平原与山麓洪积平原之间，组成物质以砂砾、碎石和砂为主，常夹有黏质砂土。在此地带也有许多沙丘，高度一般在 8m 左右，丘间洼地一般在 1km^2 以内，多生长喜湿性植物，因而沙地趋于稳定。乌梁素海流域最北端为山麓洪积平原，地形坡度较大，向南倾斜，坡度一般在 3°~7°。组成物质有明显的分带性，由洪积扇顶向下土质由粗变细，分布顺序为砾石、碎石、小砾石、粗砂、细砂及粉砂、黏质砂土和砂质黏土。在洪积扇交接处，常有南北向凹地，是洪沟和干谷。乌梁素海湖泊形态特征可由表 1-1 说明。

表 1-1　乌梁素海多年平均形态特征参数

形态特征参数	数值	形态特征参数	数值
最大直线长度	36km	岛屿率	6%
最大宽度	12km	容积	3.3 亿 m^3
平均宽度	8.15km	平均水深	0.9m
湖岸线发展系数	2.14	湖盆形状特征系数	22.1
湖周岸线长度	130km	湖水滞留时间	160~200d

乌梁素海是我国北方重要的候鸟迁徙和繁殖地（Zhang et al，2012），目前湖区内有各种鸟类 250 多种 600 多万只，其中，黑鹳、玉带海雕、白尾海雕、大鸨、遗鸥等世界珍贵、濒危鸟类被列为国家 I 级保护动物；作为 25 种 II 级保护动物之一的疣鼻天鹅是乌梁素海一道亮丽的风景线（赵格日乐图和苏日娜，2016），因此，乌梁素海又有"草原上的天鹅湖"的美誉。湖区中的大型水生植物以芦苇和龙须眼子菜、穗花狐尾藻为优势种，浮游植物功能群存在较显著的季节演替规律（李兴等，2015），是内蒙古自治区重要的经济芦苇产地，丰富的浮游动物为鱼类提供了充足的饵料（王玉等，2012），使

乌梁素海成为巴彦淖尔市第一大渔业基地（Zhao et al, 2014），对其区域经济和环境具有重要的贡献。

1.1.2　水环境污染主要特征

乌梁素海补给水源主要是农田退水，其次为工业废水和生活污水，每年汇入乌梁素海大量的污染物质加速了乌梁素海水环境的恶化和湖泊的沼泽化，导致乌梁素海成为世界上沼泽化发展速度很快的湖泊之一。乌梁素海水环境污染特征表现为：

（1）河套灌区排入乌梁素海的污染物种类多、浓度高，致使湖泊水环境遭受多种污染的破坏。

（2）农业面源污染物氮、磷对水体的污染程度取决于从农田排出氮、磷的总负荷量，总体上，氮污染大于磷污染，并使乌梁素海成为富营养化水体，且各项富营养化指标有逐年上升的趋势。

（3）芦苇和水草生长过于富集，在湖底形成巨厚的生物淤积。

（4）湖泊的水环境状态随每年排入污水水量、水质的变化而变化。湖水矿化度受灌区排水量、湖区水动力场及季节等因素的影响，在年内和年际间有明显差异。

（5）乌梁素海湖水透明度普遍较高，尤其是边缘避风处，这里是沉水植物茂密地区，湖水清澈见底，湖水透明度平均值在 1.02m（2017 年实测数据）。

（6）枯水期湖水污染物浓度高，丰水期相对较低。

1.2　河套灌区概况

1.2.1　河套灌区自然地理概况

内蒙古河套灌区是我国古三大灌区之一，位于 40°15′N~41°18′N、106°20′E~109°19′E，东西长约 250km，南北宽约 50km，总土地面积约 188.93 万 hm²，现有灌溉面积 55.83 万 hm²，具有悠久历史的同时也是亚洲最大的一首制自流引水灌区。灌区位于黄河以北的冲洪积平原，北与阴山山脉的狼山相抵，东至乌拉山，南与黄河相临，西与乌兰布和沙漠相接。灌区农产丰富，是国家重要的商品粮油基地之一，有"天下黄河，唯富一套"的美称（郝芳华等，2013；Wu et al, 2016）。

灌区由黄河三盛公水利枢纽控制引水，输配水水系由 1 条总干渠和 13 条干渠组成，其中总干渠长达 180km；排水水系由 1 条总排干沟及 10 条干沟组成，其中总排干沟长 220km，输配水渠与排水沟控制整个灌区的灌溉排水，形成一个网状的、有灌有排的一首制灌区，图 1-2（马龙和吴敬禄，2010）。灌区以乌梁素海作为排水承泄区，湖泊水量主要来自上游的农田退水，其水质的好坏直接影响湖泊内的水质环境。河套灌区由 5 个灌域组成，自西向东分别是乌兰布和灌域、解放闸灌域、永济灌域、义长灌域和乌拉特灌域。大量的人工渠系和排干沟贯穿平原内部，每年丰富的灌水补给使河套灌区成为干旱区人工灌溉的"绿洲"。

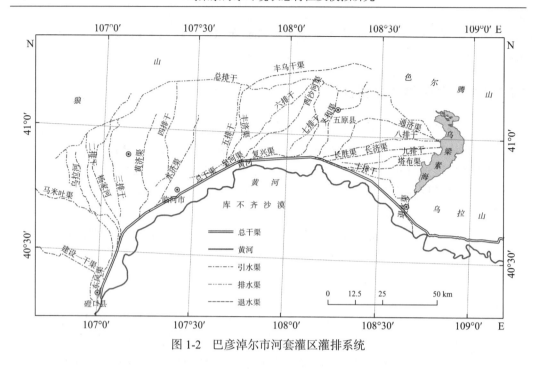

图 1-2　巴彦淖尔市河套灌区灌排系统

1.2.2　河套灌区水文地质概况

河套灌区地处干旱气候带，地质构造为封闭的断陷盆地，其具有明显的干旱气候带沉降盆地的水文地质特征（王伦平等，1993）。

河套平原发育在侏罗纪晚期，其所受到的东西向、北东向和北西向的三组断裂构造控制明显影响着盆地的发展和第四纪沉积特征。灌区平原属于断陷盆地，盆地呈西深东浅、北深南浅的不对称坳陷。地下径流没有天然的排泄路径，是一个封闭的沉降盆地。由于地层盐分富集的发生时间受气候干湿变化的影响，自更新世以来，河套灌区有三个相对的积盐期。特殊的地质构造和区域气候条件是造成河套灌区盐渍化严重的一个主要因素。

在地质构造特征上河套平原为长期下沉的断陷盆地，沉积层主要是富含盐分的湖相沉积层，但在漫长的地质时期里，黄河的多次泛滥致使黄河冲积层覆盖在湖相沉积层上，造成了河套平原呈现湖相咸水层和冲积淡水层的复杂特性。便利的引黄灌溉条件和其特有的上覆淡水层，才使河套灌区的农业得以建立和发展。但是河套灌区平原地势西南高、东北低，灌溉退水及排水必须从西南流向东北然后折向东南入黄河；同时由于地面坡降平缓、土壤颗粒细、灌区平原区域渗透性差，地势地貌特征上，灌区平原呈现西高东低的地势走向，地下水从西向东而行。但又由于灌区东南部乌拉山的隆起切断了地下水的流通路径，使地下水的流动受阻，致使河套平原的地下水排泄方式从水平方向转变为垂直方向，以垂直蒸发为主。灌区平原干旱少雨的气候条件，使得灌区土壤水的运动演变是以灌溉–入渗–蒸发为主的基本形式。

特有的地质构造使得河套灌区地下水以浅层地下水为主，补给来源主要包括 4 个部分：引水渠道和排水沟的渗漏水、田间灌溉水的渗漏、大气降水和北部山洪的侧向补给，但灌溉水量是影响浅层地下水变化的主要因素。河套灌区作物生长期内的灌溉期从每年的 4 月持续到 9 月，期间的浅层地下水埋深 1.0~1.5m，灌区秋浇期在每年的 10 月或 11 月，大量的灌溉水使得浅层地下水的埋深在 0.5m 左右。

灌区地下水水质按矿化度的大小可分为全淡型、上淡下咸型和全咸型三类。全淡型：矿化度小于 1.5g/L，以 HCO_3^-、Cl-Na、Mg 型水为主，主要分布在永济渠以西、陕五公路以南的广大地区，含水层厚度 60~200m。上淡下咸型：矿化度多小于 2g/L，以 HCO_3^-、Cl-Na 及 HCO_3-Na 型水为主。淡水层厚自东向西增厚，咸淡水界面由乌拉特前旗北部的 10~30m，向西增深为 50~110m，主要分布在永济渠以东至乌拉特前旗北部地区。全咸型：矿化度以 5~10g/L 为主，以 Cl-Na 型水为主。主要分布在灌区南北两条咸水带内，南部咸水带主要分布在景阳林至西山咀一带，北部咸水带西起大树湾，经份子地、梅林、红旗到广益站。

由于灌区内土壤水运动的主要方式是灌溉水入渗、蒸发/蒸腾，在潜水蒸发过程中，盐分不断积累使得河套平原土壤盐渍化越来越凸显。

河套灌区位于黄河北岸，土壤母质以黄河冲积物为主，灌区平原内广泛分布着栗钙土、棕钙土、灰漠土、灰棕漠土，其中北部山区以灰褐土为主。灌区平原内的土壤主要分为两类，一类是由气候条件和生物作用为主导的地带性土壤，如西部沙漠区的灰漠土和风沙土以及山区的粗骨土，另一类是以人为活动灌溉措施等因素为主导的非地带性土壤，如灌淤土。灌区平原土壤共分 14 个土类，32 个亚类，94 个土属，348 个土种。

河套灌区主要分布在巴彦淖尔市内。依据巴彦淖尔市土壤普查化验结果，其土壤有机质含量偏低，大于 20g/kg 的土壤比例只占全区土壤的 10%左右，有机质含量小于 10g/kg 的土壤占 50%；有机质含量平均为 11.5g/kg。全氮的平均含量为 0.75g/kg，有效磷的平均含量为 8.8mg/kg，土壤的速效钾含量平均为 207mg/kg。参照全国土壤普查技术规程中土壤养分含量分级标准，巴彦淖尔市全市土壤有机质在四级以上的仅占 19%左右；全氮五级以下的占 71%，磷占 26%；全氮四级以上的占 19%，速效磷占 51%。总体来看是氮磷含量偏低，但速效钾含量较丰富（张宝庆，2014）。

1.2.3　河套灌区社会经济概况

河套灌区覆盖巴彦淖尔市的临河、五原、磴口、乌拉特前旗和杭锦后旗 5 个区（县、旗）。灌区人口以农业户籍人口为主，且近些年人口数量增长较快。2013 年，灌区总人口数为 152.9 万人，其中农业户籍人口 109.2 万人[①]。灌区的农牧业是整个巴彦淖尔市经济增长的基础和支撑。其中灌区的农业以种植粮食和经济作物为主，粮食作物包括小麦、玉米和油葵，种植比例高达灌区总种植面积的 70%左右，经济作物主要包括瓜果、甜菜和马铃薯以及饲用作物的苜蓿等。灌区的牧业以养殖大牲畜为主，据 2013 年统计年资料，灌区内大牲畜（马、牛等）共计 20.48 万头，还包括羊 507.01 万头，猪 43.54 万头。

---

① 《内蒙古县域社会经济统计概要》，2014。

伴随着社会的发展、交通运输能力的提升,灌区的对外贸易能力得到了极大的提高,灌区的农牧业发展迅猛。以 2013 年经济指标计算,巴彦淖尔市河套灌区全年的 GDP 总值高达 644.77 亿元[①]。与此同时,灌区不断地对生态环境进行治理和规划,旅游行业也开始逐步兴起,大大提高了灌区社会影响力(曹连海等,2014;张银辉等,2005)。

1.3 河套灌区与乌梁素海的补排水关系

乌梁素海位于河套灌区东北部的黄河古河道上,地势低洼,且灌区平原地势西南高东北低,因此乌梁素海是灌区内的农田退水、地下水及降水和山洪的主要承泄区。而乌梁素海的主要排泄方式是乌毛计泄水、渗漏和蒸发蒸腾,其南部乌毛计泄水口有水闸进行泄水量的控制,主要目的是维持乌梁素海总水量,控制并保证湖水水面高程稳定在 1018.5m 左右。

乌梁素海的补给水源主要来自三方面,分别是灌区农田退水、自然及北部山区的侧向补给。目前湖泊接受来自农业灌区 6900km^2 农田灌溉退水,废水补给水进入湖泊水体后通过其自身的自净作用再由南段的乌毛计泄水渠排入黄河,每年以平均 20m^3/s 的流量向黄河排水,年补给水量约为 2×10^8m^3。乌梁素海既是河套灌区排水系统中的受纳水体,同时也是灌区流域内污染物的积累区(汪敬忠等,2015)。乌梁素海的水质变化是整个灌区流域生态系统的健康指标。

<h2 style="text-align:center">参 考 文 献</h2>

曹连海, 吴普特, 赵西宁, 等. 2014. 近 50 年河套灌区种植系统演化分析. 农业机械学报, 45(7): 144–150

郝芳华, 孙铭泽, 张璇, 等. 2013. 河套灌区土壤水和地下水动态变化及水平衡研究. 环境科学学报, 33(3): 771–779

李兴, 李建茹, 徐效清, 等. 2015. 乌梁素海浮游植物功能群季节演替规律及影响因子. 生态环境学报, 24(10): 1668–1675

马龙, 吴敬禄. 2010. 近 50 年来内蒙古河套平原气候及湖泊环境演变. 干旱区研究, 27(6): 871–877

汪敬忠, 吴敬禄, 曾海鳌, 等. 2015. 内蒙古主要湖泊水资源及其变化分析. 干旱区研究, 32(1): 7–14

王伦平, 陈亚新, 曾国芳, 等. 1993. 内蒙古河套灌区灌溉排水与盐碱化防治. 北京: 水利电力出版社, 15–25

王玉, 邓娴敏, 吴东浩, 等. 2012. 内蒙古典型湖泊夏季浮游动物群落结构特征及营养状况//中国水文科技新发展——2012 中国水文学术讨论会论文集, 694–700

张宝庆. 2014. 黄土高原干旱时空变异及雨水资源化潜力研究. 杨凌: 西北农林科技大学, 78–101

张银辉, 罗毅, 刘纪远, 等. 2005. 内蒙古河套灌区土地利用与景观格局变化研究. 农业工程学报, (1): 61–65

赵格日乐图, 苏日娜. 2016. 疣鼻天鹅(*Cygnus olor*)研究进展. 内蒙古师范大学学报(自然科学汉文版), 45: 76–79, 83

Wu Y, Li C Y, Zhang C F, et al. 2016. Evaluation of the applicability of the SWAT model in an arid piedmont plain oasis. Water Science and Technology, 73(6): 1341–1348

Zhang Y M, Jia Y F, Jiao S W, et al. 2012. Wuliangsuhai Wetlands: A critical habitat for migratory water birds. Journal of Resources and Ecology, 3(4): 316–323

Zhao S N, Shi X H, Li C Y, et al. 2014. Seasonal variation of heavy metals in sediment of Ulansuhai Lake, China. Chemistry and Ecology, 22(5): 1101–1114

① 内蒙古统计年鉴,2013。

第2章 乌梁素海水质污染特征及其演变

目前乌梁素海水污染与富营养化严重,是我国污染较为严重的湖泊之一。乌梁素海是内蒙古自治区巴彦淖尔市河套灌区农田退水、生活污水及工业废水的承泄场所,亦是污染物质的储存地,对于缓解黄河下游污染、水土保持、流域环境改善都有极其重要的作用。内蒙古农业大学河湖湿地水环境保护与修复创新团队自2001年以来,每月对乌梁素海的水质状况进行监测,发现近年来乌梁素海湖泊水质一直处于Ⅳ类至Ⅴ类。

本章以团队2005~2014年对乌梁素海常年监测的水样采集点的水质数据进行统计,从富营养化、有机污染、盐化污染、水化学、重金属污染和浮游植物等多方面分析乌梁素海水质污染特征及其演变,并分析乌梁素海水污染的主要成因,为深入推进乌梁素海水质治理提供重要参考。

2.1 乌梁素海水体富营养化特征

2.1.1 乌梁素海水体总氮、总磷变化特征

水体富营养化是指在人类活动的影响下,生物所需的氮、磷等营养物质大量进入湖泊、河口、海湾等缓流水体,引起藻类及其他浮游生物迅速繁殖,水体溶解氧量下降,水质恶化,鱼类及其他生物大量死亡的现象。

总氮(TN)是衡量水体富营养化的重要指标之一。作为河套灌区生活污水的承泄地,乌梁素海每年接纳的大量生活污水是其TN的主要来源(何连生等,2013)。在2005~2014年,乌梁素海TN平均浓度变化范围为1.62~5.27mg/L,平均值为3.27mg/L,最大值出现在2005年,最小值在2014年(图2-1)。近十年间,乌梁素海TN平均浓度整体呈现下降的趋势。水质由十年前的劣Ⅴ类标准,上升到2014年接近Ⅳ类水标准,转好趋势明显。

总磷(TP)是造成水体富营养化的另一个重要指标,同时也是导致乌梁素海富营养化污染的限制性元素(史小红等,2007)。城镇生活污水及农田残留的大量磷及其化合物通过排干进入湖泊,是乌梁素海磷元素的主要来源。其中,城镇生活污水的贡献率为25.6%,农田排水的贡献率为23.2%,两者的贡献率总和接近50%(何连生等,2013)。在2005~2014年,乌梁素海TP平均浓度变化范围为0.09~0.23mg/L,最大值出现在2007年,最小值出现在2010年(图2-1)。由图2-1可见,乌梁素海TP浓度呈波动性变化,近十年来没有显著的下降,平均值为0.15mg/L,处于地表水环境质量标准中的Ⅳ类标准。

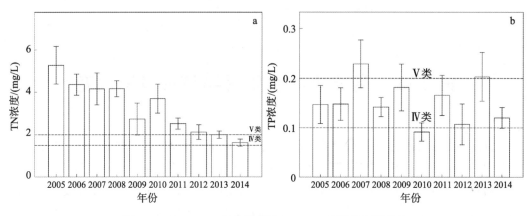

图 2-1　2005~2014 年乌梁素海 TN、TP 浓度的年际变化

2.1.2　乌梁素海水体叶绿素变化特征

叶绿素 a 含量可以表明水体中藻类现存数量的多少。从图 2-2 可以看出，叶绿素季节性空间分布并不明显，但各个季节叶绿素 a 分布均出现由北向南逐渐降低的趋势，这与总氮总磷的空间分布趋势十分相似，表明藻类生物量与氮磷等营养盐的浓度密切相关。从时间分布上看，2006 年 5 月、7 月、10 月和 2007 年 1 月各测点叶绿素 a 平均浓度分别为 53.3mg/m³、66.1mg/m³、37.6mg/m³、28.6mg/m³。5 月阳光充足，温度回升，水生植物处于营养生长阶段，不断从水中汲取养分，使得叶绿素 a 含量不断增加；7 月是水生植物生殖生长期，水体中藻类数量达到顶峰，参照相关研究（杨志岩等，2009），按叶绿素 a 含量评价水体富营养化的标准，乌梁素海已达到富营养化水平。随着秋季来临，温度降低，水生植物处于衰老死亡期，叶绿素 a 浓度不断降低，在冬季达到最低水平。

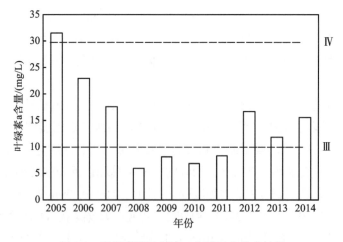

图 2-2　乌梁素海叶绿素 a 含量时空分布结果

2.2　乌梁素海水体有机污染特征

2.2.1　乌梁素海水体化学需氧量变化特征

作为河套灌区第一大湖泊,有机污染是乌梁素海水环境问题的又一大污染特征。灌溉退水含有大量的有机物质,生活污水及流域内的径流又携带大量的牲畜排泄物和植物残骸等有机含量高的污染物质,这些都是引起乌梁素海有机污染的重要原因。

化学需氧量(COD)浓度的大小常被用来表征地表水所受到的有机污染的程度。COD浓度过高,会导致水体中溶解氧(DO)浓度大幅下降,对水生动植物的生长产生不利影响。乌梁素海的 COD 主要来自工厂废水的排放(何连生等,2013)。2005~2014 年COD 平均浓度变化范围为 23.88~104.93mg/L,平均值为 67.14mg/L,低于地表水环境质量标准中Ⅴ类标准的限值,为劣Ⅴ类。由图 2-3 可见,2005~2014 年乌梁素海 COD 平均浓度由 2005 年的 90.74mg/L 到 2014 年的 23.88mg/L,10 年间 COD 浓度下降了 70%以上,降幅非常明显,已达到国家规定水质标准中的Ⅳ类水标准。

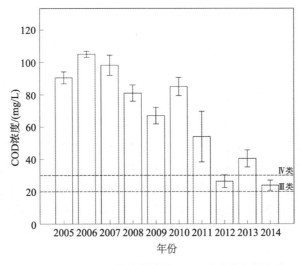

图 2-3　2005~2014 年乌梁素海 COD 浓度的年际变化

2.2.2　乌梁素海水体溶解氧含量变化特征

溶解氧(DO)是衡量湖泊水体环境质量的重要指标之一,是水体自净能力的重要标志,对于维持水生生态系统的健康具有重要的意义。2005~2014 年,乌梁素海 DO 平均浓度变化范围为 4.15~8.3mg/L,平均值为 5.72mg/L,最小值出现在 2007 年,最大值出现在 2014 年(图 2-4)。由图 2-4 可以发现,乌梁素海 DO 平均浓度在 2005~2014 年间呈现显著增加的趋势。2005~2008 年,DO 浓度变化相对稳定在一个较低的水平,2009年以后,DO 浓度逐渐上升。近十年来,乌梁素海的 DO 平均浓度由 2005 年的Ⅳ类标准上升到 2014 年的 I 类标准，平均值达到Ⅲ类标准（GB 3828-2002），DO 水质状况明显好转。

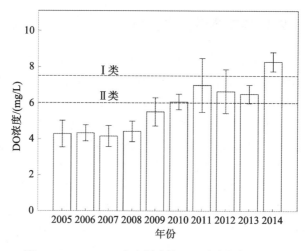

图 2-4　2005~2014 年乌梁素海 DO 浓度的年际变化

2.3　乌梁素海水体盐化特征

乌梁素海地处我国北方干旱区，上游农田退水、生活污水及工业废水过量的排放，使其含盐量不断升高，现已由淡水湖变为了咸水湖。

2010~2014 年 8 月水体盐度变化呈波动趋势，变化幅度并不大，几乎均呈右偏态，只有 2014 年和 2015 年呈左偏态。2010 年、2011 年和 2013 年中水体盐度的最小值不低于 0.60g/L，最大值在 2.50g/L 左右，均值在 1.42g/L 左右；2012 年湖泊水体盐度最大值是 3.00g/L，最小值为 1.10g/L，均值是 1.70g/L（图 2-5）。通常将矿化度（含盐度）小于 1.0g/L 的湖泊称为淡水湖，矿化度（含盐度）在 1.0~35.0g/L 之间的湖泊称为咸水湖。乌梁素海 2010~2014 年湖泊水体盐度均值均超过 1.00g/L，湖泊水体盐度呈增大趋势，由淡水湖转变成微咸水湖。

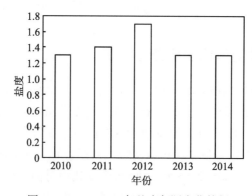

图 2-5　2010~2014 年盐度年际变化特征

2.4　乌梁素海水体水化学特征

2.4.1　乌梁素海水体主要离子组成及水化学类型

表 2-1 列出了乌梁素海水体主要离子组成及含量的平均值。乌梁素海湖泊水体阴离子中 Cl^- 为优势离子，其次为 SO_4^{2-}；阳离子中 Na^+ 为优势离子，其次为 Mg^{2+}，K^+ 含量最小。在离子含量中，Na^+、K^+ 离子占阳离子总量的 70% 以上，Cl^- 占阴离子总量的 50% 左右。乌梁素海水化学类型分类方法采用地表水化学类型分类方法中 O. A. 阿列金分类法（王晓蓉，2009），乌梁素海湖泊水体水化学类型为 [Cl]Na Ⅲ 型水。

表 2-1　乌梁素海主要离子组成及含量

离子名称	全湖平均值±标准差/(mg/L)
Cl^-	750.6±182.2
SO_4^{2-}	538.94±101.19
HCO_3^-	160.44±70.65
Na^+	509.07±119.32
Mg^{2+}	105.66±21.25
Ca^{2+}	65.15±9.03
K^+	12.03±2.30
离子总量	2141.9±522.3

2.4.2　乌梁素海水体水化学年内季节变化特征

乌梁素海湖泊水体中阴离子和阳离子不同季节离子浓度存在差异。常温期内湖泊水体阴阳离子浓度范围以及浓度平均值季节分布如表 2-2 所示，Cl^-、SO_4^{2-}、HCO_3^-、Na^+、Mg^{2+}、Ca^{2+}、K^+ 浓度平均值最小值均出现在夏季，分别为 688.24mg/L、452.72mg/L、149.08mg/L、463.75mg/L、97.18mg/L、47.52mg/L、9.97mg/L。

表 2-2　常温期内湖泊水体阴阳离子浓度季节分布表　　　单位：mg/L

离子名称	春季		夏季		秋季	
	浓度范围	浓度平均值	浓度范围	浓度平均值	浓度范围	浓度平均值
Cl^-	689.37~1168.04	837.97	316.83~1269.16	688.24	644.29~891.93	725.58
SO_4^{2-}	444.45~756.35	569.27	253.87~802.38	452.72	497.65~610.01	548.51
HCO_3^-	135.56~30.55	163.47	119.81~261.73	149.08	145.41~314.83	168.77
Na^+	444.53~744.01	565.68	242.57~857.00	463.75	446.66~577.68	497.78
Mg^{2+}	96.11~155.30	117.29	55.03~172.88	97.18	98.07~113.08	102.51
Ca^{2+}	25.15~87.13	71.64	24.06~75.13	47.52	24.98~105.40	76.30
K^+	7.02~15.62	12.45	6.28~15.69	9.97	9.41~17.86	13.66

冰封期内湖泊冰体和冰下水体阴阳离子浓度范围以及浓度平均值分布如表 2-3 所示。阴阳离子中优势离子 Cl^-、Na^+ 在湖泊冰体中的浓度平均值分别为 43.75mg/L、22.77mg/L，在冰下水体中的浓度平均值分别为 1214.07mg/L、1074.46mg/L，冰封期内，冰下水体各离子浓度比冰体各离子浓度高出一个数量级。由于湖水的结冰过程是从表层自上而下进行的，冰体结晶过程中会自动排出杂质，以保持其纯度（Liu et al，2017；李志军等，2000），冰体在形成过程中离子由冰层排出后进入冰下水层中，引起水层中离子浓度浓缩的现象，使得冰封后冰下水层各离子浓度均高于冰层中各离子浓度。

表 2-3　冰封期内冰体和水体中阴阳离子浓度分布表　　　　　单位：mg/L

离子名称	冬季冰体		冬季冰下水体	
	浓度范围	浓度平均值	浓度范围	浓度平均值
Cl^-	6.04~160.29	43.75	850.0~1735.2	1214.07
SO_4^{2-}	7.95~110.69	28.29	512.9~1386.5	964.64
HCO_3^-	6.16~50.45	10.18	344.4~1083.4	906.81
Na^+	1.05~27.78	22.77	834.0~2027.0	1074.46
Mg^{2+}	2.794~19.91	6.97	188.0~399.5	214.23
Ca^{2+}	0.46~26.62	5.73	136.1~222.7	169.77
K^+	0.16~3.40	0.75	16.8~35.0	23.26

对一年中湖泊水体不同离子在不同季节的分布特征进行分析（图 2-6），湖泊水体 Cl^-、SO_4^{2-}、Na^+、Mg^{2+} 平均浓度不同季节分布次序为冬季>春季>秋季>夏季，HCO_3^-、Ca^{2+}、K^+ 平均浓度不同季节分布次序为冬季>秋季>春季>夏季。从全湖水体来看，夏季水体离子含量最小，春季和秋季湖泊水体离子含量均高于夏季。主要原因为乌梁素海的来水以河套灌区的农田退水为主，5 月及 10 月正值春灌秋浇期（任春涛等，2007；梁喜珍等，2010），农田退水携带大量盐分进入湖泊，导致湖泊水体离子含量增大，夏季降雨量大，湖泊补给水量大，大量的进水对于湖泊水体离子浓度起到了一定的稀释作用，且水流速度增加，水体排出速率增加，因此湖泊水体离子浓度降低。

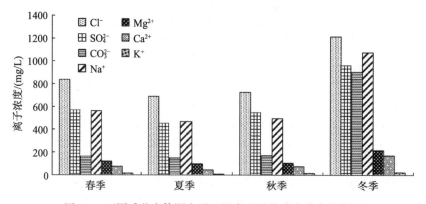

图 2-6　不同季节水体阴离子、阳离子平均浓度分布柱状图

冬季冰下水体阴离子、阳离子浓度均高于其他 3 个季节，冬季冰下水体与各季节湖泊水体阴阳离子浓度之比如表 2-4 所示。通过对比发现，冰封期湖泊水体阴离子、阳离子浓度比常温期湖泊水体离子浓度高出 1~6 倍，姜慧琴（2011）等对于乌梁素海湖冰的研究，再次验证了冰封期乌梁素海的结冰过程具有排出盐分的作用。

表 2-4   冰封期湖泊冰下水体与常温期湖泊水体离子浓度之比

离子名称	冬春之比	冬夏之比	冬秋之比
Cl^-	0.7~2.2	0.6~4.8	0.8~2.4
SO_4^{2-}	0.8~2.6	0.7~4.7	0.9~2.7
HCO_3^-	1.1~5.0	1.3~5.7	0.8~4.9
Na^+	1.1~4.0	0.9~6.7	1.5~4.5
Mg^{2+}	1.1~3.7	1.0~6.0	1.5~3.9
Ca^{2+}	1.7~7.2	1.8~5.3	1.5~2.9
K^+	1.1~3.4	1.1~5.6	1.0~3.7

2.5   乌梁素海水体重金属分布特征

2.5.1   乌梁素海水体中重金属含量分析

根据野外实际采集监测结果，进行各采样点水体重金属含量的描述性统计分析，各元素含量特征如表 2-5 所示。

表 2-5   乌梁素海水体中重金属元素含量统计分析

	Cu	Zn	Pb	Cd	Cr	Hg	As
最大值/(μg/L)	15.37	36.76	1.53	0.0462	8.22	1.44	11.98
最小值/(μg/L)	2.21	19.46	0.76	0.0060	3.05	0.50	2.27
平均值/(μg/L)	7.91	25.77	1.06	0.0159	4.91	1.04	6.67
标准差/(μg/L)	4.43	6.56	0.31	0.01	1.66	0.36	3.41
变异系数/%	55.98	25.47	28.81	79.06	33.92	34.11	51.19
渔业用水标准/(μg/L)	10	100	50	5	100	0.50	50
地表水 I 级标准/(μg/L)	10	50	10	1	10	0.05	50
地表水 II 级标准/(μg/L)	1000	100	10	5	50	0.05	50
地表水 III 级标准/(μg/L)	1000	100	50	5	50	0.10	50
地表水 IV 级标准/(μg/L)	1000	200	50	5	50	1.00	100
乌梁素海（2001）/(μg/L)	2.0	10.0	1.01	0.06	2	0.005	3.5

注：2001 年数据来自乌拉特前旗环境监测站。

研究区湖泊水体中 Cu 含量范围为 2.21~15.37μg/L，平均值为 7.91μg/L。Cu 变异系数为 55.98%，变异程度较大，差异性较为显著。利用 Shapiro-Wilk test 法和数据统计分析可知，Sig=0.785>0.05，表明湖区水体中 Cu 含量的实测原始数据符合正态分布。Zn 含量范围为 19.46~36.76μg/L，平均值为 25.77μg/L。Zn 变异系数为 25.47%，变异程度较小。利用 Shapiro-Wilk test 法和数据统计分析可知，Sig=0.083>0.05，表明湖区水体中 Zn 含量的实测原始数据符合正态分布。Pb 含量范围为 0.76~1.53μg/L，平均值为 1.06μg/L。Pb 变异系数为 28.81%，变异程度较小。利用 Shapiro-Wilk test 法和数据统计分析可知，Sig=0.086>0.05，表明湖区水体中 Pb 含量的实测原始数据符合正态分布。Cr 含量范围为 3.05~8.22μg/L，平均值为 4.91μg/L。Cr 变异系数为 33.92%，变异程度较小。利用 Shapiro-Wilk test 法和数据统计分析可知，Sig=0.208>0.05，表明湖区水体中 Cr 含量的实测原始数据符合正态分布。Cd 含量范围为 0.0060~0.0462μg/L，平均值为 0.0159μg/L。Cd 变异系数为 79.06%，变异程度较大。利用 Shapiro-Wilk test 法和数据统计分析可知，Sig=0.052>0.05，表明湖区水体中 Cd 含量的实测原始数据符合正态分布。Hg 含量范围为 0.50~1.44μg/L，平均值为 1.04μg/L。Hg 变异系数为 34.11%，变异程度较小。利用 Shapiro-Wilk test 法和数据统计分析可知，Sig=0.241>0.05，表明湖区水体中 Hg 含量的实测原始数据符合正态分布。As 含量范围为 2.27~11.98μg/L，平均值为 6.67μg/L。As 变异系数为 51.19%，变异程度中等。利用 Shapiro-Wilk test 法和数据统计分析可知，Sig=0.582>0.05，表明湖区水体中 As 含量实测原始数据符合正态分布。

把乌梁素海表层水体中重金属（Cu、Zn、Pb、Cr、Cd、Hg、As）的含量水平与一些重要的水质标准进行了对照（表 2-5）。总体上乌梁素海水体中重金属处于良好水平，大部分符合国家地表水水质Ⅲ级标准。值得关注的元素是重金属 Hg，其范围在 0.50~1.44μg/L，平均含量为 1.04μg/L，其所属的毒性系数揭示了金属对人体的危害和对水生生态系统的危害，Hg 的毒性系数是 40（徐争起等，2008），在本书所研究的重金属中是毒性最大的金属，因此必须对 Hg 的危害与危险程度予以重视。同乌拉特前旗环境监测站对湖泊 2001 年水质监测数据相比（表 2-5），乌梁素海水体中重金属含量水平在近十年中有上升的趋势，Cu、Zn、Cr、As 含量增大 2~3 倍，重金属 Hg 的污染增大趋势较为明显，近几年的污染较为严重。如不控制，未来几年中可能会加重污染趋势，对湖泊生态系统产生负面影响，需要引起重视。

目前，全国的湖泊都面临着重金属污染的问题，表 2-6 选取了取样季节同本研究接近的典型湖泊，将乌梁素海水中的重金属同典型湖泊进行了对比分析。从表 2-6 中可以看出，乌梁素海表层水体重金属含量整体上处于这几大淡水湖泊的中等水平。Hg 污染相对于其他湖泊较为严重，要高出 1~2 个数量级；其次 As 污染也相对较为严重。

造成 Hg、As 污染较其他湖泊严重的主要原因有：乌梁素海较鄱阳湖、太湖、洞庭湖、巢湖等典型湖泊而言，具有一定的特殊性，乌梁素海属于灌区湖泊，其主要水体来源为其上游河套灌区的农田退水，而从 20 世纪 70 年代末 80 年代初以来，大量的化肥、农药开始在河套地区的农田使用，每年化肥、农药的使用量分别在 $55 \times 10^4 \sim 64 \times 10^4$t 与

表 2-6 典型湖泊表层湖水中重金属含量的比较 单位：μg/L

	Cu	Zn	Pb	Cd	Cr	Hg	As
乌梁素海	7.91	25.77	1.06	0.02	4.91	1.04	6.67
鄱阳湖	13.65	24.48	1.97	0.21	3.80	ND	ND
洞庭湖	4.56	12.07	0.95	0.241	ND	0.01	4.50
巢湖	6.1	59.9	6.37	1.19	7.1	0.30	1.06
太湖	2.92	11.09	ND	0.94	40.04	–	0.93

1000t 左右，而且由于耕作方式等原因使得化肥、农药的利用率较低，大部分散失到空气、水与土壤中，大气与土壤中的化肥、农药通常以降水、地面径流的形式进入水体，造成了水体的 Hg、As 污染。据调查，无机砷化合物（如福美砷、甲基砷酸锌、砷酸钙、砷酸铅）等含 Hg、As 农药被用作杀虫剂、除草剂大量使用，2009 年巴彦淖尔市农安办才下达通知，明令禁止含 Hg、As 农药的使用，这些农药中的 Hg、As 随着农田退水进入乌梁素海，这是造成湖水中 Hg、As 含量较其他湖泊高的部分原因。其次，造成 Hg 污染的主要来源还包括煤燃烧、工业生产等，乌梁素海位于中国北方寒旱区的河套灌区下游，河套地区的燃煤行业主要是发电厂，研究区内的大型发电厂主要有临河发电厂、西山咀发电厂、巴彦高勒电厂、乌拉山发电厂。2008 年的发电量为 66.5×10^{8}kWh，据冯新斌计算，每生产 1kWh 电，发电厂向大气中排放 0.165mg Hg，研究区内每年的降雨量为 224mm，故部分煤燃烧的废气中的 Hg 会通过湿沉降落到土壤与水体中，其中会有一部分随着地表水与地下水进入乌梁素海，造成 Hg 污染。此外，加之北方冬季较为寒冷，燃煤取暖现象比较普遍，这也会造成 Hg 污染的增加。因此，通过与其他湖泊的对比分析可知，乌梁素海应对 Hg、As 污染予以关注。

2.5.2 乌梁素海水体中重金属的空间分布特征

研究湖泊水环境中重金属的空间分布特征是对湖泊中重金属的分布调查、趋势预测、资源利用以及污染治理的基础工作。由于乌梁素海的水体具有滞留时间长、芦苇等水生植物拦截等特征，使得乌梁素海湖水水体中的重金属元素的空间分布具有一定的空间变异性，因此，乌梁素海水体的重金属空间分布特征可以利用地统计学的理论和方法加以研究（贺志鹏等，2008）。地统计学中，克立格估算方法充分考虑了湖泊水体取样点相互位置随机性与空间相关性，最大限度地利用空间取样所能提供的信息。

由于外部因素以及湖泊自身特征等因素的影响，湖泊水环境中污染物的空间分布具有较大的变异性，实测数据通常会出现一些异常值，这些异常值会影响到变差函数的计算，最终影响整体空间分布格局的变化。此外，地统计学方法是基于经典概率统计理论的，其要求被研究变量的观测值服从正态分布。通常，实测的监测数据存在着一定的正偏或负偏，为了使得变量符合正态分布的要求，满足克里格预测方法的要求，需要对存在非正态分布的参数进行正态变换。通常根据不同变量的频率分布曲线与数据分析，选择不同的正态变化方法。利用 ArcGIS9.2 地统计模块对乌梁素海水体中 7 种重金属元素进行了 Kriging 空间插值，得出如下结论：

Pb 和 Cd 空间分布特征较为相似，从西向东，从北向南呈低到高的趋势。就整个湖区而言，南部湖区高于北部湖区，高值区域出现在湖区南部，湖区出口处表现尤为显著，而低值区位于湖区中部与西北部。Pb 的含量在 0.76~1.53μg/L，高值点在 R7 与 W2 监测点，低值点在 M12 处。Cd 在湖泊东北部 L15 点处形成一个点状发射的高值区域，整个湖区 Cd 浓度在 0.01~0.05μg/L，高值点在 L15 与 W2 监测点，其他监测站点含量普遍较低，在 0.01μg/L 附近。

Cu 与 As 分布与 Pb 和 Cd 空间分布特征较为相似，差异表现在湖泊水流入水口处的西北部出现了高值区域，高值区域面积较 Pb 和 Cd 有增大的区域。Cu 与 As 的高值区域集中于湖泊水流入水口处的西北湖区与湖泊出水口的西南部湖区。Cu 在湖泊中部出现点发射状的高值区域，而 As 则在湖泊中部区域处于低值区。Cu 的平均含量为 7.91μg/L，高值点位于 K12 点，达到 15.37μg/L，而低值区在 I12 点，仅为 4.09μg/L。As 的平均浓度为 6.67μg/L，分布呈现出湖泊中部低值区，从中部向北向南递增的趋势。

Hg、Zn、Cr 的分布特征与其他 4 种重金属元素存在一定的差异。高值区域分布在湖泊入水处较为集中西北与东北部，而与 Cu、As、Pb 和 Cd 相反的是，湖泊南部与出口处的含量相对较低，处于中等水平。Hg 的含量在 0.50~1.44μg/L，平均浓度为 1.04μg/L，高值点在 K12、M12 与 N13 监测点，低值区在 L15 与 R7 监测点。Cr 的高值区与 Hg 较为相似，在 I12、K12 处。Zn 的高值区在 L15 与 12 点，低值区在 P9 与 Q8 附近。因此，Hg、Zn、Cr 的高值区域具有一定的相似相同性。

综合以上分析，表层湖水中的重金属在湖泊入水口集中处与湖泊出水口处的湖区出现高值区，湖泊中部多为低值区与中值区。因此，根据 7 种重金属的空间分布（图 2-7），采用相对高值区来描述各重金属的平面分布特征，结合前人研究（贺志鹏等，2008；李磊等，2011；王百顺等，2012）可以将其划分为具有代表性的区域。大致分为 3 类：① 入水口点源发散状高 Hg-Zn-Cr 区。② 出水口条带状高 Cu-Pb-Cd-As 区。③ 入水口-出水口联片条带状高 Cu-As 区。

这 7 种重金属的空间分布特征的相似性与差异性是由一定的外界条件所造成的，离排污口距离、湖水入口的距离、水动力条件、水生植物分布等因素对其有重要影响，因而不同的重金属表现出不同的平面分布特征。

径流输入与沿岸排污的影响是点源的，乌梁素海处于河套地区末端，每年有大量的工业废水与生活污水携带着重金属通过总排干、八排干、九排干等湖泊入水口进入湖内，且排污沿岸多为芦苇区，Cu、Hg、Zn 易受有机物的吸附而沉积于入口处，不易向下游传输与扩散。此外，重金属从入水口进入湖泊，受到芦苇与藻类的吸附与拦截，使得重金属滞留，造成在进水口处出现高值区域的现象。

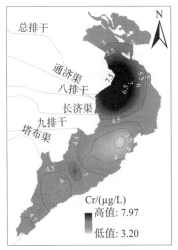

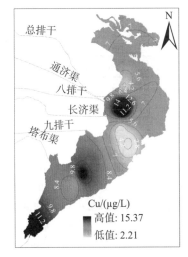

图 2-7　乌梁素海表层水中 7 种重金属分布示意图

2.6　乌梁素海水体浮游植物分布特征

2.6.1　乌梁素海水体浮游植物物种组成及季节变化

1. 乌梁素海水体浮游植物物种组成

2011 年 6 月~2013 年 8 月调查期间，共发现浮游植物 7 门 110 属 281 种（浮游植物主要物种及名称如表 2-7 所示），其中绿藻的种属出现最多，为 47 属 126 种，占调查期间出现浮游植物总种数的 45%；其次是硅藻和蓝藻，分别为 25 属 64 种和 22 属 46 种，占调查期间出现浮游植物总种数的 23% 和 16%；绿藻、硅藻以及蓝藻出现种属之和占调查期间出现浮游植物总种数的 84%，是乌梁素海湖区的主要浮游植物种类；其他裸藻、金藻、隐藻以及甲藻类群出现的种属相对较少，分别为 9 属 30 种、4 属 8 种、2 属 4 种、1 属 3 种。

表 2-7　乌梁素海浮游植物种类（2011 年调查结果）

门	属名	属拉丁名	种名	种拉丁名
蓝藻门	束球藻属	*Gomphosphaeria*	湖生束球藻	*Gomphosphaeria lacustris*
	腔球藻属	*Coelosphaerium*	居氏腔球藻	*Coelosphaerium kützingianum*
			不定腔球藻	*Coelosphaerium dubium*
	色球藻属	*Chroococcus*	湖沼色球藻	*Chroococcus limneticus*
			小型色球藻	*Chroococcus minor*
			束缚色球藻	*Chroococcus tenax*
	平裂藻属	*Merismopedia*	微小平裂藻	*Merismopedia tenuissima*
			银灰平裂藻	*Merismopedia glanca*
			马氏平裂藻	*Merismopedia marssonii*
			优美平裂藻	*Merismopedia elegans*
	立方藻属	*Eucapsis*		
	席藻属	*Phormidium*		
	束丝藻属	*Aphanizomenon*	水华束丝藻	*Aphanizomenon flos-aquae*
	微囊藻属	*Microcystis*	水华微囊藻	*Microcystis flos-aquae*
			铜绿微囊藻	*Microcystis aeruginosa*
	蓝纤维藻属	*Dactylococcopsis*	针状蓝纤维藻	*Dactylococcopsis acicularis*
			不整齐蓝纤维藻	*Dactylococcopsis irregulais*
	项圈藻属	*Anabaenopsis*	阿氏项圈藻	*Anabaenopsis arnoldii*
	尖头藻属	*Raphidiopsis*	中华尖头藻	*Raphidiopsis sinensia*
			弯形尖头藻	*Raphidiopsis curvata*
	颤藻属	*Oscillatoria*	小颤藻	*Oscillatoria tenuis*
			小颤藻	*Oscillatoria tenuis*
			巨颤藻	*Oscillatoria princes*

门	属名	属拉丁名	种名	种拉丁名
			简单颤藻	*Oscillatoria simplicissima*
	念珠藻属	*Nostoc*	球形念珠藻	*Nostoc sphaericum*
	鞘丝藻属	*Lyngbya*	湖泊鞘丝藻	*Lyngbya limnetic*
	螺旋藻属	*Spirulina*	大螺旋藻	*Spirulina maior*
			钝顶螺旋藻	*Spirulina platensis*
			极大螺旋藻	*Spirulina maxima*
	鱼腥藻属	*Anabaena*	固氮鱼腥藻	*Anabaena azotica*
			卷曲鱼腥藻	*Anabaena circinalis*
	管链藻属	*Aulosira*	宽管链藻	*Aulosira laxa*
	厚皮藻属	*Pleurocapsa*	煤黑厚皮藻	*Pleurocapsa fuliginosa*
绿藻门	衣藻属	*Chlamydomonas*	球衣藻	*Chlamydomonas globosa*
			德巴衣藻	*Chlamydomonas debaryana*
			突变衣藻	*Chlamydomonas mutabilis*
			卵形衣藻	*Chlamydomonas ovalis*
			伪新月衣藻	*Chlamydomonas pseudlunata*
			斯诺衣藻	*Chlamydomonas snowiae*
			莱哈衣藻	*Chlamydomonas reinhardi*
			不对称衣藻	*Chlamydomonas asymmetrica*
	绿球藻属	Chlorococcum		
	四鞭藻属	*Carteria*	克莱四鞭藻	*Carteria klebsii*
			球四鞭藻	*Carteria globosa*
			多线四鞭藻	*Carteria multifilis*
	绿梭藻属	*Chlorogonium*	四配绿梭藻	*Chlorogonium tetragamum*
			长绿梭藻	*Chlorogonium elongatum*
	卵囊藻属	*Oocystis*	单生卵囊藻	*Oocystis solitaria*
			湖生卵囊藻	*Oocystis lacustris*
			粗卵囊藻	*Oocystis crassa*
			椭圆卵囊藻	*Oocystis elliptica*
			波吉卵囊藻	*Oocystis borgei*
	栅藻属	*Scenedesmus*	弯曲栅藻扁盘变种	*Scenedesmus arcuatus* var. *platydiscus*
			爪哇栅藻	*Scenedesmus javaensis*
			弯曲栅藻	*Scenedesmus arcuatus*
			尖细栅藻	*Scenedesmus acuminatus*
			被甲栅藻	*Scenedesmus armatus*
			四尾栅藻	*Scenedesmus quadricauda*
			齿牙栅藻	*Scenedesmus denticulatus*
			二形栅藻	*Scenedesmus dimotphus*
			球状栅藻	*Scenedesmus bijugatus*

门	属名	属拉丁名	种名	种拉丁名
			繁茂栅藻	*Scenedesmus abundans*
			裂孔栅藻	*Scenedesmus perforatas*
			双对栅藻	*Scenedesmus bijuga*
			扁盘栅藻	*Scenedesmus platydiscus*
			斜生栅藻	*Scenedesmus obliquus*
			龙骨栅藻	*Scenedesmus carinatus*
	小球藻属	*Chlorella*	普通小球藻	*Chlorella vulgaris*
			椭圆小球藻	*Chlorella ellipsoidea*
	空心藻属	*Coelastrum*	小空心藻	*Coelastrum microporum*
	四星藻属	*Tetrastrum*	华丽四星藻	*Tetrastrum elegans*
	纤维藻属	*Ankistrodesmus*	狭形纤维藻	*Ankistrodesmus angustus*
			镰形纤维藻	*Ankistrodesmus spiralis*
			针形纤维藻	*Ankistrodesmus aciciilari*
			螺旋纤维藻	*Ankistrodesmus falcatus* var. *spirlliformis*
			卷曲纤维藻	*Ankistrodesmus convolutus*
			镰形纤维藻奇异变种	*Ankistrodesmus falcatus* var. *mirabilis*
	四角藻属	*Tetraedron*	膨胀四角藻	*Tetraedron tumidulum*
			三角四角藻	*Tetraedron trigonum*
			二叉四角藻	*Tetraedron bifurcatum*
			规则四角藻	*Tetraedron regulare*
	胶网藻属	*Dictyosphaerium*	美丽胶网藻	*Dictyosphaerium pulchellum*
	集星藻属	*Actinastrum*	集星藻	*Actinastrum hantzschii*
	十字藻属	*Crucigenia*	直角十字藻	*Crucigenia rectangularis*
			四角十字藻	*Crucigenia quadrata*
	棒形鼓藻属	*Gonatozygon*	多毛棒形鼓藻	*Gonatozygon pilosum*
	鼓藻属	*Cosmarium*	厚皮鼓藻	*Cosmarium pachydermum*
			圆鼓藻	*Cosmarium circulare*
			钝鼓藻	*Cosmarium obtusatum*
			斑点鼓藻	*Cosmarium punctulatum*
			扁鼓藻	*Cosmarium depressum*
			特平鼓藻	*Cosmarium turpinii*
	角星鼓藻属	*Straurastrum*	斑点角星鼓藻	*Straurastrum punctulatum*
			钝齿角星鼓藻	*Straurastrum crenulatum*
			尖刺角星鼓藻	*Straurastrum apiculatum*
			钝角角星鼓藻	*Straurastrum retusum*
			六刺角星鼓藻	*Straurastrum hexacerum*
			短刺角星鼓藻	*Straurastrum brevispinum*
	并联藻属	*Quadrigula*	柯氏并联藻	*Quadrigula chodatii*

门	属名	属拉丁名	种名	种拉丁名
	新月藻属	*Closterium*	中型新月藻	*Closterium intermedium*
			小新月藻	*Closterium parvulum*
			美丽新月藻	*Closterium venus*
			戴氏新月藻	*Closterium dianae*
	拟新月藻属	*Closteriopsis*	拟新月藻	*Closteriopsis longisima* var. *tropica*
	顶棘藻属	*Chodatella*	四刺顶棘藻	*Chodatella quadriseta*
			十字顶棘藻	*Chodatella wratislaviensis*
	被刺藻属	*Franceia*	被刺藻	*Franceia ovalis*
	四棘藻属	*Treubaria*	粗刺四棘藻	*Treubaria crassispina*
	微芒藻属	*Micractinium*	微芒藻	*Micractinium pusillum*
			微芒藻长刺变种	*Micractinium pusillum* var. *longisetum*
	多芒藻属	*Golenkinia*	多芒藻	*Golenkinia radiata*
			疏刺多芒藻	*Golenkinia paucispina*
	蹄形藻属	*Kirehneriella*	蹄形藻	*Kirchneriella lunaris*
	盘星藻属	*Pediastrum*	四角盘星藻	*Pediastrum tetras*
			短棘盘星藻	*Pediastrum boryanum*
			二角盘星藻纤细变种	*Pediastrum duplex*
	盘藻属	*Gonium*	美丽盘藻	*Gonium formosum*
			盘藻	*Gonium pectorale*
	肾形藻属	*Nephrocytium*	肾形藻	*Nephrocytium agardhianum*
	月牙藻属	*Selenastrum*	纤细月牙藻	*Selenastrum gracile*
	丝藻属	*Ulothrix*	细丝藻	*Ulothrix tenerrima*
	空球藻属	*Eudorina*	空球藻	*Eudorina elegans*
	实球藻属	*Pandorina*	实球藻	*Pandorina morum*
	转板藻属	*Mougeotia*		
	弓形藻属	*Schroederia*	硬弓形藻	*Schroederia robusta*
			螺旋弓形藻	*Schroederia spiralis*
			拟菱形弓形藻	*Schroederia nitzschioides*
	凹顶鼓藻属	*Euastrum*	具刺凹顶鼓藻	*Euastrum spinulosum*
			不定凹顶鼓藻	*Euastrum dubium*
	小桩藻属	*Characium*	狭形小桩藻	*Characium angustum*
	团藻属	*Volvax*	美丽团藻	*Volvax aureus*
	双星藻属	*Zygnema*		
	叉星鼓藻属	*Staurodesmus*		
硅藻门	卵形藻属	*Cocconeis*	何氏卵形藻	*Cocconeis hustdtii*
	小环藻属	*Cyclotella*	库氏小环藻	*Cyclotella kutzingiana*
			广缘小环藻	*Cyclotella bodanica*
			梅尼小环藻	*Cyclotella meneghiniana*

门	属名	属拉丁名	种名	种拉丁名
	舟形藻属	*Navicula*	短小舟形藻	*Navicula exigua*
			线形舟形藻	*Navicula graciloides*
			喙头舟形藻	*Navicula rhynchocephala*
			隐头舟形藻	*Navicula cryptocephala*
			双头舟形藻	*Navicula dicephala*
			放射舟形藻	*Navicula radiosa*
			尖头舟形藻	*Navicula cuspidata*
			尖头舟形藻赫里保变种	*Navicula cuspidata* var. *heribaudii*
			放射舟形藻柔弱变种	*Navicula radiosa* var. *Tenella*
			披针形舟形藻	*Navicula lanceolata*
			简单舟形藻	*Narvicula simplex*
	桥弯藻属	*Cymbella*	膨胀桥弯藻	*Cymbella tumida*
			新月形桥弯藻	*Cymbella cymbiformis*
	等片藻属	*Diatoma*	普通等片藻	*Diatoma vulgare*
	脆杆藻属	*Fragilaria*	克洛脆杆藻	*Fragilaria crotomensis*
			短线脆杆藻	*Fragilaria brevistriata*
			钝脆杆藻	*Fragilaria capucina*
			中型脆杆藻	*Fragilaria intermidia*
	双菱藻属	*Surirella*	卵形双菱藻	*Surirella ovata*
	异极藻属	*Gomphonema*	缢缩异极藻	*Gomphonema constrictum*
			缢缩异极藻头状变种	*Gomphonema constrictum* var. *capitatum*
	针杆藻属	*Synedra*	针尖针杆藻	*Synedra acus*
			两喙尺骨针杆藻	*Synedra ulan* var. *amphirhrynchs*
			偏突针杆藻小头变种	*Synedra vaucheriae* var. *capitellaia*
			肘状针杆藻	*Synedra ulan*
			近缘针杆藻	*Synedra affinis*
			双头针杆藻	*Synedra amphicephala*
	辐节藻属	*Stauroneis*	尖辐节藻	*Stauroneis acuta*
			双头辐节藻线形变种	*Stauroneis anceps f. linearis*
	羽纹藻属	*Pinnularia*	近小头羽纹藻	*Pinnularia subcapitata*
			弯羽纹藻线形变种	*Pinnularia gibba* var. *linearis*
			间断羽纹藻	*Pinnularia interrupta*
			细条羽纹藻布雷变种	*Pinnularia microstauron* var. *brebis*
	茧形藻属	*Amphiprore*		
	双眉藻属	*Amphora*	卵圆双眉藻	*Amphora ovalis*
	菱形藻属	*Nitzschia*	新月菱形藻	*Nitzschia closterium*
	根管藻属	*Rhizosolenia*	长刺根管藻	*Rhizosolenia longiseta*
	双楔藻属	*Didymosphenia*	双生双楔藻	*Didymosphenia geminata*
	平板藻属	*Tabellaria*	窗格平板藻	*Tabellaria fenestrata*

门	属名	属拉丁名	种名	种拉丁名
	四棘藻属	*Attheya*	扎卡四棘藻	*Attheya zochariasi*
	曲壳藻属	*Achnanthes*	披针曲壳藻	*Achnanthes lanceolata*
	直链藻属	*Melosira*	颗粒直链藻	*Melosira granulata*
	窗纹藻属	*Epithemia*		
	星杆藻属	*Asterionella*	美丽星杆藻	*Asterionella formosa*
	扇形藻属	*Meridion*		
金藻门	鱼鳞藻属	*Mallomonas*	螨形鱼鳞藻	*Mallomonas acaroides*
			华丽鱼鳞藻	*Mallomonas elegans*
	拟辐尾藻属	*Uroglenopsis*	欧洲拟辐尾藻	*Uroglenopsis epropaea*
	单边金藻属	*Chromulina*	变形单边金藻	*Chromulina pascheri*
			伪暗色单边金藻	*Chromulina pseudonebulosa*
	棕鞭藻属	*Ochromonas*	谷生棕鞭藻	*Ochromonas vallesiaca*
			变形棕鞭藻	*Ochromonas mutabilis*
甲藻门	多甲藻属	*Peridinium*	二角多甲藻	*Peridinium bipes*
			格特多甲藻	*Peridinium gutwinskii*
裸藻门	扁裸藻属	*Phacus*	宽扁裸藻	*Phacus pleuronectes*
			梨形扁裸藻	*Phacus pyrum*
			桃形扁裸藻	*Phacus stokesii*
			扭曲扁裸藻	*Phacus tortus*
			长尾扁裸藻	*Phacus longicauda*
	裸藻属	*Euglena*	尾裸藻	*Euglena caudata*
			刺鱼状裸藻	*Euglena gasterosteus*
			尖尾裸藻	*Euglena oxyuris*
			梭形裸藻	*Euglena acus*
			近轴裸藻	*Euglena proxima*
	袋鞭藻属	*Peranemaceae*		
	陀螺藻属	*Strombomonas*	糙膜陀螺藻	*Strombomonas schauinshandii*
			剑尾陀螺藻	*Strombomonas ensifera*
	鳞孔藻属	*Lepocinclis*	伪编织鳞孔藻	*Lepocinclis pseudo-texta*
			卵形鳞孔藻	*Lepocinclis ovum*
			梭形鳞孔藻	*Lepocinclis autumnalis*
			秋鳞孔藻	*Lepocinclis autumnalis*
	卡克藻属	*Khawkinea*	多变卡克藻	*Khawkinea veriabilis*
			四分卡克藻	*Khawkinea quartana*
	囊裸藻属	*Trachelomonas*		
	异鞭藻属	*Anisonema*		
隐藻门	蓝隐藻属	*Chroomonas*	尖尾蓝隐藻	*Chroomonas acuta*
	隐藻属	*Cryptomonas*	卵形隐藻	*Cryptomonas ovata*
			倒卵形隐藻	*Cryptomonas obovata*
			蛋白核隐藻	*Cryptomonas pyrenoidifera*

乌梁素海浮游植物种类组成百分比如图 2-8 所示。

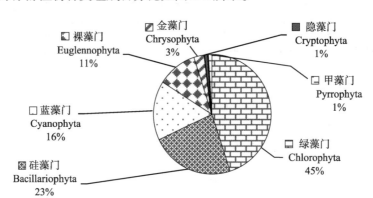

图 2-8　乌梁素海浮游植物种类组成百分比

2. 浮游植物物种的季节变化

　　为分析乌梁素海浮游植物种类的季节变化特征，将调查期间出现的所有浮游植物种属按各季节统计，发现乌梁素海夏季出现的浮游植物种类数最多，为 92 属 223 种，占调查期间所有浮游植物种总数的 79.36%；其次为秋季和冬季，分别为 59 属 133 种和 58 属 125 种，占调查期间所有浮游植物种总数的 47.33% 和 44.48%；春季出现的种类数最少，为 59 属 108 种，占调查期间所有浮游植物种总数的 38.43%。若以浮游植物的属为单位，则夏季出现的浮游植物种类数量明显高于其他季节，而其他季节间的相差不大。各门浮游植物种类数按季节统计分析如下（图 2-9 为不同季节的各门浮游植物种类组成百分比）。

　　绿藻在各季节中都是出现最多的种类，其中夏季出现绿藻的种类较多，为 37 属 100 种，占调查期间所有浮游植物种总数的 35.59%；其次为秋季，出现的种类数为 25 属 62 种，占调查期间所有浮游植物种总数的 22.06%；春季为 28 属 56 种，占调查期间所有浮游植物种总数的 19.93%，冬季出现的种类为 20 属 45 种，占调查期间所有浮游植物种总数的 16.01%。绿藻种类数在各季节中所占比例呈现，春季最高为 51.85%；其次为秋季，为 46.62%；夏季为 44.84%；冬季所下降到 36.00%。

　　硅藻在各季节中出现的种类数较多，但均低于各季节中绿藻出现种类数。其中夏季出现硅藻的种类较多，为 20 属 50 种，占调查期间所有浮游植物种总数 17.79%；其次为秋季和冬季，出现种类数分别为 15 属 32 种和 14 属 30 种，分别占调查期间所有浮游植物种总数的 11.39% 和 10.68%；春季为 12 属 25 种，占调查期间所有浮游植物种总数的 8.90%。硅藻种类数在各季节中所占比例的变化不大，其中秋季和冬季所占比例均为 24.06%，春季和夏季所占比例分别为 23.15% 和 22.42%。

　　蓝藻在各季节中出现的种类数仅次于硅藻出现的种类数。其中夏季出现的蓝藻种类较多，为 21 属 42 种，占调查期间所有浮游植物种总数的 14.95%；冬季和秋季出现的蓝藻种类，为 15 属 27 种和 11 属 24 种，占调查期间所有浮游植物种总数的 9.61% 和 8.54%；春季出现的蓝藻种类最少，为 12 属 19 种，占调查期间所有浮游植物种总数的

6.76%。蓝藻种类数在各季节所占比例呈现为冬季较其他季节所占比例高，为 21.60%；夏季和秋季所占比例为 18.83% 和 18.05%；春季所占比例为 17.59%。

裸藻在各季节中出现的种类数明显少于绿藻和硅藻，其中夏季及冬季出现的裸藻种类较多，为 8 属 19 种和 3 属 14 种,分别调查期间所有浮游植物种总数的 6.76% 和 4.98%；春季和秋季出现的种类数相对较少，为 3 属 3 种和 3 属 7 种,分别占调查期间所有浮游植物种总数的 1.07% 和 2.49%。裸藻种类数在各季节所占比例为冬季所占比例最高，为 11.20%；其次夏季，为 8.52%；秋季为 5.26%；春季所占比例最小，为 2.78%。

金藻、隐藻和甲藻类群在各季节中出现的种类数较少，且种类数差别也较小。其中金藻在冬季出现的种类数为 3 属 6 种，占调查期间所有浮游植物种总数的 2.14%；夏季为 3 属 5 种，占调查期间所有浮游植物种总数的 1.78%；秋季为 2 属 3 种，占调查期间所有浮游植物种总数的 1.07%；春季为 2 属 2 种，占调查期间所有浮游植物种总数的 0.71%。金藻种类数在各季节所占比例，冬季 4.80%，秋季 2.26%，夏季 2.24%，春季 1.85%。隐藻在夏季和秋季出现的种类数相同，为 2 属 4 种，占调查期间所有浮游植物种总数的 1.42%；春季和冬季出现种类数相同，为 1 属 2 种，占调查期间所有浮游植物种总数的 1.42%。裸藻种类数在各季节所占比例的变化为秋季略高为 3.01%，其他季节相差不大，分别为春季 1.85%，夏季 1.79%，冬季 1.60%。甲藻在各个季节中出现的种类数最少，夏季为 1 属 3 种，春季、秋季和冬季均为 1 属 1 种，分别占调查期间所有浮

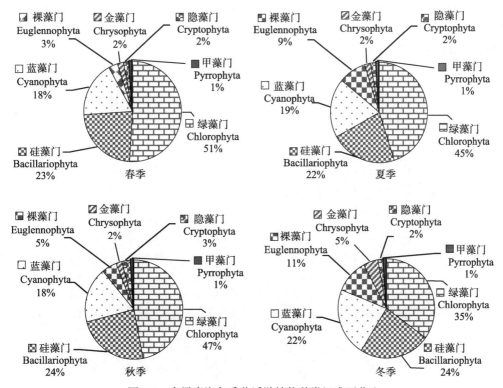

图 2-9　乌梁素海各季节浮游植物种类组成百分比

游植物种总数的 1.07% 和 0.36%。在各季节所占比例为夏季 1.35%，春季 0.93%，冬季 0.80% 和秋季 0.75%。

综合以上分析，乌梁素海夏季出现的浮游植物种类（属为单位）明显多于其他季节，而其他季节间的相差不大。全年中浮游植物种类主要由绿藻、硅藻以及蓝藻组成，3 个藻种之和所占比例均达 80% 以上，且各季节出现的种类均呈现绿藻>硅藻>蓝藻。3 个藻种在各季节所占的比例较稳定，其他裸藻、金藻、隐藻和甲藻出现种类较少，且季节变化也较小。

3. 乌梁素海水体浮游植物常见种分析

统计调查期间的 149 个浮游植物样本，出现频率大于 10% 的物种有 44 属（图 2-10，图 2-11），将出现频率大于 40% 的物种确定为常见种。

其中常见种 16 属，为小环藻（85.91%）、席藻（79.87%）、衣藻（73.83%）、针杆藻（70.47%）、舟形藻（69.13%）、栅藻（67.79%）、裸藻（62.42%）、单边金藻（59.73%）、颤藻（53.69%）、卵囊藻（52.35%）、隐藻（50.34%）、纤维藻（47.65%）、蓝纤维藻（45.64%）、小球藻（45.64%）、平裂藻（44.30%）和空心藻（44.30%）。而出现频率 20%~40% 的共有 14 属，色球藻（38.93%）、桥弯藻（37.58%）、鼓藻（36.91%）、四角藻（31.54%）、微囊藻（28.86%）、束球藻（27.52%）、脆杆藻（27.52%）、茧形藻（26.85%）、胶网藻（25.50%）、卵形藻（24.83%）、蹄形藻（22.82%）、多甲藻（22.15%）、绿球藻（21.48%）、鱼鳞藻（20.81%）。出现频率小于 1% 的物种确定为罕见种，有织线藻（0.67%）、浮球藻（0.67%）、双生双楔藻（0.67%）、曲壳藻（0.67%）、袋鞭藻（0.67%）等。

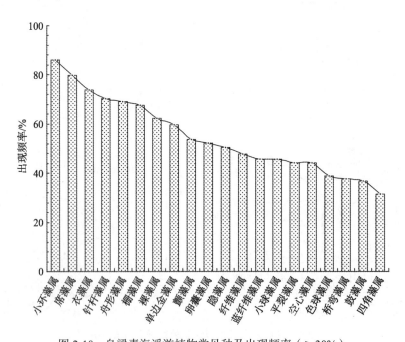

图 2-10　乌梁素海浮游植物常见种及出现频率（≥30%）

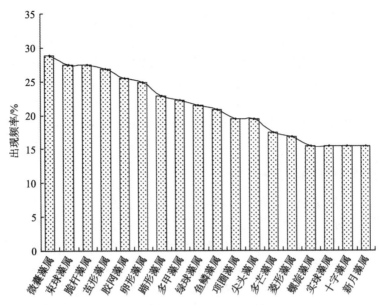

图 2-11　乌梁素海浮游植物常见种出现频率（>15%）

2.6.2　乌梁素海水体浮游植物多样性的季节变化

生物多样性指数被用来判断一个群落或一个生态系统的稳定性，即群落中物种的种类越多，群落越复杂，其生态系统越稳定，自我的调节功能越强（李德亮等，2012；杨宏伟等，2012）。通常物种多样性指数与群落中物种的组成以及数量有关，即群落结构发生变化，其相应的群落多样性指数也会发生变化，因此多样性指数可以用来评价水体环境污染情况。

目前用于浮游植物多样性研究的常用的三个指标为丰富度指数（D，Margalef index）、香农-威纳指数（H，Shannon-Wiener）及均匀度指数（J，Pielou index），这三个指标从不同的角度反映物种的多样性特征。物种丰富度指数 D 是反映一个群落或生境中种数的多寡，表示生物群聚（或样品）中种类丰富程度的指数。物种香农-威纳指数 H 是基于物种数量反映群落种类多样性的指数，通常一个群落中物种多样性指数越高，表明该生物群落的复杂程度越高。物种均匀度指数 J 是反映一个群落或生境中全部种的个体数的分配情况的指数，表示生境中种属组成的均匀程度（张金屯，2011）。

1. 浮游植物丰富度指数分析

对调查期间浮游植物多样性进行分析可知，丰富度指数介于 0.68~3.92，均值为 1.71±0.42。2011 年 6 月~2012 年 8 月，月平均丰富度指数在 1.31~1.50，波动变化不大，各样点随时间的变幅均较小。2012 年 5 月下旬到秋季的丰富度指数水平明显高于其他 2 个调查年度（2011 年和 2013 年），各月平均值达 2.0~2.8，其中 5 月下旬与夏季 8 月的平均丰富度指数分别为 2.47 和 2.83。2013 年，丰富度指数又呈现回落趋势，均值在

1.35~1.82，其中春季 5 月平均丰富度指数高于夏季，为 1.82。根据 Kruskal-Wallis 非参数检验分析显示，丰富度指数在各月各样点均具有显著性差异。根据沈韫芬等（1990）以及众多学者（詹玉涛和范正华，1991；刘超等，2007）利用浮游植物丰富度指数对水质评价的标准：$D>3$ 表示水质无污染；$2<D<3$ 表示水质为 β-中度污染；$1<D<2$ 表示水质为 α-中度污染；$0<D<1$ 表示水质为重度污染。调查期间的第一个调查年度以及第三个调查年度，乌梁素海均属于 α-中度污染，第二个调查年度（5 月、6 月、7 月、9 月）属于 β-中度污染。

2. 浮游植物多样性指数分析

调查期间，香农-威纳指数介于 0.44~3.78，均值为 2.06±0.39。根据 Kruskal-Wallis 非参数检验分析显示，多样性指数在各月各样点具有显著性差异。整个调查期间的变化规律不明显，仅秋季的多样性指数有下降的趋势。根据多样性指数对水质的评价标准，$H>3$ 表示水质无污染；$2<H<3$ 表示水质为 β-中度污染；$1<D<2$ 表示水质为 α-中度污染；$0<D<1$ 表示水质为重度污染。第一调查年度与第二调查年的秋季 10 月、冬季 12 月及 1 月等时期多样性指数均处于 α-中度污染，其他时期均处于 β-中度污染。

3. 浮游植物均匀度指数分析

调查期间，均匀度指数介于 0.17~0.90，均值为 0.53±0.11。均匀度指数的 Kruskal-Wallis 方差表明，各月间均匀度指数具有显著性差异，而各样点之间没有显著性差异。根据均匀度指数对水质的评价标准，$0.5<J<0.8$ 表示水质轻污染或无污染；$0.4<J<0.5$ 表示水质为 β-中度污染；$0.3<J<0.4$ 表示水质为 α-中度污染；$0<J<0.3$ 表示水质为重度污染。乌梁素海 2011 年初夏 6 月、2011 年初秋 9 月、2012 年夏季 7 月、2012 年秋季 9 月和 10 月、2013 年春季 5 月、夏季 6~8 月及秋季 9 月均属于轻度污染，2011 年夏季 7 月和 8 月、2012 年秋季 10 月、冬季及 2012 年春季 5 月初属于 β-中污染，2012 年春末 5 月及 2012 年冬季 12 月、2013 年 1 月属于 α-中度污染。

综合上述分析，3 个多样性指标对水质的评价并不一致，其中丰富度指数以及多样性指数表示乌梁素海处于中度污染水平，各季节呈现 α、β 污染型，而均匀度指数对水质评价显示乌梁素海属于轻度污染水平。从 3 个指标季节变化情况可以看出，乌梁素海浮游植物 3 个多样性指数没有明显的季节重现性，大体表现出冬季较其他季节污染较重。

利用浮游植物多样性指数对水环境的评价一直备受研究学者的关注。沈爱春等（2012）研究太湖夏季不同类型湖区浮游植物群落结构发现，草型湖泊的浮游植物多样性要高于藻型湖区。张民等（2010）比较云贵高原的 13 个湖泊夏季的浮游植物组成及多样性发现，与其他污染较重的长桥海、大屯海、滇池以及异龙湖相比，草海的浮游植物具有丰度较低、多样性指数较高的特征。乌梁素海属大型的草-藻型湖泊，里面生长着大量的水生植物，使得乌梁素海湖区内营养物质及水动力等生境呈现多样性、复杂性。虽湖区富营养的程度较高，但其浮游植物的丰度以及物种多样性均表现较高，笔者认为，这主要与乌梁素海湖区特定的环境有关，其环境具有较大的异质性，从而导致这一现象的产生。Reynolds（2006）也认为，浮游植物群落多样性是与其生境的资源丰富程度及生境的复杂程度密切相关的，多样性指数越高，其生境提供的资源越丰富，生境越复杂。

2.7　本 章 小 结

在整个湖区均存在中营养化和富营养化状态，且在湖区内由北向南，发生中营养化和富营养化的频率逐步降低；每个时间段均存在中营养化和富营养化的状态，发生频率最高月份为每年的 9 月。乌梁素海近年总体来看仍然是一个中度到富营养化状态的湖泊。2005~2014 年，乌梁素海 TN、TP 存在显著的年际变化。TN 浓度均有不同程度的下降，但 TP 浓度并无明显的下降。乌梁素海湖泊水体水化学类型为 [Cl]Na Ⅲ 型水。

乌梁素海表层水体中重金属 Cu、Zn、Pb、Cd、Cr、Hg、As 的平均浓度分别为 7.91μg/L、25.77μg/L、1.06μg/L、0.02μg/L、4.91μg/L、1.04μg/L、6.67μg/L，与地表水水环境 Ⅲ 级标准和国家渔业用水标准相比较，Cu、Zn、Pb、Cr、Cd、As 的含量大部分符合标准，所有监测点的重金属 Hg 的含量都超出地表水 Ⅰ 级标准和国家渔业用水标准，50%的监测点超出了地表水 Ⅳ 级标准。表层湖水中的重金属在湖泊入水口处与湖泊出水口处的湖区出现高值区，湖泊中部多为低值区与中值区。重金属的空间分布特征主要受离排污口、湖水入口的距离，水动力条件等因素影响。7 种重金属的空间分布可划分为：入水口点源发散状高 Hg–Zn–Cr 区，出水口条带状高 Cu–Pb–Cd–As 区，入水口–出水口联片条带状高 Cu–As 区。

乌梁素海湖区共鉴定浮游植物 7 门 110 属 281 种，绿藻种属最多，为 47 属 126 种，其次是硅藻和蓝藻，分别为 25 属 64 种和 22 属 46 种，其他裸藻、金藻、隐藻及甲藻种属相对较少，分别为 9 属 30 种、4 属 8 种、2 属 4 种、1 属 3 种。乌梁素海常见种有小环藻、席藻、衣藻、针杆藻、舟形藻、栅藻、裸藻、金藻、颤藻、卵囊藻、隐藻、纤维藻、蓝纤维藻、小球藻、平裂藻及空心藻。

浮游植物种类的季节变化表现为夏季（属为单位）明显高于其他季节，而其他季节间的相差不大。各季节中浮游植物种类主要以绿藻、硅藻以及蓝藻组成，且均呈现绿藻>硅藻>蓝藻，同时 3 个藻种在各季节所占比例较稳定。

参 考 文 献

何连生, 席北斗, 雷宏军, 等. 2013. 乌梁素海综合治理规划研究. 北京: 中国环境出版社: 55–75

贺志鹏, 宋金明, 张乃星, 等. 2008. 南黄海表层海水重金属的变化特征及影响因素. 环境科学, 29(5): 1153–1161

姜慧琴. 2011. 乌梁素海营养盐在冰体中的空间分布及其在冻融过程中释放规律的试验研究. 呼和浩特: 内蒙古农业大学, 30–35

李德亮, 张婷, 肖调义, 等. 2012. 大通湖浮游植物群落结构及其与环境因子关系. 应用生态学报, 3(8): 2107–2113

李磊, 平仙隐, 沈新强. 2011. 春、夏季长江口溶解态重金属的时空分布特征及其污染评价. 浙江大学(理学版), 38(5): 541–549

李志军, 瑞斯卡·卡艾. 2000. 细粒酒精模型冰的物理性质研究. 大连理工大学学报, 40(2): 224–227

梁喜珍, 李畅游, 贾克力, 等. 2010. 乌梁素海富营养化主控因子——总磷模拟模型研究. 干旱区资源与环境, 24(9): 189–191

刘超, 禹娜, 陈立侨, 等. 2007. 上海市西南城郊河道春季的浮游生物组成及水质评价. 复旦学报(自然科学版), 46(6):

913–919

任春涛, 李畅游, 全占军, 等. 2007. 基于 GIS 的乌梁素海水体富营养化状况的模糊模式识别. 环境科学研究, 20(3): 68–74

沈爱春, 徐兆安, 吴东浩. 2012. 太湖夏季不同类型湖区浮游植物群落结构及环境解释. 水生态杂志, 33(2): 43–47

沈韫芬, 章宗涉, 龚循矩, 等. 1990. 微型生物监测新技术. 北京: 中国建筑工业出版社, 136

史小红, 李畅游, 贾克力. 2007. 乌梁素海污染现状及驱动因子分析. 环境科学与技术, 30(4): 37–39

王百顺, 范代读, 顾君晖, 等. 2012. 南黄海辐射沙洲海底地形可视化与定量分析. 同济大学学报(自然科学版), 40(3): 485–491

王晓蓉. 2009. 水环境化学. 北京: 中国水利水电出版社, 11–45

徐争起, 倪视军, 庹先国, 等. 2008. 潜在生态危害指数法评价中重金属毒性系数计算. 环境科学与技术, 31(2): 112–115

杨宏伟, 高光, 朱广伟, 等. 2012. 太湖蠡湖冬季浮游植物群落结构特征与氮磷浓度关系. 生态学杂志, 31(1): 1–7

杨志岩, 李畅游, 张生, 等. 2009. 内蒙古乌梁素海叶绿素 a 浓度时空分布及其与氮、磷浓度关系. 湖泊科学, 21(3): 429–433

詹玉涛, 范正华. 1991. 釜溪河浮游植物分布及其与水质污染的相关性研究. 中国环境科学, 11(1): 29–33

张金屯. 2011. 数量生态学. 第二版. 北京: 科学出版社, 78

张民, 于洋, 钱善勤. 2010. 云贵高原湖泊夏季浮游植物组成及多样性. 湖泊科学, 22(6): 829–836

Liu Y, Li C Y, Anderson B, et al. 2017. A modified QWASI model for fate and transport modeling of mercury between the water-ice-sediment in Lake Ulansuhai. Chemosphere, 176(2): 117–124

Reynolds C S. 2006. The ecology of phytoplankton. UK: Cambridge University Press, 1–436

第 3 章　乌梁素海水环境综合评价

3.1　基于灰色聚类法的乌梁素海水环境评价

3.1.1　水质评价灰色模式识别模型

1. 水质监测浓度矩阵和水质标准浓度矩阵的确定

设有待分级评价的水质监测样本 j 个，每个样本有 i 项污染指标监测值 C（mg/L），根据水环境质量相关标准规定的 i 项指标评价等级数 k 和水质标准浓度值 S，得到水质监测浓度矩阵（3-1）和水质标准浓度矩阵（3-2）：

$$C_{i\times j} = (c_{mn})_{i\times j} \quad m = 1,2,\cdots,i; n = 1,2,\cdots,j \tag{3-1}$$

$$S_{i\times k} = (s_{mt})_{i\times k} \quad t = 1,2,\cdots,k \tag{3-2}$$

2. 数据归一化处理

由于在实际问题中，各个水质指标的量纲可能不完全相同，因此，不能直接用原始数据进行计算，有必要对水质监测浓度矩阵和水质标准浓度矩阵进行无量纲化处理，使它们归一化为灰色模糊矩阵，使矩阵的每个元素取值在[0，1]区间内，为此规定，Ⅰ类水水质标准浓度在模糊矩阵中对应的元素为 1，k 类水（最高类）水质标准浓度在模糊矩阵中对应的元素为 0。具体方法：

COD、TN 等指标的数值越大，表示污染程度越严重。这类指标可采用下列两式来进行归一化：

$$ss_{mt} = (s_{mk} - s_{mt})/(s_{mk} - s_{m1}) \tag{3-3}$$

$$cc_{mn} = \begin{cases} 1 & c_{mn} \leqslant s_{m1} \\ (s_{mk} - c_{mn})/(s_{mk} - s_{m1}) & s_{m1} < c_{mn} < s_{mk} \\ 0 & c_{mn} \geqslant s_{mk} \end{cases} \tag{3-4}$$

DO 等指标的数值越大，表示污染程度越轻指。这类指标可采用下列两式进行归一化：

$$ss_{mt} = (s_{mt} - s_{mk})/(s_{m1} - s_{mk}) \tag{3-5}$$

$$cc_{mn} = \begin{cases} 1 & c_{mn} \geqslant s_{m1} \\ (c_{mn} - s_{mk})/(s_{m1} - s_{mk}) & s_{m1} < c_{mn} < s_{mk} \\ 0 & c_{mn} \leqslant s_{mk} \end{cases} \tag{3-6}$$

3. 关联度及关联离散度

对于第 n 个水体监测样本以向量 $cc_{1n}, cc_{2n}, \cdots, cc_{in}$（$n=1,2,\cdots j$）作为参考序列（母序列），以 k 级水质分级标准向量 $ss_{1t}, ss_{2t}, \cdots, ss_{it}$（$t=1,2,\cdots k$）组成被比较序列（子序列）进

行计算。记 $\Delta_{nt}(m)=|cc_{mn}-ss_{mt}|$，则 CC_{mn} 和 SS_{mt} 第 m 个指标的关联系数 $\xi_{nt}(m)$ 用下式计算：

$$\xi_{nt}(m)=\frac{\min\limits_{t}\min\limits_{m}\Delta_{nt}(m)+\rho\max\limits_{t}\max\limits_{m}\Delta_{nt}(m)}{\Delta_{nt}(m)+\rho\max\limits_{t}\max\limits_{m}\Delta_{nt}(m)} \tag{3-7}$$

式中，ρ 为分辨系数，$0<\rho<1$，通常取 $\rho=0.5$（曾光明等，1995）。将关联系数用下式加权集中得到关联度：

$$r_{nt}=\sum_{m=1}^{i}\lambda_m\cdot\xi_{nt}(m) \tag{3-8}$$

式中，r_{nt} 表示水体样本 n 与第 t 级水质标准之间的相似程度；λ_m 表示第 m 个评价指标的权重，在实际处理过程中，通常认为各评价指标具有相同的权重。

用关联度确定水质类别存在评价值趋于均化，分辨率低等不足之处，为此引入关联离散度的概念，使序列间的差异更为突出（张军方等，2003）。

$$r'_{nt}=(1-r_{nt})^2 \tag{3-9}$$

4. 隶属度计算

隶属度是样本从属于某一分类的度量，从模糊集的角度出发可定为权重。水体样本 n 与水质标准 t 之间的差异程度可以用隶属度为权重的加权关联离散度来表示。本文参考陈守煜推导的最优分类隶属度矩阵（陈守煜，1987），即最优 U_{nt}：

$$U_{nt}=\frac{1}{r'^2_{nt}\cdot\sum\limits_{t=1}^{k}r'^{(-2)}_{nt}} \tag{3-10}$$

5. 水质灰色识别模式综合指数

为了更精确地评价水体水质状况，引入水质评价灰色识别模式综合指数，即将其所属水质类别 t 与其相应的隶属度 U_{nt} 加权平均，计算公式如下：

$$GC(n)=\sum_{t=1}^{k}t\cdot U_{nt} \tag{3-11}$$

式中，GC 为水质评价灰色识别模式综合指数，t 为水质标准级别，$t=1,2,\cdots,k$。

3.1.2 评价结果

根据乌梁素海 2005~2014 年 6~9 月的 DO、COD、TN、TP 及 F-水质监测数据，利用灰色模式识别模型对乌梁素海 2005~2014 年的水质进行综合分析与评价。

首先构建水质监测浓度矩阵和水质标准浓度矩阵并做归一化处理：

$CC_{5\times10}=$

$$\begin{bmatrix} 0 & 0 & 0 & 0 & 0 & 0 & 0 & 0.0392 & 0.0004 & 0.2044 \\ 0.0526 & 0 & 0 & 0.1053 & 0 & 0.1579 & 0 & 0.4737 & 0 & 0 \\ 0 & 0 & 0 & 0 & 0 & 0 & 0 & 0 & 0 & 0.4800 \\ 0.1273 & 0.1109 & 0.2473 & 0.2818 & 0.7345 & 0.8636 & 0.7636 & 0.6927 & 0.8600 & 0.8564 \\ 0 & 0 & 0 & 0 & 0 & 0 & 0 & 0 & 1 & 1 \end{bmatrix}$$

$$SS_{5 \times 5} = \begin{bmatrix} 1 & 1 & 0.800 & 0.400 & 0 \\ 1 & 0.921 & 0.789 & 0.526 & 0 \\ 1 & 0.833 & 0.556 & 0.278 & 0 \\ 1 & 0.727 & 0.545 & 0.182 & 0 \\ 1 & 1 & 1 & 0 & 0 \end{bmatrix}$$

1）计算关联度及关联离散度

利用公式算得关联系数，将关联系数加权得到关联度，最后计算得到乌梁素海2005~2014年水质对各级标准的关联离散度（表3-1）。

表 3-1　乌梁素海 2005~2014 年水质对各级标准的关联离散度

年份	I 类	II 类	III 类	IV 类	V 类
2005	0.433	0.394	0.327	0.077	0.004
2006	0.437	0.399	0.333	0.083	0.001
2007	0.427	0.383	0.312	0.079	0.004
2008	0.418	0.372	0.298	0.081	0.011
2009	0.363	0.275	0.291	0.131	0.014
2010	0.323	0.308	0.304	0.130	0.031
2011	0.357	0.286	0.297	0.137	0.015
2012	0.333	0.247	0.233	0.076	0.052
2013	0.197	0.185	0.183	0.261	0.068
2014	0.162	0.142	0.112	0.216	0.173

2）计算隶属度及水质灰色识别模式综合指数

利用最优分类矩阵计算得到隶属度矩阵，将隶属度矩阵中的元素与对应的水质类别加权平均得到乌梁素海2005~2014年水质灰色识别模式综合指数（表3-2）。采用综合指数对水质状况进行评价时，GC 最大值为 5，最小值为 1。当各指标均达到 I 类水要求时，GC=1；当所有指标都超过或等于 V 类水要求时，GC=5。

表 3-2　乌梁素海 2005~2014 年水质灰色识别模式综合指数

年份	2005	2006	2007	2008	2009	2010	2011	2012	2013	2014
GC	4.997	4.999	4.995	4.972	4.970	4.870	4.969	4.496	4.166	2.832

2005~2011 年，乌梁素海水质并没有明显变化（图3-1），水质类别处于较高水平，水体受污染程度严重；2012 年之后，水质类别逐年下降，水体中污染物质浓度降低，水质状况明显改善，水体环境向良性方向发展。

根据乌梁素海 2005~2014 年各水质指标及水质变化综合分析结果，可知除 TP 外，各水质指标状况均有不同程度的改善，乌梁素海的水质类别由 2005 年的接近 V 类水上升到 2014 年的 III 类水以上，水质状况明显好转，结合乌梁素海的实际状况分析，引起水质状况改善的影响因素主要有以下几个方面：

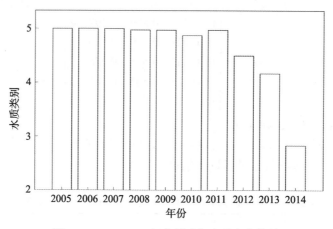

图 3-1　2005~2014 年乌梁素海水质变化状况

（1）外源污染的削减。在工业点源污染方面，针对乌梁素海不断加剧的生态问题，2006 年以来，当地政府全力推进污水处理厂建设，在 4 个工业园区和 7 个旗县区配套建设污水处理厂，在所有 73 家重点排水企业配套建设污水处理措施，关停流域内排污严重的造纸厂、调味厂等，通过这些综合治理项目的实施，工厂污水及城镇生活废水中 COD 负荷量削减 17447t/a，NH_3-N 负荷量削减 1221.29t/a，TP 负荷量削减 159.14t/a（周瑜，2012），使排入乌梁素海的污水得到有效控制。在农田面源污染方面，入湖污染主要受农业施肥量的影响，小麦的氮磷投入量要远远高于玉米、葵花等其他作物（刘振英等，2007）。近年来，河套灌区的种植结构发生了明显变化，由单一小麦种植结构演变成现今小麦、玉米、葵花的多元化种植结构（李泽鸣等，2014），小麦种植面积的减少，大大降低了氮肥、磷肥的施用量，从而降低了农田面源污染的入湖量。

（2）入湖污染物负荷量的降低。河套灌区的工业污水、城镇生活废水及农田退水最终汇入总排干，由总排干排入乌梁素海，而总排干排入乌梁素海的水量占乌梁素海年入湖水量的 70% 以上。因此，总排干污染物负荷量的高低对乌梁素海的水质状况有着重要的影响。以 2005~2014 年总排干 TN、COD 及 TP 入湖量的年际变化为例（图 3-2），从图中可以看出，近十年总排干 TN、TP 及 COD 入湖量均有不同程度的下降，与 2005 年相比，2014 年总排干 TN、TP、COD 入湖量分别下降了 21.4%、23.2%、22.8%。外源

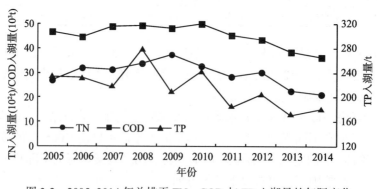

图 3-2　2005~2014 年总排干 TN、COD 与 TP 入湖量的年际变化

污染的削减是导致入湖污染物负荷量降低的主要原因。但近十年来湖泊 TP 浓度并没有显著下降，沉积物中磷向上覆水体的释放是造成这种情况的主要原因。乌梁素海全湖表层沉积物 TP 含量的平均值为 1067.47mg/kg（李畅游和史小红，2014），高于太湖的560.47mg/kg（袁和忠等，2010）及鄱阳湖的 689.34mg/kg（向速林和周文斌，2010），且乌梁素海的 pH 为偏碱性，均值介于 8~9，而湖泊水体 pH 在夏秋季节尤为高，高 pH 会造成沉积物中磷向上覆水体的释放（李畅游和史小红，2014），从而使湖泊水体中 TP 浓度上升。

（3）入湖水量的增加。各排干排入乌梁素海的水量是乌梁素海的主要补给来源之一。当地政府从 2005 年起对乌梁素海实施生态补水工程，但由于各种条件限制，生态补水量并不明显。2012 年以来，生态补水进程开始加速，生态补水量大幅增加，这与乌梁素海水质状况变化的时间相一致。近十年来，各排干排入乌梁素海的水量由 2005 年的 $3.45 \times 10^8 m^3$ 增加到 2014 年的 $9.08 \times 10^8 m^3$，入湖水量增加明显（表 3-3）。近十年来乌梁素海的水位稳定在 1019.5m 上下，明水面积保持在 177km^2 左右，而降雨量、蒸发量并未发生较大变化，从水量平衡的角度分析，入湖水量的大幅增加可以将乌梁素海原有的水体置换排出，而新水体所携带的污染物负荷量比原有水体低，这就使乌梁素海的水质得到了改善。

表 3-3　2005~2014 年乌梁素海年入湖水量　　　　单位：$10^8 m^3$

年份	2005	2006	2007	2008	2009	2010	2011	2012	2013	2014
入湖水量	3.45	4.22	5.06	6.13	4.98	5.85	6.45	9.65	8.55	9.08

3.2　基于 BP 神经网络法的乌梁素海不同季节水环境评价

3.2.1　分析评价方法

本文采用基于标准型的 T-S 模型的模糊神经网络方法，它是模糊理论与神经网络有机结合的成果，模糊理论学习能力差，参数优化难，辨别过程复杂，而人工神经网络具有较强的自组织、自学习、自适应能力及较强的非线性处理能力，T-S 模糊神经网络模型结合两种方法的优点，弥补不足，从而使该模型具有较高的学习和表达能力（李晶，2013）。

T-S 模糊神经网络模型为多输入单输出模型，模型规则为 if-then 规则：

$$R^i : If\ x_1\ is\ A_1^i,\ x_2\ is\ A_2^i, \cdots, x_k\ is\ A_k^i,\ then\ y_i = p_1^i x_1 + \cdots + p_k^i x_k$$

（1）设输入层的输入向量为 $x = [x_1, x_2 \cdots x_k]$，将输入向量进行归一化处理；

（2）根据模糊规则计算各输入量的隶属度：

$$\mu_{A_j^i} = \exp[-(xj - c_j^i)^2 / b_j^i]\quad j = 1, 2, \cdots, k; i = 1, 2, \cdots, n \qquad （3\text{-}12）$$

式中，c，b 分别为隶属度函数的中心和宽度，k 为输入参数个数，n 为模糊子集数。

（3）采用模糊算子为连乘算子对各隶属度进行模糊计算：

$$\omega^i = \mu_{Aj}^1(x_1) \times \mu_{Aj}^2(x_2) \times \cdots \times \mu_{Aj}^k(x_k), \quad i = 1, 2, \cdots, n \tag{3-13}$$

（4）计算模糊模型的输出值 y_i：

$$y_i = \sum_{i=1}^{n} \omega^i (p_0^i + p_1^i x_1 + \cdots + p_k^i x_k) / \sum_{i=1}^{n} \omega^i \tag{3-14}$$

（5）误差计算：

$$e = \frac{1}{2}(y_d - y_c)^2 \tag{3-15}$$

式中，y_d 为模型期望输出值，y_c 为模型实际输出值，e 为期望输出和实际输出误差。

（6）系数修正公式：

$$p_j^i(k) = p_j^i(k-1) - a\frac{\partial e}{\partial p_j^i} \tag{3-16}$$

$$\frac{\partial e}{\partial p_j^i} = (y_d - y_c)\omega^i / \sum_{i=1}^{m} \omega^i \times x_j \tag{3-17}$$

式中，p_j 是神经网络系数，a 是网络学习率，x_j 为网络输出参数，ω^i 为输入参数隶属度连乘积。

（7）参数修正公式：

$$c_j^i(k) = c_j^i(k-1) - \beta\frac{\partial e}{\partial c_j^i} \tag{3-18}$$

$$b_j^i(k) = b_j^i(k-1) - \beta\frac{\partial e}{\partial c_j^i} \tag{3-19}$$

式中，c_j、b_j 分别为隶属度函数的中心和宽度。

本文中具体的计算与应用均是基于上述原理，通过 MATLAB 编程实现。

首先根据研究输入输出数据的维数确定网络结构，本文所用模型为四输入（TN、TP、COD、F⁻）、单输出（水质状况），然后随机初始化模糊神经网络模型参数及系数，接下来利用 MATLAB 的 mapminmax 工具在《地表水环境质量标准》GB 3838-2002 各标准之间随机内插生成 300 组训练样本，对模型进行 2000 次反复归一化训练，直至模型训练成熟。本文模型最终误差小于 0.1，在允许的范围内。最后利用训练成熟模型对冻融过程中各阶段的冰及冰下水进行评价。

根据上述训练方法，模型最终的训练结果如表 3-4 所示。当预测值小于 1.402 时，水质等级为Ⅰ类；当预测值在 1.402~2.513 时，水质等级为Ⅱ类；当预测值为 2.513~3.494 时，水质等级为Ⅲ类；当预测值在 3.494~4.471 时，水质等级为Ⅳ类；当预测值在 4.471~5.327 时，水质等级为Ⅴ类；当预测值大于 5.327 时，水质等级为劣Ⅴ类，当预测值为分界线值时，归属为较好水质等级内。

表 3-4　模型最终训练结果

水质等级	Ⅰ类	Ⅱ类	Ⅲ类	Ⅳ类	Ⅴ类
预测水质	1.402	2.513	3.494	4.471	5.327

3.2.2　基于模糊神经网络法非冻融期乌梁素海湖泊环境质量评价

非冰封期结合乌梁素海流域的气候特征选取的是 6 月、7 月、8 月、9 月，纵坐标是利用 MATLAB 编程，采用模糊神经网络法对水质作出的评价，图 3-3 为不同监测点位：I12、M12、Q8 取样点在 2005~2014 年非冰封期模糊神经网络水质评价状况。从图中可以看出，3 个取样点近十年非冰封期的水质状况变化特征均是上下波动变化，变幅较小，相对稳定。

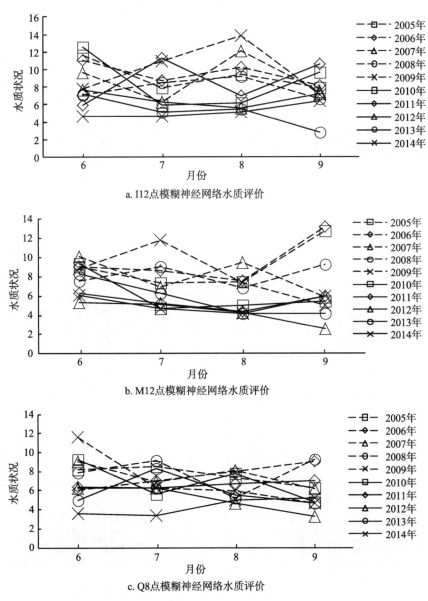

a. I12点模糊神经网络水质评价

b. M12点模糊神经网络水质评价

c. Q8点模糊神经网络水质评价

图 3-3　2005~2014 年非冰封期 I12、M12 及 Q8 点模糊神经网络水质评价

3.2.3 基于模糊神经网络法冻融过程中乌梁素海湖泊环境质量评价

为了可以更直观地观察冻融过程中湖泊水质的变化特征，本文借助 Tecplot 软件，将冻融过程中湖泊水质的变化过程以图形的形式展现。

Tecplot 是 Amtec 公司推出的科学绘图软件，它具有丰富的绘图格式，包括 *x-y* 曲线图、多种格式的 2-D 和 3-D 面绘图及 3-D 体会图。Tecplot 软件可以直接读入 *.cas 和 *.dat 文件，它使用方式类似于一般的 Windows 程序，是通过对话框或者二级窗口来完成的。

图 3-4 是利用 Tecplot 软件显现的实验过程及实验成果图，图中纵向代表的是高度，

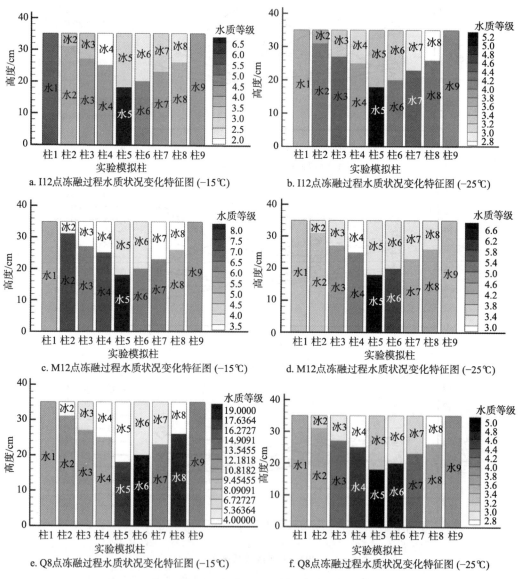

a. I12点冻融过程水质状况变化特征图 (−15℃)

b. I12点冻融过程水质状况变化特征图 (−25℃)

c. M12点冻融过程水质状况变化特征图 (−15℃)

d. M12点冻融过程水质状况变化特征图 (−25℃)

e. Q8点冻融过程水质状况变化特征图 (−15℃)

f. Q8点冻融过程水质状况变化特征图 (−25℃)

图 3-4　实验过程及实验成果图

横向代表实验过程中的 9 个实验模拟柱（柱 1~柱 9），其中柱 1 为冻融实验之前的原水，柱 2~柱 5 为冻结实验过程，柱 6~柱 9 为室温下融化实验过程。颜色的深浅代表着污染物浓度的高低，上部为冰，下部为水。从图 3-4 中可以看出，在结冰过程中（柱 2~柱 5），污染物从冰体向水体迁移，冰中污染物的浓度逐渐降低，颜色逐渐变浅，冰下水体中污染物的浓度逐渐升高，颜色逐渐变深。在融冰过程中（柱 6~柱 9），污染物从水体向冰体融水中迁移，冰体融水中中污染物浓度逐渐升高，颜色逐渐变深，

　　水体中污染物浓度逐渐降低，颜色逐渐变浅。在整个冻融过程中，柱 2~柱 8 上部颜色始终浅于下部，表明冰中污染物浓度一直低于冰下水体中污染物的浓度。但由于实验中，未将冰及冰下水分层，而是检测冰柱及冰下水体的平均浓度，所以冰水界面会对上部冰体中污染物的浓度带来影响，柱 5 的上部颜色略深于柱 4。

　　表 3-5 与表 3-6 分别为–15℃与–25℃冻结温度下，冻融实验各阶段水样冰样水质状况。综合表 3-5 与表 3-6 可知：在结冰过程中，冰下水的模型输出值大体呈增加趋势，即水质呈逐渐变差趋势，冰的水质呈逐渐变好趋势；在融冰过程中冰下水模型输出值大体呈减少趋势，即水质呈逐渐变好趋势，冰的水质状况呈逐渐变差趋势；在整个冻融过程中冰水质等级一直在Ⅱ类至Ⅳ类之间变化，冰下水的水质一直在Ⅳ类至劣Ⅴ类之间变化。

表 3-5　冻融实验中各阶段样品水质状况（–15℃）

	1	2	3	4	5	6	7	8	9
I12 冰		3.650	3.368	3.188	3.524	3.226	2.867	2.607	
I12 水	5.348	3.812	4.251	4.449	6.814	4.881	4.067	3.745	4.186
M12 冰		3.120	3.156	3.275	3.566	3.534	3.385	3.191	
M12 水	5.407	7.135	6.016	7.469	8.531	6.278	6.243	5.393	5.540
Q8 冰		3.974	4.293	3.952	3.782	4.270	4.088	3.217	
Q8 水	10.168	11.188	11.744	10.027	17.521	20.027	12.977	17.755	12.492

表 3-6　冻融实验中各阶段样品水质状况（–25℃）

	1	2	3	4	5	6	7	8	9
I12 冰		3.650	3.368	3.188	3.524	3.226	2.867	2.607	
I12 水	3.667	4.234	4.549	3.943	5.376	4.310	4.480	4.234	4.119
M12 冰		3.151	3.210	2.902	3.216	3.113	3.297	3.239	
M12 水	4.145	3.948	4.773	5.003	6.684	5.926	4.418	4.215	4.181
Q8 冰		3.177	2.991	2.718	3.371	2.889	3.128	2.755	
Q8 水	3.625	3.747	4.228	4.615	5.197	4.985	4.205	3.683	3.902

　　当冻结温度为–15℃时，I12 点冰的最好的水质状况为 1.827，冰下水的最差的水质状况为 6.814，约为水质状况最好的冰的 3.7 倍；M12 点冰的最好的水质状况为 3.156，冰下水的最差的水质状况为 8.531，约为水质状况最好的冰的 2.7 倍；Q8 点冰的最好的水质状况为 3.217，冰下水的最差的水质状况为 20.027，约为水质状况最好的冰的 6.2 倍。

当冻结温度为–25℃时，I12 点冰最好水质状况为 2.607，冰下水的最差的水质状况为 5.376，约为水质状况最好的冰的 2.1 倍；M12 点冰的最好的水质状况为 2.901，冰下水的最差的水质状况为 6.684，约为水质状况最好的冰的 2.3 倍；Q8 点冰的最好的水质状况为 2.718，冰下水最差的水质状况为 5.197，约为水质状况最好的冰的 1.9 倍。

3.3　乌梁素海生物评价模型

以水生生物为基础评价水环境，是通过对水体中的浮游植物、浮游动物、底栖生物、鱼类种类和数量等的变化进行测定和分析，从而判定水体的污染状况和营养状态。常见的有叶绿素 a 浓度和藻类优势种评价法、污水生物系统法、指示生物法、生物指数（BI）法、生物多样性指数法（王庆燕，1992；邓义祥和张爱军，1999；唐涛等，2002；张光贵，2000；王志勇，1996）等。

3.3.1　浮游植物

由于不同的水质环境所滋长的藻种不同，因此可利用水中出现的藻类种类为指标来评价水体的营养状况。Nygaard 提出了用浮游植物混合商 PCQ（phytoplankton compound quotient）来反映湖泊的营养状况，取得了良好的效果。Ott 和 Laugaste 对模型作了进一步的修正并用于爱沙尼亚湖泊的评价，使评价的精确性得到了进一步的提高（李畅游等，2007）。其模型表示如下：

$$PCQ = \frac{\text{蓝藻门*} + \text{绿球藻目*} + \text{圆心硅藻目*} + \text{裸藻纲*} + \text{隐形门*} + 1}{\text{鼓藻目*} + \text{金藻纲*} + 1} \qquad (3\text{-}20)$$

式中，*表示不同种类数。PCQ 模型营养状况等级分类如表 3-7 所示。

表 3-7　浮游植物混合商评价湖泊营养状况等级分类

PCQ	营养状况
<2	贫营养型
2~5	中营养型
5~7	富营养型
>7	超富营养型

3.3.2　浮游动物

用浮游动物种群结构和生物量变化以及优势种分布情况监测评价水环境具有重要价值，并且在国内外已有相当长的历史（王新华等，2003）。综合考虑浮游动物的种类、密度和多样性指数，可以对水体的富营养化状态和污染情况进行较为客观的评价（孟伟等，2007）。李明德（1992）提出非结冰期浮游动物生物量年均值表示法，如表 3-8 所示。

表 3-8　浮游动物富营养化标准

生物量/(mg/L)	营养状况
< 1	贫营养型
1.1~3.4	中营养型
3.5~8.0	富营养型
> 8.0	超富营养型

3.3.3　底栖动物

底栖动物是淡水生态系统的重要组成部分，它们对环境污染反应比较灵敏，能较直观地反映出水质的变化，是通常的水体状况指示生物（王丽珍等，2003）。俄罗斯学者 A.И.伊萨耶夫于 1980 年提出以底栖动物生物量评价湖泊水库的富营养化标准（虞左明，2001），具体如表 3-9 所示。

表 3-9　底栖动物富营养化标准

生物量/(g/m²)	营养状况
< 1.5	贫营养型
1.5~3.0	中营养型
3.0~6.0	中富营养型
6.0~12.0	富营养型
> 12.0	超富营养型

3.3.4　生物评价结果

利用模型对乌梁素海营养状况进行评价，计算出湖泊的 PCQ 值为 6.1，根据表 3-7 评价标准，属于富营养型湖泊，这与以可变模糊集理论对乌梁素海水环境进行评价得到的结果以及武国正（2008）等的研究相一致，说明这一模型用于乌梁素海富营养化评价是可行的。乌梁素海浮游动物生物量变动范围为 4.10~7.15mg/L，平均生物量为 6.98mg/L，根据表 3-8 评价标准，属于富营养型。乌梁素海底栖动物平均生物量为 7.598g/m²，根据表 3-9 标准，属于富营养型。综上可见，分别以浮游植物混合商、浮游动物和底栖动物的生物量方法评价乌梁素海水质，均得出乌梁素海属于富营养型湖泊的结论。

与理化指标相比，生物指标具有以下优点：① 能反映长期的污染效果。生活在一定区域内的生物，可以将长期的污染状况反映出来。② 监测效果更加敏感可靠。某些生物对特定污染物非常敏感，它们能够对某些精密仪器都测不到的微量污染物产生反应，并表现出相应的受害症状。③ 便于综合评价。生物监测可以反映出多种污染物在自然条件下对生物的综合影响，从而可以更加客观、全面地评价水环境。同时，生物监测也有一些缺点：首先是生物监测的机理目前还不是很清楚；其次，生物监测较难量化，有时只能得到间接的结果，需要做进一步的细致分析。

3.4　乌梁素海水环境重金属污染综合污染评价

3.4.1　综合污染评价

　　湖泊水体环境质量评价的可靠程度取决于监测数据的准确性与时效性以及采用的评价方法（冯素珍和张志澍，2012）。目前，研究湖泊水体重金属污染综合评价的方法多种多样，简单地将水体不同的重金属浓度与不同的参考值进行单因子的污染评估，仅能反映单个重金属的污染程度，但是不能表征所监测的所有重金属的综合污染情况。因而采用综合污染指数全方面地考虑所有重金属的污染情况，将污染较重的元素加以突出。其计算公式（3-21）如下（邵学新等，2008）：

$$P_i = \frac{C_i}{S_i} \quad P_{综} = \sqrt{\frac{(\overline{P})^2 + P_{i\max}^2}{2}} \tag{3-21}$$

式中，C_i 为水体实测浓度；S_i 为参考标准浓度；$P_{综}$ 为采样点的综合污染指数；$P_{i\max}$ 为采样点 i 重金属污染物单项污染指数中的最大值。

　　考虑到不同重金属具有不同污染程度，采用加权计算法来求平均值比较合适：

$$\overline{P} = \sum_{i=1}^{n} w_i p_i / \sum_{i=1}^{n} w_i \tag{3-22}$$

　　对于权重 w 的确立（孙清展等，2012），Swaine（2000）按照重金属对环境的影响程度，将环境研究中人们都比较关注微量元素分成了 3 类，并根据不同重金属元素对生态环境、人类生活、身体健康影响程度对不同类别进行权重赋值，元素分类与分类赋值结果如表 3-10 所示。

表 3-10　重金属对环境影响程度分类

类别	元素分类	权重赋值
I 类	As、Cd、Cr、Hg、Pb、Se	3
II 类	Mn、Mo、Ni、Cu、V、Zn	2
III 类	Ba、Co、Ra、Sb、Sn	1

　　最终根据重金属污染环境综合评估公式进行综合评估，并对不同的评估结果进行分类，划分不同的标准，具体分类标准如表 3-11 所示。

表 3-11　重金属综合污染指数分级标准

类别	综合污染指数	水质状态
I 级	$P_{综} \leq 0.7$	安全清洁状态
II 级	$0.7 < P_{综} \leq 1.0$	警戒线，处于尚清洁状态
III 级	$1.0 < P_{综} \leq 2.0$	轻度污染
IV 级	$2.0 < P_{综} \leq 3.0$	中度污染
V 级	$P_{综} \geq 3.0$	重度污染

3.4.2　水环境健康风险评价

重金属在水体中累积到一定阈值则会对水生态系统产生影响与危害，并且其会通过食物链、饮用水等方式对人类健康产生直接或间接的危害。虽然重金属在水体中浓度较低，但是长期摄入则会在体内累积，从而危害人体健康。近年来多起重金属污染事件的发生，使得水质健康风险评价受到各国学者的关注。乌梁素海位于黄河中下游段湖泊，其水质最终退水至黄河，黄河是内蒙古自治区各沿河城市的供水水源，为了更好地反映湖泊水体对湖泊下游水质的影响程度，更好地管理黄河流域内蒙古中下游段水质环境，对乌梁素海水环境进行健康风险评价是非常必要的。本节对乌梁素海 2011 年冬季水体中重金属含量进行健康风险分析，为健康风险评价提供依据。

环境健康风险评估是将污染物对人体健康的危害程度定量化，从而对环境的安全性进行判断与评估的一种方法。近年来，应用美国环保署（US EPA）推荐的健康风险评价模型对水环境中重金属含量进行评估是比较常用的做法。水环境健康风险评价的主要评估对象包括两类，一类是放射性污染物与化学致癌物等基因毒物质，另一类是非致癌物等躯体毒物质（李祥平等，2011）。根据研究，重金属可以通过不同的方式进入人体，包括饮用水途径、口鼻吸入、皮肤接触等。因此，不同的污染物以及不同的进入方式都对人体有着不同的健康危害程度。根据多年来的研究成果，建立了不同吸入方式的基因毒物质健康风险评价模型与躯体毒物质健康风险评价模型（耿福明等，2006）。

重金属污染物通过饮用水途径进入人体后，其引起的健康风险评价模型计算公式分别为：

$$R_c = \sum R_{ci} = \sum \left[1 - \exp(-D_i \cdot q_i) \right] / L \tag{3-23}$$

$$R_n = \sum R_{ni} = \sum (D_{ig} / \mathrm{RfD}_i) \times 10^{-6} / L \tag{3-24}$$

$$D_{ig} = 2.2 \times C_i / W \tag{3-25}$$

式中，R_{ci} 为致癌物 i（共 k 种化学致癌物质）经饮用水途径的平均致癌年风险，单位 a^{-1}；R_{ni} 为非致癌物 i（共 k 种化学致癌物质）经饮用水途径的平均健康年风险，单位 a^{-1}；$R_{总}$ 为水环境中化学有毒污染物经饮用水途径总的平均健康风险，单位 a^{-1}；D_i 为化学致癌物 i 经饮用水途径的单位体重日均暴露剂量，单位 $\mathrm{mg/(kg \cdot d)}$；q_i 为化学致癌物 i 的饮用水途径致癌强度系数，单位 $\mathrm{mg/(kg \cdot d)}$；RfD_i 为非致癌物质 i 通过饮用水途径摄入的参考剂量，单位 $\mathrm{mg/(kg \cdot d)}$；D_{ig} 为非致癌物质 i 通过饮用水途径的单位质量日均暴露剂量，单位 $\mathrm{mg/(kg \cdot d)}$；2.2 为成人每日平均饮水量，单位 L；C_i 为水体中各金属的实测浓度，单位 $\mathrm{mg/L}$。W 为人均体重，单位 kg；L 为人均寿命，单位 a。

模型中各污染物的致癌强度系数和饮水暴露的参考剂量均参照 EPA 标准（孙超等，2009）。具体如表 3-12 所示。

表 3-12 化学致癌物致癌强度系数与非致癌物质的暴露参考剂量

化学致癌物致癌强度系数/[mg/(kg·d)]		非致癌物质的暴露参考剂量/[mg/(kg·d)]	
Cr	41	Cu	0.04
As	15	Zn	0.30
Cd	6.1	Pb	0.0035
		Hg	0.0003

环境健康风险评价的评价对象为特定人群，根据中国卫生统计资料，内蒙古自治区人均预期寿命为 73.8a，成人人均体重为 65.0kg（布仁巴图等，2009）。

由于乌梁素海的湖水将会汇入黄河，基于乌梁素海的生态功能定位与重金属的危险性，对其湖泊水质中重金属健康风险进行评估。应用式（3-23）~式（3-25）及选择的参数，计算湖泊水体受到化学致癌性污染物和非致癌性污染物所致的健康危害的风险度，即平均个人年风险。

3.4.3 重金属污染评价结果

1. 综合污染评价结果

根据式（3-21）与式（3-22）得到乌梁素海各个监测点湖水水体重金属污染综合指数。根据乌梁素海的水功能区划与水体主要用途，重金属评价标准采用国家《地表水环境质量标准》中的Ⅲ类标准（GB 3838-2002）和《渔业水质标准》（GB 11607-89）相结合作为评价参考标准，评价结果如表 3-13 所示。

表 3-13 乌梁素海水体重金属综合评价指数

调查时间	项目	综合污染指数
2011 年 1 月	变化范围	0.73~2.08
	平均值	1.51

与综合污染指数分级标准相对比，湖泊水体大部分点位的污染指数处于 1~2，属于轻度污染，L15 点与 R7 点的综合污染指数处于 0.7~1.0（图 3-5），达到警戒线的范围，有发生污染的趋势，但尚属清洁状态。全湖最高值出现在湖泊水体入水口处的 K12点，综合污染指数为 2.08，处于中度污染。这与径流输入与沿岸排污的影响有关。另一方面，本文所应用的综合污染评价模型中，突出了污染指数较高的重金属，因而其对湖泊水体环境质量的影响也随之加大。7 种重金属中 Hg 的污染最为严重，且 Hg 的权重系数较大，Hg 污染对全湖综合评价贡献较大，湖泊入水口处的 Hg 含量为高值区。因此导致了湖泊入水口的综合污染指数最高。

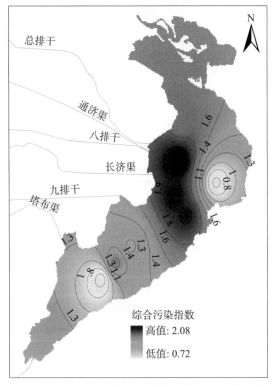

图 3-5　乌梁素海表层水体 7 种重金属综合污染指数分布图

全湖综合污染指数均值为 1.51，处于轻度污染状态。为了更直观地查看整个湖区水体的重金属综合污染状态，利用 ArcGIS9.3 地统计模块对 RI 进行反距离插值，获取整个湖区的综合评价指数的空间分布特征。从图 3-5 可以获知，全湖的综合污染指数分布特征与 Hg 较为相似，高值区域分布在湖泊入水口处较为集中的西北部，湖泊南部与出口处的含量相对较低，处于中等水平。分布特征也呈现出点源发散状。这说明，在进行水体重金属污染分析的过程中，需考虑到不同重金属的生态环境危害性，不能仅以单因子标准进行判断，特别是要注意生态危害性较强的元素如 Hg、Cd 等。所以，本文通过综合污染评价指数指出了乌梁素海水体中哪些重金属元素是需要特别注意的，这对于乌梁素海污染的控制尤为重要。

2. 健康风险评价结果

致癌物质风险评价结果如表 3-14 所示。由表 3-14 可知，乌梁素海湖水中 Cd、As、Cr 通过饮用水途径引起的致癌风险平均值分别为 $0.0049\times10^{-5}a^{-1}$、$1.27\times10^{-5}a^{-1}$ 和 $1.42\times10^{-5}a^{-1}$。风险等级从高到低依次为 Cr、As、Cd；Cr、As 导致的致癌风险要远远高出由 Cd 引起的致癌风险，约为 3 个数量级，因此由重金属导致的致癌风险主要由 Cr、As 含量大小决定。总的致癌风险在 $2.35\times10^{-5}\sim2.86\times10^{-5}a^{-1}$，均值为 $2.70\times10^{-5}a^{-1}$，低于国际辐射防护委员会（ICRP）推荐的最大可接受值 $5.0\times10^{-5}a^{-1}$。当前，瑞典环保局与荷兰建设和环境部所推荐的最大可接受值为 $1.0\times10^{-6}a^{-1}$（钱家忠等，2004；温海威等，2012），如果以此为标准，As、Cr 的致癌风险则远超过其可接受水平。

表 3-14 化学致癌物饮水途径健康危害的风险度

	致癌风险/$10^{-5}a^{-1}$							
	I12	J11	J13	K12	L15	M12	N13	P9
Cd	0.0023	0.002	0.0015	0.002	0.007	0.003	0.003	0.003
Cr	1.43	1.42	1.42	1.43	1.42	1.42	1.4	1.42
As	1.37	1.35	1.39	1.41	1.4	1.41	1.31	0.94
Rc	2.80	2.77	2.81	2.84	2.83	2.83	2.71	2.36

	致癌风险/$10^{-5}a^{-1}$						
	P11	Q8	R7	S6	T5	U4	W2
Cd	0.0027	0.003	0.0032	0.007	0.011	0.012	0.013
Cr	1.42	1.43	1.42	1.42	1.42	1.42	1.42
As	0.95	1.05	1.14	1.25	1.36	1.38	1.42
Rc	2.36	2.48	2.56	2.68	2.79	2.81	2.86

由表 3-15 可以看出，总非致癌性污染物所致的健康危害风险度范围是 $1.0\times10^{-9}\sim2.49\times10^{-9}a^{-1}$，即每年每千万人口中因饮用水中各类污染物而受到健康危害或死亡的人数不能超过 3 人。从各非致癌物元素对 R_n 的贡献率分析可知，重金属 Hg 所致的健康危害风险度要远高于 Cu、Zn、Pb，贡献率在 71.02%~92.57%，重金属 Hg 的健康危害风险度范围在 $0.745\times10^{-9}\sim2.148\times10^{-9}a^{-1}$，均值为 $1.56\times10^{-9}a^{-1}$。重金属 Pb 所致的健康危害风险度相对 Hg 较小，贡献率在 4.36%~18.11%，健康危害风险度均值为 $0.136\times10^{-9}a^{-1}$。重金属 Cu 所致的健康危害风险度相对 Hg、Pb 较小，贡献率在 1.11%~8.01%，健康危害风险度均值为 $0.008\times10^{-9}a^{-1}$。重金属 Zn 所致的健康危害风险度最小，贡献率在 1.53%~5.42%，健康危害风险度均值为 $0.0039\times10^{-9}a^{-1}$。因此，对非致癌性污染物所致的健康危害风险度由大到小排列为 Hg>Pb>Cu>Zn。

表 3-15 非致癌性物质通过饮水途径产生的健康风险及各元素贡献率

	健康风险/$(10^{-9}a^{-1})$														
	I12	J11	J13	K12	L15	M12	N13	P9	P11	Q8	R7	S6	T5	U4	W2
Cu	0.05	0.04	0.12	0.17	0.07	0.03	0.03	0.11	0.11	0.13	0.08	0.08	0.06	0.08	0.13
Zn	0.05	0.06	0.07	0.05	0.06	0.04	0.04	0.03	0.02	0.03	0.03	0.03	0.03	0.03	0.03
Pb	0.16	0.14	0.13	0.12	0.11	0.10	0.15	0.11	0.11	0.10	0.19	0.18	0.17	0.18	0.20
Hg	1.77	1.55	1.89	2.15	0.78	2.08	2.04	1.29	1.12	1.71	0.75	0.79	0.89	1.22	1.47
R_n	2.03	1.79	2.21	2.49	1.01	2.25	2.25	1.54	1.36	1.96	1.05	1.07	1.14	1.50	1.83

	各非致癌物元素对 R_n 的贡献率/%														
	I12	J11	J13	K12	L15	M12	N13	P9	P11	Q8	R7	S6	T5	U4	W2
Cu	2.26	2.23	5.43	6.96	7.20	1.51	1.11	6.95	7.72	6.47	8.01	6.99	5.42	5.19	7.15
Zn	2.46	3.35	3.17	1.93	5.42	1.56	1.64	1.88	1.69	1.53	2.86	2.61	2.27	1.99	1.86
Pb	8.1	7.8	5.9	4.7	10.5	4.4	6.7	7.1	8.2	5.0	18.1	16.8	14.5	11.7	10.7
Hg	87.2	86.6	85.5	86.4	76.9	92.6	90.6	84.1	82.4	87.0	71.0	73.6	77.8	81.1	80.3
总计	100	100	100	100	100	100	100	100	100	100	100	100	100	100	100

总体分析，致癌物重金属 Cr、As 对人体产生的年均风险值较大，非化学致癌物 Hg 所致健康危害的个人年风险值最大，因此，应将 Cr、As、Hg 作为首要的环境健康风险管理控制指标。

3.5　本 章 小 结

采用灰色模式识别模型对 2005~2014 年乌梁素海水质进行评价，水质灰色识别模式综合指数表明：乌梁素海水体环境正向良性方向发展，2012 年是乌梁素海水质变化的拐点，2012 年之前，乌梁素海水质没有明显变化；2012 年之后，水质得到明显改善。

采取模糊神经网络模型，通过 MATLAB 编程，选取 F$^-$、COD、TP、TN 作为评价指标，构建了新的模糊神经网络模型，得到新的水质状况分类：小于 1.402 为 I 类，1.402~2.513 为 II 类，2.513~3.494 为 III 类，3.494~4.471 为 IV 类，4.471~5.327 为 V 类，大于 5.327 为劣 V 类；在冻融过程中，冰下水的水质状况在结冰过程中逐渐变差，在融冰过程中又逐渐好转；通过新建的模糊神经网络模型，结合新建的水质状况分类方法，分析研究了冻结温度及原水水质状况对冻融过程中湖泊水质状况变化特征的影响，得出结论为：冻结温度越低，污染物的迁移量越少；原水水质状况越差，结冰后冰体中污染物浓度越高。

本章采用生物指标模型对乌梁素海水环境进行了评价，评价结果表明乌梁素海目前水质污染严重，处于富营养化状态，水质状况已不能满足其部分功能需求。

采用综合污染指数全方面地考虑所有重金属的污染情况，发现湖泊水体大部分点位的综合污染指数处于 1~2，属于轻度污染；全湖综合污染指数均值为 1.51，处于轻度污染状态。全湖的综合污染指数分布特征与 Hg 较为相似，高值区域分布在湖泊入水口处较为集中的西北部，湖泊南部与出口处的含量相对较低，处于中等水平。乌梁素海湖水 Cr、As 导致的致癌风险要远远高出由 Cd 引起的致癌风险。总的致癌风险在 2.35×10^{-5}~$2.86 \times 10^{-5} a^{-1}$，均值为 $2.70 \times 10^{-5} a^{-1}$，低于国际辐射防护委员会（ICRP）推荐的最大可接受值 $5.0 \times 10^{-5} a^{-1}$，高于瑞典环保局、荷兰建设和环境部推荐的最大可接受水平值 $1.0 \times 10^{-6} a^{-1}$。总的非致癌性污染物所致的健康危害风险度介于 1.01×10^{-9}~$2.49 \times 10^{-9} a^{-1}$，非致癌性污染物所致的健康危害风险度由大到小排列为 Hg>Pb>Cu>Zn。

参 考 文 献

布仁巴图, 孙丽, 潘兴强, 等. 2009. 江苏省与内蒙古自治区人均期望寿命对比分析. 中国初级卫生保健, 23(4): 72–74

曾光明, 杨春平, 曾北危. 1995. 环境影响综合评价的灰色关联分析方法. 中国环境科学, 15(4): 247–251

陈守煜. 1987. 水利水文水资源与环境模糊集分析. 大连: 大连工学院出版社, 52

邓义祥, 张爱军. 1999. 试论藻类在水体污染监测中的运用. 环境与开发, 14(1): 43–45

冯素珍, 张志澍. 2012. 基于多级模糊理论的湖泊水体和底泥质量评价. 安徽农业科学, 40(15): 8687–8690

耿福明, 薛联青, 陆桂华, 等. 2006. 饮用水源水质健康危险的风险度评价. 水利学报, 37(10): 1242–1245

李畅游, 武国正, 李卫平, 等. 2007. 乌梁素海浮游植物调查与营养状况评价. 农业环境科学学报, 26(增刊): 283–287

李畅游, 史小红. 2014. 乌梁素海沉积物环境地球化学特征研究.北京: 科学出版社, 85

李晶. 2013. 基于人工神经网络的黄河宁夏段水质评价研究. 宁夏: 宁夏大学, 17–28

李明德. 1992. 水上公园东湖及西湖的浮游动物. 海洋湖沼通报, 1: 72–80

李祥平, 齐剑英, 陈永亨. 2011. 广州市主要饮用水源中重金属健康风险的初步评价. 环境科学学报, 31(3): 547–553

李泽鸣, 魏占民, 白燕英, 等. 2014. 内蒙古引黄灌区种植面积与种植结构的时空演变. 干旱区研究, 31(2): 348–354

刘振英, 李亚威, 李俊峰, 等. 2007. 乌梁素海流域农田面源污染研究. 农业环境科学学报, 26(1): 41–44

孟伟, 杨荣金, 舒俭民, 等. 2007. 突发环境污染事件对湖泊浮游动物的影响. 环境科学, 20(4): 87–91

钱家忠, 李如忠, 汪家权, 等. 2004. 城市供水水源地水质健康风险评价. 水利学报, (8): 90–91

王志勇. 1996. 渤海湾海河口水质污染状况的生物多样性指数法评价. 交通环保, 17(6): 6–10

孙超, 陈振楼, 张翠, 等. 2009. 上海市主要饮用水源地地下水重金属健康风险评价环境科学研究, 22(1): 60–65

孙清展, 臧淑英, 张囡囡. 2012. 基于模糊综合评价的湖水重金属污染评价与分析. 环境工程, 30(1): 111–115

邵学新, 黄标, 赵永存, 等. 2008. 长江三角洲典型地区土壤中重金属的污染评价. 环境化学, 27(2): 218–221

唐涛, 蔡庆华, 刘建康. 2002. 河流生态系统健康及其评价. 应用生态学报, 13(9): 1191–1194

武国正. 2008. 支持向量机在湖泊富营养化评价及水质预测中的应用研究. 呼和浩特: 内蒙古农业大学, 6

温海威, 吕聪, 王天野, 等. 2012. 沈阳地区农村地下饮用水中重金属健康风险评价. 中国农学通报, 28(23): 242–247

王丽珍, 刘永定, 陈旭东, 等. 2003. 滇池马村湾、海东湾底栖无脊椎动物群落结构及其水质评价. 水利渔业, 23(2): 47–50

王庆燕. 1992. 应用藻类的污染指数评价乌鲁木齐水体的水质. 干旱区环境监测, 6(4): 242–247

王新华, 纪炳纯, 罗阳, 等. 2003. 引滦工程上游浮游动物及其水质评价. 城市环境与城市生态, 16(6): 243–245

向速林, 周文斌. 2010. 鄱阳湖沉积物中磷的赋存形态及分布特征. 湖泊科学, 22(5): 649–654

虞左明. 2001. 青山水库底栖动物群落初步研究. 环境污染与防治, 23(5): 229–231

袁和忠, 沈吉, 刘恩峰, 等. 2010. 太湖水体及表层沉积物磷空间分布特征及差异性分析. 环境科学, 31(4): 954–960

张光贵. 用综合生物指数法评价水质[J]. 环境监测管理与技术, 2000, 12(5): 27–29

张军方, 陈淼, 罗雪. 2003. 灰色识别法在水环境质量评价中的应用研究. 贵州工业大学学报: 自然科学版, 32(4): 91–94

周瑜. 2012. 乌梁素海生态研究站指标体系的构建与健康评价. 包头: 内蒙古科技大学, 27

Kersti K, Reet L, Peeter N, et al. 2005. Long-term changes and seasonal development of phytoplankton in a strongly stratified hypertrophic lake. Hydrobiologia, 547(1): 91–103

Swaine D J. 2000 .Why trace elements are important. Fuel Processing Technology, (65/66): 21–33

第4章 乌梁素海元素赋存形态及水质动态模拟

4.1 乌梁素海营养元素——氮、磷存在形态的地球化学模拟

氮、磷营养元素是湖泊生态系统中极其重要的生态因子，也是引发江河湖泊等永久性湿地发生富营养化的重要因子之一，显著影响着湖泊湿地生态系统的生产力，目前已成为国际全球变化问题研究的核心内容之一（Keeney，1980；Smith et al，1999；傅国斌和李克让，2001）。尤其在关于湖泊富营养化的恢复与治理研究中，氮、磷污染问题更为突出。目前国内外关于湖泊中营养元素——氮、磷的研究主要集中在数量上，表现在模型的建立，营养物质的迁移、循环、沉积与释放等。从20世纪70年代初期开展富营养化研究至今，湖泊富营养化模型取得了飞速的发展，从单一营养物质负荷模型，如Vollenweider提出的简单总磷模型，发展到了浮游植物与营养盐相关模型，到目前的包含几十个生态变量的多种生态动力模型。现代的生态动力学模型考虑了系统中生态过程的时空变化，以及自然界中多因素之间的相互作用，使得更细致地模拟富营养化元素在水体中数量的变化成为可能。然而以上这些研究基本是在摸清营养元素数量后就以营养元素研究模型的建立作为结束，都忽略了营养元素存在形态的研究。营养元素中的氮、磷是植物生长不可缺少的元素，被称为植物的生命元素。植物为维持正常的生长发育，必须从外界吸收氮、磷元素作为其营养物质，但不是所有形态的营养元素都能被吸收利用。在自然水体中营养元素氮以有机氮和无机氮两种形式存在，其中无机氮作为植物生长过程中不可缺少的营养物质，能以离子形式 NH_4^+ 和 NO_3^- 被植物吸收利用，若氨氮（NH_4^+-N）和硝态氮（NO_3^--N）同时存在，NH_4^+-N 为浮游植物优先选择吸收的形态，其次为 NO_3^--N（Wheeler，1990）。因此，NH_4^+-N 的含量水平直接决定着浮游生物的初级生产力，进而成为发生水体富营养化的关键因素。磷和氮一样，都是植物生长的必需元素。植物生命活动所需要的能量以及能量的传递与储备都依靠磷酸化合物。在污染水体中磷的存在形态取决于污水中磷的类型，最常见的有正磷酸盐、聚磷酸盐和有机磷酸盐等，能被植物根系直接吸收的磷主要是一价磷酸根离子（$H_2PO_4^-$）和二价磷酸根离子（HPO_4^{2-}）。三价磷酸根离子（PO_4^{3-}），聚磷酸盐和有机磷酸盐不能或很难被植物根系吸收。其中 $H_2PO_4^-$ 和 HPO_4^{2-} 被根系吸收是依靠植物通过呼吸作用获得的能量而完成的生理过程（单丹，2006）。从以上对营养物质氮、磷存在形态对植物生长发育的有效性分析中，笔者认为，研究营养元素存在形态对摸清湖泊富营养化污染机理、防止与治理富营养化污染与营养元素存在数量的研究是同样重要的。但目前对于湖泊营养物质氮、磷的质方面（存在形态）的研究甚少，基本还停留在方法的探索阶段，且研究大多集中在水

体沉积物中氮、磷的研究，关于湖泊上覆水体中氮、磷存在形态的研究甚少。进行湖泊上覆水体富营养物质数量与存在形态的耦合模拟是弄清湖泊富营养化过程的基础，而且也是建立富营养化主控因子模型的前提，对彻底治理湖泊富营养化是极其重要的。

在湖泊水体污染中关于氮、磷存在形态的研究少，但在地球化学中有大量的关于物质存在形态的研究，而且方法、技术成熟，已取得了较多的研究成果。尤其在采矿及地下水方面的研究成果较多。例如，在不同的物理、化学条件下，地下水中铁的存在形态研究（John，1967；张建立等，1999）；采矿区地下水中铀的存在形态模拟（Nitzsche and Merkel，1999；Merkel，2000）等。所以本文研究尝试用地球化学中的理论、观点、知识去研究湖泊水中富营养元素氮、磷的存在形态，并用大量的实测数据进行分析验证，以检验其结论的正确性和合理性。选择利用目前较先进且成熟的地球化学软件PHREEQC进行湖泊物理、化学指标的分析，研究在不同状态下，富营养元素的数量与存在形态的耦合模拟，从而为乌梁素海以及进一步为研究干旱半干旱地区草型湖泊富营养化控制机理、水环境演化过程及富营养元素迁移、转化理论的探讨与实践提供理论依据。以此为基础，分析确定湖泊富营养化主控因子的最佳存在状态，从而制定寒冷干旱区水质恶化和水生态退化的治理方案及实施措施。这对于提高干旱区水环境承载能力，实现水资源良性循环、水生植物资源可持续利用和重建湖泊自然景观具有重要作用。

4.1.1　氮、磷在湖泊水体中的存在形式

氮、磷元素在湖泊上覆水体和湖底沉积物系统中以不同形态存在，表现出不同的地球化学行为，并在生物地球化学循环中起不同作用。不同形态氮、磷元素的空间分布格局显著影响着湖泊湿地的诸多生态过程，是研究氮、磷营养元素行为微观过程的重要基础和前提。

氮是仅次于碳、氢、氧的又一重要生物元素，尤其是形成蛋白质的重要元素，存在于几乎所有动植物的生命过程中。水体中氮元素的特征对水环境状态具有非常重要的影响。在湖泊水体和底泥沉积物中的氮都可分为有机氮和无机氮两类，其中无机氮主要以氨氮（NH_4^+-N）、亚硝态氮（NO_2^--N）和硝态氮（NO_3^--N）形式存在。有机氮在好氧微生物作用下，首先转化为氨氮，以 NH_3 或 NH_4^+ 形式存在，其次氨氮在亚硝酸菌作用下氧化为亚硝态氮，接着亚硝态氮在硝酸菌的作用下继续氧化为硝态氮，硝态氮又经反硝化菌的作用还原为氨氮、氮气，这样就完成了氮在水环境中的最基本循环。

磷也是一种生命必需元素，所有生命形式在为细胞代谢提供能量的过程中都需要磷，磷及其化合物是造成水体中养分过多并达到有害程度的一个主要因素。磷的存在形式主要有正磷酸盐、多磷酸盐和有机磷三大类。关于磷形态的研究在沉积物和上覆水体中的形态分类有所区别，在水中主要是以 $H_2PO_4^-$-P、HPO_4^{2-}-P、PO_4^{3-}-P 和有机磷（Org-P）的形态存在。沉积物中的磷根据不同的分类依据有不同的分类方式，目前国内关于沉积物中磷的分类多采用金相灿和屠清瑛（1990）推荐的连续提取方案，将磷的形态分为不

稳态磷（LP）、铝结合磷（Al-P）、铁结合磷（Fe-P）、钙结合磷（Ca-P）、闭蓄态磷（Oc-P）和有机磷。上覆水体中的磷可被沉积物中的铁铝水化物、黏土矿物、磷灰石或有机质吸附和固定而储存在沉积物中，反过来，沉积物中的磷能在一定的物理、化学、生物条件下，向上覆水体中释放。沉积物释放磷的多少并不与沉积物中的总磷量成比例关系，释放进入间隙水中的磷大部分是无机可溶性磷。

4.1.2　乌梁素海营养元素——氮、磷存在形态的地球化学模拟

1. PHREEQC 模型及原理简介

PHREEQC 是由美国地质调查局开发的水文地球化学模拟软件，是在 PHREEQE 的基础上发展起来的。PHREEQE 是 1980 年美国地质调查局的 Plummer 和 Parkhurst 等开发出来的，被广泛用于地球化学模拟。PHREEQE 的源程序是用 FORTRAN 语言编写的，受语言的限制，它的固定输入格式使数据输入非常不方便。PHREEQC 于 1995 年正式推出，它是在 PHREEQE 的源程序基础上用 C 语言重写而成的，消除了 PHREEQE 的缺陷与限制（高柏等，2002）。

与传统的水化学反应模型相比，PHREEQC 不仅可以描述局部平衡反应，还可以模拟动态生物化学反应以及双重介质中多组分的一维对流–弥散过程，能够计算基于特定的或任意的氧化还原对各种价态间的氧化还原元素的分配，还可以定义任意数目的溶液组分、气体相数、纯物质相、交换或表面络合反应，计算时可以任意组合这些溶液相、气相和聚合，定义一个模拟系统而使系统达到平衡。在模拟过程中根据用户的输入命令，PHREEQC 将选择其中的某些方程来描述相应的化学反应过程。另外，PHREEQC 由于其现有的模拟能力是同类模拟软件中最强大的，所以在国际上被广泛使用，并且其功能不断得到更新和扩充，如版本 2 比版本 1 增加的功能有：①模拟一维溶质运移中的弥散（或扩散）和滞流区内的运移，这一功能可以模拟一维土柱流动实验，同时也为二维、三维流动中的反应性溶质运移模拟打下了基础；②使用用户定义的速率表达式（或方程）模拟动力学反应，这一进展突破了水化学模拟软件主要以平衡模型作为基础的单一方式，使模拟能完成与时间有关的动态化学反应；③模拟理想溶液、多组分溶液、非理想溶液及二元固溶体的形成或溶解，该功能可以处理任意浓度的水溶液，以及第一次具备了处理固溶体的能力，使其在水与固相反应的基础上，同时也能计算固体间的化学反应；④表面络合与离子交换模拟中加入了交换与络合格点随溶解与沉淀的矿物或动力学反应物的量改变而变化的功能；⑤自动使用多组收敛参数、用户自定义输出文件，以及多种输入文件格式，使输入与输出都十分方便（David et al, 1999）。

PHREEQC 主要包括数据库、输入文件、标准输出文件和选择性输出文件 4 个部分。其中数据库文件给出了主要离子、矿物质、吸附交换、动态和平衡化学反应等的表达式和常数。总结前人的研究经验，PHREEQC 共提供了 4 个数据库供用户进行选择应用。同时，PHREEQC 允许在数据中定义非确定性，以此来使反向模拟强制达到元素、价态、

电荷等平衡限制。输入文件是需要用户编写的文本文件，文件给出命令（反应模式）供模型读入并进行模拟，也可以在此文件中对数据库进行修改和特别选择计算输出结果。标准输出文件是 PHREEQC 在模拟运算过程中的输出结果，选择性输出文件是根据用户需要选择性输出的计算结果，包括表格输出和图形制作两部分。

2. 模拟过程简述

国内目前对 PHREEQC 的应用多限于物质化学组分的分析，涉及其溶质运移和动态化学反应功能的尝试尚不多见。其中，在化学组分的模拟研究中，多数是对地下水或采矿业中的某种污染物质的存在形态的研究（张建立等，1999；高柏等，2002）。关于湖泊水体及沉积物中污染物质存在形态研究的应用还基本没有涉及，但是在 PHREEQC 的用户手册（David et al，1999）及大量的英文文献中有关于 PHREEQC 模拟海水化学组分的研究，因此笔者根据其原理及对海水、地下水的成功模拟，推断 PHREEQC 应该能被用来进行湖泊水质及底泥沉积物中各种污染物质存在形态、相互转化及运移、释放规律的研究。笔者将用 PHREEQC（Version-2）进行乌梁素海上覆水体中营养元素氮、磷各种存在形态的模拟，并用氮的实测数据进行结果的检验。

关于营养元素氮和磷存在形态及数量的研究，选择对总氮中无机氮的各种形态氮进行模拟，在磷的测定实验中没有进行正磷酸盐的测定，根据文献（孙惠民等，2006），在乌梁素海水质中大多数可溶性磷为正磷酸盐，因此文中将用可溶性磷的浓度近似代替正磷酸盐类浓度进行各种形态磷的模拟。这样，无机氮和正磷酸盐在水环境中反应体系的基本组分为 N^{3-}、N^{3+}、N^{5+} 和 P^{5+}，在水溶液体系中，通过氧化–还原反应，它们可以形成 NH_4^+、NO_2^-、NO_3^- 和 $H_2PO_4^-$、HPO_4^{2-}、PO_4^{3-} 不同的氮、磷离子形态。由于 PHREEQC 软件原有的数据库不完整，因此在化学形态模拟的程序输入文件中，根据研究的需要，在 PHREEQC 软件原有的数据库基础上，添加了 NH_4^+-N 的组分形态及反应方程式，关键词与数据库中的定义是一致的，避免了数据库的维护、数据的一致性检验、产物的存在性以及溶度积常数测定条件和绝对值的差异问题，建立起来的数据库能够满足本次模拟的要求。模拟过程中需要用到的化学反应方程式、关键词、参数如表 4-1 和表 4-2 所示，模型所需氮与磷的浓度输入值如表 4-3 所示。

表 4-1　营养元素氮的反应方程式及参数

氮元素（原子量为 14.0067）	
$NO_3^- + 10H^+ + 8e \Leftrightarrow NH_4^+ + 3H_2O$	$NO_3^- + 2H^+ + 2e \Leftrightarrow NO_2^- + H_2O$
log*k*　119.077	log*k*　28.570
delta_h　−187.055　kcal/mol	delta_h　−43.760　kcal/mol
-gamma　2.5　0.0	-gamma　3.0　0.0
$2NO_3^- + 12H^+ + 10e \Leftrightarrow N_2 + 6H_2O$	$NO_2^- + 8H^+ + 6e \Leftrightarrow NH_4^+ + 2H_2O$
log*k*　−207.08	log*k*　83.930
delta_h　−312.130　kcal/mol	delta_h　−191.055　kcal

表 4-2 营养元素磷的反应方程式及参数

磷元素（原子量为 30.9738）

$PO_4^{3-}+H^+ \Leftrightarrow HPO_4^{2-}$			$PO_4^{3-}+2H^+ \Leftrightarrow H_2PO_4^-$		
log$k$	12.346		log$k$	19.553	
delta_h	−3.530	kcal/mol l	delta_h	−4.520	kcal/mol
-gamma	4.0	0.0	-gamma	4.5	0.0

表 4-3 模拟过程中氮与磷的浓度输入值 　　　　单位：mg/L

水样	无机氮	正磷酸磷	水样	无机氮	正磷酸磷	水样	无机氮	正磷酸磷
1	5.841	0.127	35	0.533	0.011	69	4.102	0.2486
2	9.114	0.165	36	0.2801	0.015	70	1.5719	0.1112
3	21.236	0.145	37	0.3209	0.009	71	0.3267	0.0279
4	17.265	0.312	38	0.1721	0.015	72	4.2971	0.2108
5	12.734	0.178	39	0.4055	0.014	73	0.6239	0.0872
6	15.018	0.092	40	0.3505	0.009	74	0.2387	0.0272
7	4.644	0.179	41	0.1704	0.012	75	1.8218	0.1866
8	12.962	0.079	42	0.3685	0.018	76	0.0631	0.0093
9	25.729	0.074	43	0.2163	0.011	77	0.0968	0.0211
10	0.463	0.05	44	0.2663	0.01	78	0.1868	0.0372
11	19.131	0.205	45	0.2152	0.008	79	0.2591	0.0242
12	0.445	0.086	46	0.6907	0.04	80	0.1896	0.0069
13	0.868	0.065	47	4.4114	0.109	81	0.1628	0.0081
14	0.491	0.066	48	3.9274	0.0594	82	0.2264	0.0224
15	0.531	0.055	49	0.1996	0.0207	83	0.114	0.0091
16	0.29	0.067	50	2.7258	0.123	84	0.0946	0.0089
17	0.373	0.044	51	2.3483	0.0936	85	4.5917	0.209
18	0.457	0.042	52	2.1968	0.103	86	1.9728	0.217
19	0.331	0.045	53	0.2509	0.0073	87	3.731	0.288
20	0.428	0.052	54	2.7834	0.1283	88	8.8113	0.39
21	0.304	0.06	55	1.6415	0.0749	89	6.639	0.083
22	0.293	0.066	56	0.29	0.009	90	4.798	0.046
23	0.391	0.077	57	1.1671	0.0789	91	13.94	0.357
24	8.006	0.125	58	0.2168	0.0094	92	4.494	0.017
25	7.1679	0.092	59	0.2327	0.0094	93	3.668	0.058
26	0.1936	0.045	60	0.2772	0.0117	94	3.833	0.023
27	0.4531	0.025	61	0.145	0.0056	95	5.137	0.038
28	0.6424	0.079	62	0.1754	0.0071	96	7.532	0.056
29	4.308	0.098	63	0.2122	0.0091	97	4.285	0.025
30	3.298	0.087	64	0.1135	0.0084	98	4.14	0.065
31	0.8733	0.101	65	5.9376	0.2175	99	6.479	0.106
32	0.2763	0.012	66	3.8663	0.1311	100	0.1631	0.012
33	0.2893	0.074	67	0.294	0.1083	101	0.188	0.01
34	1.1838	0.018	68	0.5744	0.114			

表 4-1 和表 4-2 中所反映的内容包括元素各组分形态间的转化化学反应方程式，以及它们在 25℃时的稳定常数 log*k* 和熵 delta_h（单位为 kcal/mol 或 kJ/mol），用 gamma 定义了用 WATEQ-Debey-Huckel 离子离解理论计算活度系数 γ 的参数。

在具备了反应方程及方程中的参数后，进行数据输入水环境模拟程序的过程，输入数据包括每个模拟水样监测点的实测无机氮浓度和正磷酸盐浓度（具体数据见表 4-3），还有每一水样监测点的水温、pH、pe 指标。设计不同的反应模拟条件，按水样点逐个编制输入文件，经计算得到输出文件，最后得到在输入初始条件下无机氮和正磷酸盐的各种存在形态及浓度的输出文件。根据输出文件分析所得到的不同离子存在形态及比例，形成与初始模拟环境的对应关系，以评估模拟条件对氮、磷不同存在形态的影响。

根据以上对乌梁素海上覆水体的地球化学环境的分析及 pH、pe 和水温 T 对营养元素氮、磷各种存在形态的影响，能够确定这 3 个指标基本上是控制氮、磷在水环境中以何种形态存在的主要因素。因此，模拟选择 pH、pe 和水温 T 作为营养元素氮、磷存在形态模拟的指标输入。

同样采用水样监测点的实测数据进行模拟过程中参数的确定和模拟结果的验证。在每月中旬取样，共 6 次的实际采样数据，从中选取各指标实测数据齐全的水样点共 101 个，取水样时在监测点的位置现场测定水样 pH，其实验结果如图 4-1 所示。为使模拟结果更准确，在模拟过程中按图 4-1 所示的变化过程逐个输入数据。

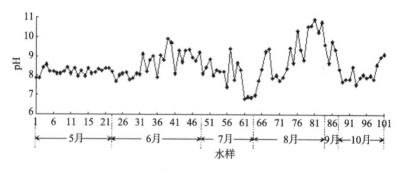

图 4-1　模拟输入的 pH 变化过程

水样监测点的水温也是在取水样时现场测量，其实验结果及在模拟过程中的输入如图 4-2 所示。

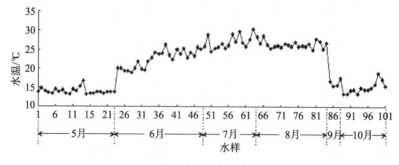

图 4-2　模拟输入的水温变化过程

根据计算，湖泊水环境 pe 的范围为 3.5~4.0，在营养元素存在形态及数量的模拟中 pe 取平均值为 3.75。

3. 模拟结果分析及讨论

在 PHREEQC 的输出文件中得到各种物质的浓度是摩尔浓度，经计算得到营养元素氮、磷中无机氮和正磷酸磷的各种存在形态的质量浓度。为了验证模拟的可靠性，本文利用氮的各种形态的实际测量值进行模拟结果的验证，图 4-3~图 4-5 分别反映出氨氮、亚硝态氮和硝态氮的实测值与模拟值的关系，由于各水样点的氮浓度值相差很大，有些点的数据将近差 2 个数量级，所以图中纵坐标采用各形态氮浓度的对数值。从图 4-3~图 4-5 可以看出，总体的模拟结果较理想，基本在实测值的变化范围中，其中在 3 种形态氮中，氨氮的模拟结果误差最小，其次是亚硝态氮和硝态氮。但存在少部分点，其模拟结果误差很大，这主要是因为在确定模拟初始输入条件时，是以氨氮占主要形态的还原性环境为前提的，而这些点实际监测的氮不是以氨氮为主要形态存在的，所以误差很大，同样与之对应的这些点的亚硝态氮和硝态氮的模拟结果误差也很大。另外，总体上硝态氮的模拟结果误差较氨氮和亚硝态氮大，分析其原因可能是由于在一般的

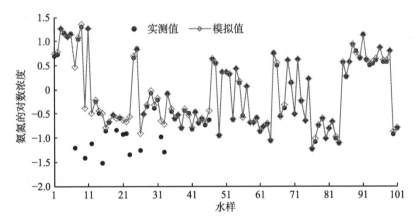

图 4-3　氨氮的对数浓度实测值与模拟值比较

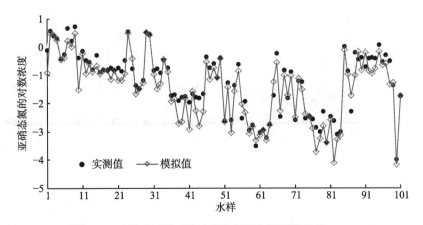

图 4-4　亚硝态氮的对数浓度实测值与模拟值比较

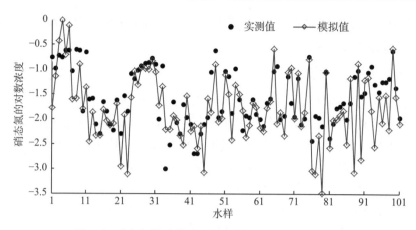

图 4-5　硝态氮的对数浓度实测值与模拟值比较

氧化–还原化学反应中，要达到反应的平衡是需要时间的，而实验中所测的值是利用一次采集水样所得的数据，一些化学反应还没有达到最后的平衡，所以在这种情况下浓度值相对较大的物质在同样的数值变化范围内要比浓度值小的物质模拟结果误差小，反之，误差值大。

通过以上对无机氮中的各种存在形态的模拟与验证结果的分析、对比，说明地球化学模型 PHREEQC 可以用来模拟乌梁素海上覆水体营养元素氮中无机氮的各种存在形态。因此只要掌握了水体的氧化–还原性、酸碱性及温度各项指标，即可通过无机氮浓度含量模拟出氨氮、亚硝态氮和硝态氮的浓度含量，而 pH、pe、温度相比氨氮、亚硝态氮和硝态氮浓度含量是非常容易获得的水质指标，从而为获得这几种形态氮浓度提供了简单的非实验手段。另外，大量的国内外研究结果证明在多数环境中磷元素的各种形态的转化要比氮的转化稳定，所以 PHREEQC 应该也能很好地分析磷的存在形态。由于实验缺乏对磷的各种形态的测定，所以直接给出模拟结果，如图 4-6 所示。

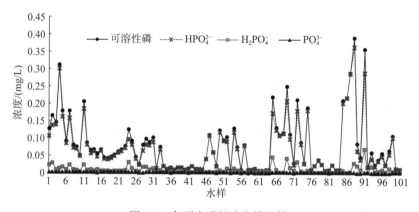

图 4-6　各形态磷的浓度模拟值

从图 4-6 可以看出，在乌梁素海上覆水体中可溶性磷中的正磷酸盐以 HPO_4^{2-} 为主要存在形态，其次是 $H_2PO_4^-$，PO_4^{3-} 浓度最小。为了更清楚地描述每种形态磷的变化，将图

4-6 的纵坐标换算成对数浓度进行分析（图 4-7）。由图中曲线可以看出水样点 39、76、79、80、81、82、83 这 7 个点的模拟结果中以 HPO_4^{2-} 为主要形态，其次是 PO_4^{3-}，$H_2PO_4^-$ 浓度最小，水样点 61、62、63、64 这 4 个点的模拟结果以 $H_2PO_4^-$ 为主要形态，其次是 HPO_4^{2-}，PO_4^{3-} 浓度最小。经过对各点水质参数的比较分析，认为引起这样变化的原因主要是水环境中酸碱性强弱的差别：前 7 个点的 pH 分别是 9.91、10.30、10.53、10.60、10.90、10.27、10.75，明显高于其他点，后 4 个点的 pH 分别是 6.81、6.94、6.89、6.99，明显低于其他点。在不同磷形态间相互转化的方程式中（ $PO_4^{3-}+H^+ \Leftrightarrow HPO_4^{2-}$ ，$PO_4^{3-}+2H^+ \Leftrightarrow H_2PO_4^-$ ），可以发现其转化主要是得失 H^+ 的过程，可见 pH 是影响磷存在形态的重要指标，pH 小的水样点其溶液中 H^+ 的浓度高，这样比较容易得到 H^+，从而使 $H_2PO_4^-$ 含量高，成为水中磷酸盐的主要存在形态。反之则不易得到 H^+，从而 $H_2PO_4^-$ 含量低。相对 pH 来说，pe 的变化对磷元素不同形态间的转化影响较小，在模拟过程中，尝试对 pe 进行变化，对磷的模拟结果影响很小，但对氮形态的影响较大，因为在氮的相互转化中还涉及电子的得失。

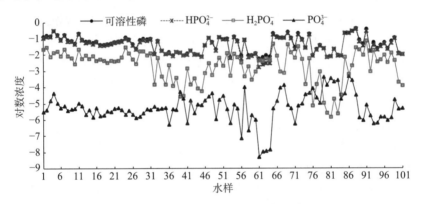

图 4-7　各形态磷的对数浓度模拟值

　　无论是模拟过程中各种形态氮、磷的反应方程及实测氮、磷不同形态的浓度数据，还是各种形态营养元素的模拟结果、pH 的实际测定结果，这些都一致地说明乌梁素海湖泊目前处在一个强还原性的碱性化学水环境中。在这样的环境中，氮、磷以植物容易吸收利用的有效成分（氨氮和二价正磷酸盐）为主要形态，从而加速了乌梁素海的富营养化进程。

　　以上利用地球化学软件 PHREEQC 完成了对乌梁素海湖泊上覆水体中营养元素——氮、磷的不同存在形态的模拟。研究结果显示，不同形态氮浓度模拟计算数据同实测数据有较好的一致性，对不同形态磷的模拟虽没有实测数据的检验，但结果符合化学反应过程及原理，充分说明 PHREEQC 可用于湖泊营养元素各种形态的模拟，同时本研究也是 PHREEQC 应用于湖泊水环境中污染物质存在形态及组分的研究的初步尝试。在模拟过程中发现，如果将水质中的各阳离子的浓度输入到计算程序中，结果会模拟出水中各种具体的物质存在分子式，这对于湖泊的各种污染治理具有重要意义。对营养元素存在形态的模拟研究只利用了 PHREEQC 中最基本、最简单的功能——物质组分分析功能，在前面已提到 PHREEQC 中还有其他更先进的功能，如模拟物质的运移、扩散、水动力过程及物质的化学转化过程等，尤其是地球化学在地下水及采矿业等领域取得了丰富的研究成果，而湖泊底泥中污染物的迁移和转化特征与之有相似之处，都是水分、污染物在多孔介质——土壤中的运动，所以笔者认为将地球化学中的知识、理论应用到湖泊水环境的研究是非常必要的，并且具有广阔的研究前景。

4. 乌梁素海富营养化治理建议

在乌梁素海水中营养元素氮、磷的含量都超出了湖泊水质标准，并且磷是导致乌梁素海富营养化的主要因素。因而制订湖泊污染治理的方案应是首先控制磷含量的增加，其次要采取一定的方法除氮。对于营养元素氮、磷的控制与去除，应该从两方面进行考虑。

一方面要从营养元素数量上制定措施，以摸清乌梁素海污染源和营养元素空间分布特性为基础进行营养元素数量的控制。前面内容中提到乌梁素海的主要外源污染源是河套灌区的农田退水，其次是湖泊流域内的工业废水和生活污水，这些污废水又通过各排水沟排入湖泊内，其中每年将近 90% 的污废水是通过总排干沟排入湖泊中的，这样就可以在总排干沟进入乌梁素海的入口——红圪卜扬水站设立污废水的除氮、除磷系统，从而减少外源营养物质的输入。另外根据多年对乌梁素海湖泊水体中氮、磷的空间分布特征研究结果，实施在污染严重区域进行专项的治理措施，如底泥疏浚，生物、化学等方法除氮、除磷，其中利用植物吸收营养元素，待植物成熟后将植物移出湖泊进而减少湖中营养元素的试验已在乌梁素海取得了一定的研究成果（乌云塔娜和尚士友，2002；尚士友等，2003；王丽敏，2004）。具体实施过程中，针对不同污染区的特征对各种方法进行选择利用，从而使湖泊营养元素的治理达到有的放矢、事半功倍的目的。

另一方面要在湖泊中营养元素不同存在形态研究的基础上制定措施。以摸清乌梁素海营养元素在湖泊水体和底泥中的各种存在形态为基础进行营养元素的去除。首先，要掌握湖泊水环境的物理、化学环境，即氧化还原条件、酸碱条件、温度条件、溶解氧等影响营养元素存在形态的各种环境指标所构成的湖泊水环境，进一步研究在各种环境指标控制下的不同形态营养元素的存在比例，据此选择合适的除氮、除磷方法。例如，考虑到乌梁素海水体属于碱性、还原性环境，这样反硝化条件容易达到，从而可以人为制造反硝化环境，将氮元素通过反硝化作用变成 N_2 排出水体。湖泊水体中无机氮以氨氮为主要存在形态，可通过氨吹脱法进行除氮。其原理是将水环境的 pH 增大，使 NH_4^+ 转化为 NH_3 从水体中释放出来，但要处理好释放出的 NH_3，并降低水体的碱性。对于磷，在清楚掌握水体中各种形态磷的浓度及比例后，利用沉淀法、晶析法等加入一定的物质使磷生成沉淀或晶体，如加入铝铁盐吸附磷，进而达到除磷目的。掌握湖泊水体中磷的主要存在形态后，可以利用人为方法改变其地球化学环境，使磷变成植物难以吸收利用的存在形态。例如，将一价正磷酸磷和二价正磷酸磷转化成三价磷酸盐，由于三价磷酸磷难以被植物吸收，从而使磷元素成为单纯的磷元素，而不是所谓的营养元素。另外，湖泊沉积物是湖泊湿地生态系统中氮、磷营养元素的重要来源与汇聚处。对于富营养化湖泊水质的改善及其恢复，除了减少外源营养物质的负荷，还要控制湖泊底泥沉积物中氮、磷的释放（即内源营养物质负荷）。沉积物中营养元素的释放过程取决于物理、化学和生物等诸多因素，尤其是磷的释放，沉积物释放磷的多少并不与沉积物中的总磷量成比例关系，而是由物理、化学、生物条件等因素起决定作用。因此，应在研究湖泊底泥中各种形态营养物质的基础上，通过掌握并控制其物理、化学、生物环境条件，使底泥作为内源污染源不能向水体中释放营养物质，从而达到减少水体中营养元素含量的目的。例如，当 pH<4 或 pH>8 时，底泥中磷的释放量增大，当 4<pH<8 时，底泥中磷的释放量很少。由实测数据的统计分析结果可知，乌梁素海水体 pH 的平均值为 8.45，在大部分区域内 pH 大于 8，这样的条件对底泥中磷的释放是非常有利的。磷的释放量也会随着温度的升高而增大。北方气温在夏季最高，并且夏季也是植物生长旺盛期，大量释放出来的磷给植物提供了优越的营养条件。因此，可以通过一定方式将 pH 控制在 4~8，从而抑制底泥中磷的释放，进而达到降低水体中磷含量的目的。

在一般的自然水体中除了研究在模拟过程中考虑的 pH、温度以及氧化还原条件因素外，溶解氧对于营养元素的存在形态也有较大的影响。溶解氧含量在湖泊中变化范围较大，其原因主要是溶解氧的多少会受温度、水动力条件等诸多因素的影响。由于乌梁素海属于浅水湖泊又具有特殊的气候条件，导致温度、水动力条件等因素在不同季节，甚至一天中的不同时段变化都很大，因此溶解氧变化很大。在一般未受污染的天然水体中，溶解氧是水体中决定电位的物质，但根据对乌梁素海污染机理的分析，乌梁素海存在着水体的富营养化、有机物污染与水体的盐化 3 种主要污染，从而使湖泊中氧化–还原反应非常复杂。在这个复杂的氧化–还原的混合体系中，溶解氧已退出了决定电位物质的位置，如果有机物含量高，成为湖泊水体的决定电位物质，则湖泊水环境就会显示出还原性。由以上的分析可知，要控制和治理乌梁素海的富营养化污染，同时还要进行湖泊有机物污染和湖泊盐化污染的控制和治理，才能彻底改善湖泊的水化学环境；若忽视了其他污染的控制和治理，即使富营养化程度有所降低也只是暂时的现象。乌梁素海是干旱半干旱地区典型的浅水湖泊，对于浅水湖泊其养分条件比较容易达到，若湖泊的其他污染得到治理，那么就能使溶解氧成为湖泊水环境中的决定电位物质。根据溶解氧计算的 pe，其平均值为 12.51，这一数值说明水环境为氧化性较好的有氧环境，在这样的环境中，湖泊水质会容易向良性转化而得到彻底的改善。对降低湖内污染物质含量具有显著的作用，且后期更为明显。

4.2　乌梁素海重金属元素赋存形态的地球化学模拟

重金属污染物进入水体后一般是以可溶态或悬浮态的形态存在，重金属在水体中的迁移转化过程、生物毒性大小、生物可利用性都与其存在形态有直接关系。湖泊水体中关于重金属元素存在形态的研究较少，仅对矿山废水、近海水生系统水中重金属存在形态做过简单模拟和定量研究（李广玉等，2006）。但是目前关于水文地球化学模拟的应用较为广泛，关于采矿水、地下水中的物质存在形态研究较多，开发与使用了较多模拟软件，如 WATEQ4F、MINTEQA2、EQ3/6 和 PHREEQC 等，方法技术较为成熟，也取得了较多的研究成果，包括采矿区地下水中铀的存在形态模拟（Merkel，2000；Nitzsche and Merkel，1999）；在不同的物理、化学条件下，矿山废水中化学组分形态研究；海水中痕量元素组分存在形态及其生物有效性的研究等（John，1967）。因此，本研究在目前国内外对水环境化学的研究基础上，尝试采用地球化学模拟软件（PHREEQC）研究湖泊水体中重金属的存在形态，探讨在不同水环境条件下其化学组分形态的变化趋势与规律，并利用实测数据进行验证与分析，确保模拟结果的合理性。以此研究结果为基础，分析重金属元素在湖泊水体中毒性最小的存在状态与存在环境，将湖泊水体重金属污染程度控制到最小，为乌梁素海及进一步研究干旱半干旱地区草型湖泊重金属迁移转化机制、污染治理与控制提供理论依据。

4.2.1　重金属元素在湖泊水体中的存在形式

由于湖泊水体自身含有大量的离子、络合物等，湖泊水环境中重金属的存在形式是多样的，有单一的离子态形态，也有分子态形式，既有简单离子存在，也有复杂络合离子存在（叶思源等，2002；李广玉等，2006）。目前，关于湖泊水体重金属的研究主要集中于总量分析。研究重金属的总量虽然能够对水体污染状况做出简单判断，但是不能精确分析出重金属元素的生物有效性，存在一定的局限性。水体中重金属的存在形态会通过与某些络合物的络合方式的改变从而影响其吸附、解吸、沉淀等作用，进而影响重金属在水环境系统中的迁移、转化及富集过程。此外，不同的形态表现出不同的化学行为，并在湖泊水生环境中起着不同的作用，最重要的是重金属不同存在形态具有不同的生物有效性与毒性，因而对环境质量与人体健康有不同程度的影响。重金属对鱼类和其他水生生物的毒性，不仅仅与水体中重金属总浓度相关，更主要取决于重金属的存在形态。例如，游离态的镉离子、铜离子及铜的氢氧化物的毒性均较大，而其稳定配合物及其与胶体颗粒结合形态的毒性均较小。水体中砷的存在形态随着其化合价的不同，毒性也发生改变，三价砷的毒性要远远高于五价砷，三价砷不同存在形态的毒性也有所差异，毒性大小为三氢化砷>亚砷酸盐>砷酸盐>砷的有机化合物。水体中铬形态主要有二价铬、三价铬及六价铬三种，二价铬是无毒性的，六价铬的毒性是三价铬的 100 倍。因此，只有摸清元素的存在形态，才能进一步探求生物地球化学循环过程。湖泊水体中重金属存在形态的模拟与分析不仅对摸清重金属元素在水体中的地球化学行为具有指导作用，同时对探讨其对人类健康的影响有重大意义。

一般情况下，重金属进入水体后，主要以稳定的氧化态存在。然而一般的水体中都会存在着 F^-、Cl^-、SO_4^{2-}、OH^-、HCO_3^- 等无机阴离子、溶解性有机物等，这些离子可以作为重金属离子配位体，形成配离子；同时，胶体等物质还能够吸附重金属离子。因此，进入水体中的重金属离子会发生水解、配合、吸附、解吸、沉淀等反应，从而使重金属以多种形态存在于水体中。

乌梁素海湖泊水体中存在着大量的无机阴离子、有机配合物等，但本文仅考虑单一重金属离子和络阴离子所表示的存在形态。表 4-4 为重金属元素（Cu、Zn、Pb、Cr、Cd、Hg、As）在水体中可能存在的形态（无机离子与络阴离子）。

表 4-4　水中重金属的可能存在形态（无机组分）

元素	可能的存在形态
铜（Cu）	Cu^+, $CuCl_2$, $CuCl_3^{2-}$, Cu^{2+}, $Cu(CH_3COO)^+$, $CuCO_3$, $Cu(CO_3)_2^{2-}$, $CuCl^+$, $CuCl_2$, $CuCl_3^-$, $CuCl_4^{2-}$, $CuOH^+$, $Cu(OH)_2$, $Cu(OH)_3^-$, $Cu(OH)_4^{2-}$, $Cu_2(OH)_2^{2+}$, $CuSO_4$, $CuHCO_3^+$
锌（Zn）	Zn^{2+}, $ZnCl_2$, $ZnCl^+$, $ZnCl_3^-$, $ZnCl_4^{2-}$, $ZnOH^+$, $Zn(OH)_2$, $Zn(OH)_3^-$, $Zn(OH)_4^{2-}$, $ZnHCO_3^+$, $ZnCO_3$, $Zn(CO_3)_2^{2-}$, $ZnOHCl$, $ZnSO_4$, $Zn(SO_4)_2^{2-}$
铅（Pb）	Pb^{2+}, $PbCl^+$, $PbCl_2$, $PbCl_3^-$, $PbCl_4^{2-}$, $Pb(CO_3)_2^{2-}$, $PbOH^+$, $Pb(OH)_2$, $Pb(OH)_3^-$, Pb_2OH^{3+}, $PbSO_4$, $Pb_3(OH)_4^{2+}$, $PbCO_3$, $Pb(OH)_4^{2-}$, $Pb(SO_4)_2^{2-}$, $PbHCO_3^+$
镉（Cd）	Cd^{2+}, $CdCl^+$, $CdCl_2$, $CdCl_3^-$, $Cd(CO_3)_2^{2-}$, $CdOH^+$, $Cd(OH)_2$, $Cd(OH)_3^-$, $Cd(OH)_4^{2-}$, Cd_2OH^{3+}, $CdOHCl$, $CdSO_4$, $CdHCO_3^+$, $CdCO_3$, $Cd(SO_4)_2^{2-}$
铬（Cr）	Cr^{3+}, $Cr(OH)^{2+}$, $Cr(OH)_2^+$, $Cr(OH)_3$, $Cr(OH)_4^-$, CrO_2^-, $CrCl^{2+}$, $CrCl_2^+$, $CdOHCl_2$, CrF^{2+}, CrI^{2+}, $Cr(NH_3)_6^{3+}$, $Cr(NH_3)_5OH^{2+}$, $Cr(NH_3)_4(OH)^{2+}$, $CrNO_3^{2+}$, $CrSO_4^+$, $Cr_2(OH)_2(SO_4)_2$, $HCrO_4^-$, H_2CrO_4, $Cr_2O_7^{2-}$, CrO_3Cl^-, $CrO_3SO_4^{2-}$, $NaCrO_4^-$, $KCrO_4^-$
汞（Hg）	Hg^{2+}, $Hg(OH)_2$, $HgCl^+$, $HgCl_2$, $HgCl_3^-$, $HgCl_4^{2-}$, $HgNH_3^{2+}$, $Hg(NH_3)_2^{2+}$, $Hg(NH_3)_3^{2+}$, $Hg(NH_3)_4^{2+}$, $HgNO_3$, $Hg(NO_3)_2$, $HgOH^+$, $Hg(OH)_3^-$, $HgSO_4$
砷（As）	H_3AsO_3, $H_2AsO_3^-$, $HAsO_3^{2-}$, AsO_3^{3-}, $H_4AsO_3^+$, $H_2AsO_4^-$, H_3AsO_4, $HAsO_4^{2-}$, AsO_4^{3-}

水文地球化学模拟对重金属存在形态的计算建立在热力学、化学的基础之上，遵循质量作用定律、能量最低原理和质量守恒定律（包括元素质量守恒、电子守恒、电荷守恒）。物质存在形态的分布可以通过热力学数据库中 2 种以达到化学平衡和满足质量平衡为前提的不同方法进行计算：①通过自由生成焓的最小化来确定热力学稳定状态（能量最低状态）（如 CHEMSAGE）。②通过体系中的所有平衡常数来确定热力学稳定状态（如 PHREEQC）。目前，大部分的物质存在形态的水文地球化学平衡计算都是利用平衡常数法（如 PHREEQC）。

4.2.2　乌梁素海重金属元素赋存形态的地球化学模拟

1. 模拟过程简介

水文地球化学模拟根据不同的反应路径可以分为两种类型：正向地球化学模拟和反向地球化学模拟。反向地球化学模拟就是依据测定到的数据来确定环境中所进行的水-岩反应，即对水环境化学资料进行合理的解释。正向地球化学模拟就是依据假定的物质的相互作用的反应来预测物质化学组分和质量迁移。其原理是：在给定初始水样化学成分后，假定一个反应（或平衡约束条件），通过反应路径计算确定水-岩作用过程。本研究应用正向地球化学模拟方法进行重金属存在形态的测定（欧亚波，2008）。

水体中重金属的存在形态主要受水体温度、溶解氧浓度、水体酸碱度、水体硬度等物理化学因素的影响，这些因素通过影响水中金属离子的水解作用、水中溶解态无机阴离子的配位作用、水中溶解性有机物的螯合作用以及水体中悬浮颗粒物的吸附作用来影响重金属存在形态。因此，本文利用 PHREEQC 软件，根据热力学平衡原理，考虑平衡状态下重金属的水解、配合等因素对重金属形态的影响，估算水体中可能存在的重金属形态及各形态的浓度。

第一，测定乌梁素海水体中重金属的总量、水体温度、水体酸碱度、水体氧化还原电位以及水体中阴阳离子含量，通过上述数据定义水体的化学组分与环境特性。将每个水样监测点的实测数据按要求设置成 PHREEQC 软件所要求的输入格式，编制输入文件。第二，通过资料查询重金属的不同存在形态，获取对应的水溶态物质和相关的反应方程式，对重金属模拟数据库进行参数补充。第三，在获取反应方程式与输入文件后，运行 PHREEQC 软件，得到重金属在不同状态下的存在形态及浓度的输出文件。第四，通过改变初始模拟环境，模拟不同温度、不同 pH、不同氧化还原电位状态下，重金属离子的不同存在形态及比例。最终，根据输出文件，分析外界环境变化对湖泊水体中重金属离子存在形态的影响。

2. 数据库的建立及参数补充

热力学数据库是进行重金属存在形态模拟的基础，通过对 PHREEQC 软件数据库的查询，得知对于本次重金属存在形态的模拟分析，其数据库并不完整。因此，根据本研究的实际需求，在进行重金属存在形态模拟计算之前，必须在原有数据库的基础上，添加 Hg、Cr、As 这 3 种重金属元素的组分形态以及反应方程式，并且对重金属 Cu、Zn、Pb、Cd 在原有数据库的基础上进行补充。在建立数据库过程中，新的重金属元素的输入文件中的关键词与原有数据库中保持一致，避免出现数据库检验、维护等问题。通过分析，建立的 Hg、Cr、As 这 3 种重金属元素的数据库能满足本研究的模拟需求。

数据库的补充主要需要确定反应方程式的平衡常数 log$k$、反应焓 delta_h（单位为 kcal/mol 或 kJ/mol）以及用 gamma 定义用 WATEQ-Debey-Huckel 离子离解理论计算活度系数 γ 的参数（Merkel，2000）。

一个反应的平衡常数 log$k$ 可以通过 2 种方法确定：①实验方法；②通过有关热力学方程和热力学数据获取。本文通过第二种方法确定。

平衡常数 K 与自由焓之间存在以下关系：

$$\Delta G_R^0 = -RT\ln K_T \tag{4-1}$$

式中，ΔG_r^0 为反应的标准自由能变化；R 为气体常数；T 为绝对温度；K_T 为反应平衡常数化学条件状况。

因此，标准状态下的反应常数为：

$$\log K_{298} = -0.175\Delta G_r^0 \tag{4-2}$$

对于非标准状态下的反应平衡常数利用范特霍夫（Van's Hoff）求得平衡常数 K：

$$\log K_T = \log K_{Tt} - \frac{\Delta H_f^0}{2.3R}\left(\frac{1}{T} - \frac{1}{T_t}\right) \tag{4-3}$$

式中，T_t 为参照温度；T 为所求温度；K_{Tt} 为所求温度下的反应平衡常数；K_T 为参照温度下的反应平衡常数；ΔH_f^0 为反应的标准焓变。

标准自由能变化 ΔG_r^0 与标准自由焓变化 ΔH_f^0 由式（4-4）与式（4-5）求出：

$$\Delta G_r^0 = \sum S_{if} \cdot \Delta G_f^0 （生成物）- \sum S_{ir} \cdot \Delta G_f^0 （反应物） \tag{4-4}$$

$$\Delta H_r^0 = \sum S_{if} \cdot \Delta H_f^0 （生成物）- \sum S_{ir} \cdot \Delta H_f^0 （反应物） \tag{4-5}$$

式中，S_{if} 表示某反应中生成物的化学计量系数；S_{ir} 表示某反应中反应物的化学计量系数；ΔG_f^0 表示反应中生成物、反应物的标准自由能；ΔH_f^0 表示反应中生成物、反应物的标准焓变。

新建反应方程式中，首先需要建立反应方程式，查找方程式中参与反应每一种物质的熵与焓，利用式（4-1）~式（4-3）计算平衡常数 K。新建方程式中每一种物质的熵与焓对平衡常数的计算非常重要，本文通过 HSC Chemistry v5.0 软件计算每一种物质在不同温度下的熵与焓。

熵与焓的计算：首先通过 HSC Chemistry v5.0 的数据库查找所需重金属元素的所有存在形态，再从 Reaction Equations 中计算不同温度下的各个物质的反应焓与反应熵（单位为 kcal/mol 或 kJ/mol），再利用式（4-1）~式（4-3）计算平衡常数 K。反应焓 delta_h（单位为 kcal/mol 或 kJ/mol）可以用反应焓 delta_h 程序直接计算得出。

1）重金属 Hg 的反应方程式与参数（数据库）

重金属 Hg 在水体中以离子或无机络离子出现的形式如表 4-4 所示。根据不同物质形式建立不同的反应方程式，并利用 HSC Chemistry v5.0 软件按上述步骤建立 log$k$ 与 delta_h，最终结果如表 4-5 所示。

表 4-5　重金属元素 Hg 的反应方程式及参数

化学方程式	参数		化学方程式	参数	
	log$k$	delta_h/kcal/mol		log$k$	delta_h/kcal/mol
$Hg(OH)_2 = Hg(OH)_2$	0	0	$Hg(OH)_2 + 2H^+ = Hg^{2+} + 2H_2O$	6.097	−11.06
$Hg(OH)_2 + Cl^- + 2H^+ = HgCl^+ + 2H_2O$	12.85	0	$Hg(OH)_2 + 2Cl^- + 2H^+ = HgCl_2 + 2H_2O$	19.2203	0
$Hg(OH)_2 + 3Cl^- + 2H^+ = HgCl_3^- + 2H_2O$	20.1226	0	$Hg(OH)_2 + 4Cl^- + 2H^+ = HgCl_4^{2-} + 2H_2O$	20.5338	0
$Hg(OH)_2 + H^+ = HgOH^+ + H_2O$	2.6974	0	$Hg(OH)_2 + H_2O = Hg(OH)_3^- + H^+$	−15.0042	0
$Hg(OH)_2 + SO_4^{2-} + 2H^+ = HgSO_4 + 2H_2O$	7.4911	0	$2Hg(OH)_2 + 4H^+ + 2e^- = Hg_2^{2+} + 4H_2O$	42.987	−63.59
$Hg(OH)_2 + NO_3^- + 2H^+ = HgNO_3^+ + 2H_2O$	6.4503	0	$Hg(OH)_2 + 2NO_3^- + 2H^+ = Hg(NO_3)_2 + 2H_2O$	4.7791	0

2）重金属 As 的反应方程式与参数（数据库）

重金属 As 在水体中以离子或无机络离子出现的形式如表 4-4 所示。根据不同物质形式建立不同的反应方程式，并利用 HSC Chemistry v5.0 软件按上述步骤建立 log$k$ 与 delta_h，最终结果如表 4-6 所示。

表 4-6　重金属元素 As 的反应方程式及参数

化学方程式	参数		化学方程式	参数	
	$\log k$	delta_h/ kcal/mol		$\log k$	delta_h/ kcal/mol
$H_3AsO_4 = H_3AsO_4$	0	0	$H_3AsO_4 = H_2AsO_4^- + H^+$	2.24	−1.69
$H_3AsO_4 = HAsO_4^{2-} + 2H^+$	−9.001	−0.92	$H_3AsO_4 = AsO_4^{3-} + 3H^+$	20.6	3.43
$H_3AsO_4 + 2e^- + 2H^+ = H_3AsO_3 + H_2O$	19.444	−30.015	$H_3AsO_3 = H_2AsO_3^- + H^+$	9.23	6.56
$H_3AsO_3 = HAsO_3^{2-} + 2H^+$	−21.33	14.199	$H_3AsO_3 = AsO_3^{3-} + 3H^+$	34.7	20.25
$H_3AsO_3 + H^+ = H_4AsO_3^+$	−0.305	0			

3）重金属 Cr 的反应方程式与参数（数据库）

重金属 Cr 在水中以离子或无机络离子出现的形式如表 4-7 所示。根据不同物质形式建立不同的反应方程式，并利用 HSC Chemistry v5.0 软件建立 $\log k$ 与 delta_h，结果如表 4-7 所示。

表 4-7　重金属元素 Cr 的反应方程式及参数

化学方程式	参数		化学方程式	参数	
	$\log k$	delta_h/ kcal/mol		$\log k$	delta_h/ kcal/mol
$Cr(OH)_2^+ + 2H^+ + e^- = Cr^{2+} + 2H_2O$	2.947	6.36	$Cr(OH)_2^+ + 2H^+ = Cr^{3+} + 2H_2O$	9.62	−20.14
$Cr(OH)_2^+ + H^+ = Cr(OH)^{2+} + H_2O$	5.62	0	$Cr(OH)_2^+ + H_2O = Cr(OH)_3 + H^+$	−7.13	0
$Cr(OH)_2^+ + 2H_2O = Cr(OH)_4^- + 2H^+$	−18.15	0	$Cr(OH)_2^+ = CrO_2^- + 2H^+$	−17.7456	0
$Cr(OH)_2^+ + Cl^- + 2H^+ = CrCl^{2+} + 2H_2O$	9.3683	−13.847	$Cr(OH)_2^+ + 2Cl^- + 2H^+ = CrCl_2^+ + 2H_2O$	8.658	−9.374
$Cr(OH)_2^+ + 2Cl^- + H^+ = CrOHCl_2 + H_2O$	2.9627	0	$2Cr(OH)_2^+ + 2SO_4^{2-} + 2H^+ = Cr_2(OH)_2(SO_4)_2 + 2H_2O$	17.9288	0
$2Cr(OH)_2^+ + SO_4^{2-} + 2H^+ = Cr_2(OH)_2SO_4^{2+} + 2H_2O$	6.4503	0	$CrO_4^{2-} + SO_4^{2-} + 2H^+ = CrO_3SO_4^{2-} + H_2O$	8.9937	0
$CrO_4^{2-} + 6H^+ + 3e^- = Cr(OH)_2^+ + 2H_2O$	67.376	−103	$CrO_4^{2-} + H^+ = HCrO_4^-$	6.5089	0.9
$CrO_4^{2-} + 2H^+ = H_2CrO_4$	5.6513	0.9	$2CrO_4^{2-} + 2H^+ = Cr_2O_7^{2-} + H_2O$	14.5571	−2.995
$CrO_4^{2-} + Cl^- + 2H^+ = CrO_3Cl^- + H_2O$	7.3086	0	$CrO_4^{2-} = CrO_4^{2-}$	0	0

4）重金属 Cd 的反应方程式与参数（数据库）

重金属 Cd 在水中以离子或无机络离子出现的形式如表 4-8 所示。在数据库中包含 Cd 的运算程序，但是缺少部分。利用 HSC Chemistry v5.0 建立 $\log k$ 与 delta_h，结果如表 4-8 所示。

表 4-8　重金属元素 Cd 的反应方程式及参数

化学方程式	参数		化学方程式	参数	
	$\log k$	delta_h/ kcal/mol		$\log k$	delta_h/ kcal/mol
$Cd^{2+} + NO_3^- = CdNO_3^+$	0.399	−5.2	$2Cd^{2+} + H_2O = Cd_2OH^{3+} + H^+$	−9.39	10.9
$Cd^{2+} + H_2O + Cl^- = CdOHCl + H^+$	−7.404	4.355			

5）重金属 Cu 的反应方程式与参数（数据库）

重金属 Cu 在水体中以离子或无机络离子出现的形式如表 4-9 所示。在数据库中包含 Cu 的运算程序，但是缺少部分。根据不同物质形式建立不同反应方程式，并利用 HSC

Chemistry v5.0 软件按上述步骤建立 log$k$ 与 delta_h，最终结果如表 4-9 所示。

表 4-9　重金属元素 Cu 的反应方程式及参数

化学方程式	参数		化学方程式	参数	
	log$k$	delta_h/ kcal/mol		log$k$	delta_h/ kcal/mol
$Cu^{2+} + CO_3^{2-} = CuCO_3$	6.73	0	$Cu^{2+} + Cl^- = CuCl^+$	0.43	8.65
$Cu^{2+} + 2CO_3^{2-} = Cu(CO_3)_2^{2-}$	9.83	−1.69	$Cu^{2+} + CO_3^{2-} + H^+ = CuHCO_3^+$	13	0
$Cu^{2+} + 3Cl^- = CuCl_3^-$	−2.29	13.69	$Cu^{2+} + 2Cl^- = CuCl_2$	0.16	10.56
$Cu^{2+} + 4Cl^- = CuCl_4^{2-}$	−4.59	17.78	$Cu^+ + 2Cl^- = CuCl_2^-$	5.50	−0.42
$Cu^+ + 3Cl^- = CuCl_3^{2-}$	5.70	0.26			

3. 模拟参数输入

在进行重金属组分形态确定过程中，pH、pe 和水温 T 这 3 个参数是必不可少的输入指标。重金属会在水中与阴阳离子发生配合反应，水中阴阳离子的浓度对模拟水中各种物质具体存在的分子式具有重要影响，因此，以 Ca^{2+}、Mg^{2+}、K^+、Na^+、Cl^- 以及 SO_4^{2-} 的浓度作为输入指标。采用 2011 年 1 月水质采样点水体重金属元素总浓度、元素化合价、摩尔质量、水体总碱度的实测数据以及现场测定水体的酸碱度、氧化还原电位、水体温度的数据进行模拟过程中的参数确定和模拟结果验证。

输入参数设置：由于采样点中有 9 个点进行了阴阳离子 Ca^{2+}、Mg^{2+}、K^+、Na^+、Cl^- 以及 SO_4^{2-} 浓度的测定，因此重金属形态模拟中的数据点为这 9 个点：I12、K12、L15、M12、N13、P9、Q8、R7、W2，相应参数的选取也是对应采样点的数据值。

（1）温度 T：本研究涉及温度数据为 2011 年 1 月实测数据，单位℃。

（2）pH：本研究涉及 pH 为 2011 年 1 月实测数据。

（3）pe：pe 是平衡状态下的电子活度，在某种意义上相当于氧化还原电位，其值可以相互推导，pe 与氧化还原电位 Eh 的关系为：

$$pe = \frac{nF}{2.303RT} \times Eh \qquad (4\text{-}6)$$

pe 的获取可以由实测的氧化还原电位值 Eh 获得。本研究的 pe 是由 2011 年 1 月的实测数据经公式（4-6）换算得到的。

（4）阴阳离子值：本研究涉及的 Ca^{2+}、Mg^{2+}、K^+、Na^+、Cl^- 以及 SO_4^{2-} 的数据为 2011 年 1 月实测数据。

（5）重金属元素的总浓度：本研究涉及的重金属元素总浓度为 2011 年 1 月实测数据。

4. 重金属存在形态的地球化学模拟结果分析及讨论

在 PHREEQC 的输出文件中得到各种物质的浓度是摩尔浓度与离子活度，由于计算结果冗长，为了便于结果的简化，更直观地得出重金属元素的存在形态，本研究将各形态的含量以百分比形式列出。

1）Cu 的组分存在形态

乌梁素海水体中的 Cu 主要是以低价态的 $CuCl_2$ 和 $CuCl_3^{2-}$ 以及高价态的 $CuCO_3$ 和

$Cu(OH)_2$ 存在。从图 4-8 中可以看出，I12、K12、L15、M12、N13 采样点的组成形态为：$CuCl_2^-$ 占绝对优势，含量在 60.05%~95.75%；$Cu(OH)_2$ 含量在 0.038%~33.79%。采样点 P9、Q8、R7、W2 的组成形态为 $Cu(OH)_2$ 占绝对优势，含量在 33.79%~91.78%；$CuCl_2^-$ 含量在 6.52%~39.56%，$CuCO_3$ 的含量在 1.2%~3.19%。所有采样点除 $CuCl_2^-$、$CuCl_3^{2-}$、$CuCO_3$、$Cu(OH)_2$ 以外的其他形态的含量均较低，仅占 0.21%~1.01%。

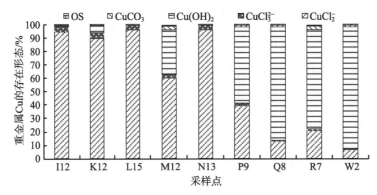

OS（other species）包括 Cu^+、Cu^{2+}、$Cu(CO_3)_2^{2-}$、$CuCl^+$、$CuCl_2$、$CuCl_3^-$、$CuCl_4^{2-}$、$CuOH^+$、$Cu(OH)_3^-$、$Cu(OH)_4^{2-}$、$Cu_2(OH)_2^{2+}$、$CuSO_4$、$CuHCO_3^+$。

图 4-8 乌梁素海水体中重金属 Cu 的主要存在形态及含量百分比

水体中 Cu 的组分存在形态是受多种因素控制的，一般的水体中 Cu^+ 存在较少，不能稳定存在，因为其自身会发生歧化反应，或者很容易被氧化为 Cu^{2+}；但是此次采集水样时间为冬季，水体与氧气接触相对少，最主要的是由于乌梁素海水体盐化污染较为严重，水体中 Cl^- 含量较高，由于 Cu^+ 与 Cl^- 有较强配合能力，Cu^+ 在含 Cl^- 的水溶液中，能够比较稳定地存在（薛娟琴，2008）。I12、K12、L15、M12、N13 采样点的 pe 较小，Cl^- 含量较高，对于 $Cu-Cl-H_2O$ 溶液体系来说，Cu^+ 属于“软”酸，Cl^- 具有较低的电负性，它与 Cl^- 络合时导致高的极化率，有利于电子强烈地转移到 Cu^+，因此 Cu^+-Cl^- 的络合物具有高稳定性。随着溶液中 Cl^- 浓度的增加，可以生成 $CuCl_2^-$、$CuCl_3^{2-}$、$CuCl_3^-$ 和 $CuCl_4^{2-}$。Cu^{2+} 属于中性酸，根据软硬酸碱理论，它与 Cl^- 形成的配合物稳定性较差。$CuCl_2$ 和 $CuCl_3$ 的平衡常数要比 $CuCl_2^-$ 和 $CuCl_2^{2-}$ 的平衡常数小得多（K_{CuCl_2}=−3.7308，$K_{CuCl_2^-}$=5.2996，$K_{CuCl_3^-}$=5.6999，K_{CuCl_3}=−2.2899）（薛娟琴，2008）。因此，I12、K12、L15、M12、N13 的 Cu 的主要价态为一价态 Cu 的 Cl 离子络合物 $CuCl_2^-$，仅有少量的 $CuCl_3^{2-}$ 和 $CuCl_4^{2-}$。

从乌梁素海不同采样点的 pH、pe 分布图分析可知，采样点 P9、Q8、R7、W2 的 pH 与 pe 都较高，随着氧化性的增强，部分 Cu^+ 逐渐被氧化为 Cu^{2+}，水溶液中 OH^- 含量逐渐增大，溶液中的离子配位反应倾向于 Cu^{2+} 与 OH^- 的配合，$Cu(OH)_2$ 的平衡常数要较其他 Cu^{2+} 与 OH^- 配合物大，因此，P9、Q8、R7、W2 的主要存在形态为二价态 Cu 的 OH^- 配合物 $Cu(OH)_2$。水溶液的 pe 不属于强氧化性，因此溶液中存在一定的 Cu^+，Cu^{2+} 属于中性酸，根据软硬酸碱理论，它与 Cl^- 形成的配合物稳定性较差。Cu^+ 属于“软”酸，与 Cl^- 形成的配合物稳定性较高。因此，溶液中还存在着一定的 $CuCl_2^-$。

Cu 元素是人体生命活动与动植物生长所必需的微量元素，但摄取量超过一定限度则会造成中毒。Cu 的毒性以 $CuSO_4$ 较大。乌梁素海水体中的 $CuSO_4$ 活度水平在 $2.83 \times 10^{-16} \sim 1.43 \times 10^{-10}$，占 Cu 总浓度的 0.005%~0.069%，含量极低，因此不会对乌梁素海水体造成较大的危害。游离 Cu^{2+} 的毒性比络合态 Cu^{2+} 的毒性要大得多，因此 Cu 对鱼类毒性的大小主要取决于游离的 Cu^{2+} 及其氢氧化物的含量（王春秀，2010）。游离态 Cu^{2+} 含量越高，毒性越强；相反，Cu 的氢氧化物含量越高，毒性则越小。从图 4-8 中可以发现，乌梁素海水体中游离态 Cu^{2+} 含量较低，$Cu(OH)_2$ 含量较高，因此，水体中 Cu 的毒性较小。

2）Zn 的组分存在形态

乌梁素海水体中的 Zn 以 Zn^{2+}、$Zn(OH)_2$、$ZnCO_3$、$ZnSO_4$ 为主要存在形态。大部分水样中，Zn^{2+} 的含量占优势，在 18.81%~45.02%；$Zn(OH)_2$ 含量在 22.45%~36.11%；$ZnCO_3$ 含量在 14.58%~28.47%；$ZnSO_4$ 含量相对较低，在 4.75%~14.63%。$ZnCl_2$、$ZnCl^+$、$ZnCl_3^-$、$ZnCl_4^{2-}$、$Zn(OH)_3^-$、$Zn(OH)_4^{2-}$、$ZnOHCl$ 及 $Zn(SO_4)_2^{2-}$ 等含量都较低，含量总和仅为 1.87%~2.58%。从图 4-9 中可以得出，I12、L15 点的 $Zn(OH)_2$ 含量最高，其次为 Zn^{2+}；而其他采样点 K12、M12、N13、P9、Q8、R7、W2 的 Zn^{2+} 含量最高，其次为 $Zn(OH)_2$。

重金属元素 Zn 是人和动植物等生命体所必需的微量元素，对于人而言，一般体内缺 Zn 会造成负面影响；但 Zn 浓度过高会对鱼类等生物体造成毒害作用。目前研究表明，Zn 对鱼类毒性较大，致死浓度较低。

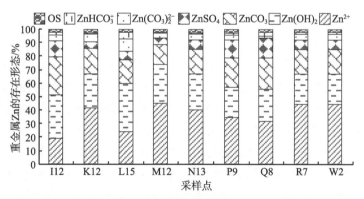

OS 包括 $ZnCl_2$、$ZnCl^+$、$ZnCl_3^-$、$ZnCl_4^{2-}$、$Zn(OH)_3^-$、$Zn(OH)_4^{2-}$、$ZnOHCl$、$Zn(SO_4)_2^{2-}$。

图 4-9　乌梁素海水体中重金属 Zn 的主要存在形态及含量百分比

3）Pb 的组分存在形态

如图 4-10 所示，乌梁素海水体中 Pb 的主要形式为 $PbCO_3$、$PbOH^+$ 和 $Pb(CO_3)_2^{2-}$。所有水样中，$PbCO_3$ 含量占绝对优势，在 82.78%~92.01%；$PbOH^+$ 和 $Pb(CO_3)_2^{2-}$ 的含量分别为 1.77%~6.46% 和 1.35%~5.59%；Pb^{2+} 和 $PbSO_4$ 的含量也较低；除上述成分以外的其他存在形态的含量极低，总和仅占 1.67%~2.46%。

平衡常数 K 值越大，表示其反应进行的程度越大，反应的转化率也越大。Pb^{2+} 与 CO_3^{2-} 反应的平衡常数较大，比起 Cl^- 等其他离子，Pb^{2+} 优先结合 CO_3^{2-}，因此，乌梁素海水体中 Pb 主要以 $PbCO_3$ 形式存在；水体中 Pb 的形态受水体酸碱性、氧化还原性等多种因素影响，在偏碱性水体中 Pb 的浓度受水解反应影响，Pb^{2+} 易与 H_2O 发生水解反应：$Pb^{2+} + H_2O = PbOH^+ + H^+$。随着酸碱性的变化，$PbOH^+$ 的含量会发生变化。在碱性水体中，反应易向右进行，因此会产生 $PbOH^+$。如果 OH^- 含量较高，则会继续发生水解反应，羟基配位数增加，生成 $Pb(OH)_2$、$Pb(OH)_3^-$、$Pb_2OH_3^+$、$Pb_3(OH)_4^{2+}$、$Pb(OH)_4^{2-}$ 等络合物。

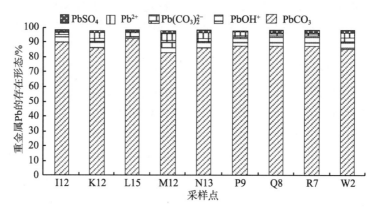

OS 包括 $PbCl^+$、$PbCl_2$、$PbCl_3^-$、$PbCl_4^{2-}$、$Pb(SO_4)_2^{2-}$、$PbHCO_3^+$。

图 4-10　乌梁素海水体中重金属 Pb 的主要存在形态及含量百分比

重金属元素 Pb 是一种有毒元素，危害人体的神经系统与肾脏功能，毒性主要由其在水体中的溶解度、颗粒大小以及形态所决定。$Pb(CH_3COO)_2$、$Pb(NO_3)^+$ 及其氯离子络合物（$PbCl^+$、$PbCl_2$、$PbCl_3^-$、$PbCl_4^{2-}$）在水中溶解度较大，所以毒性相对高；PbO 与 $PbCO_3$ 的溶解度虽然不大，但是如果进入人体，易与体内胃酸发生反应，其溶解度可达 30%~70%，对人体危害极大。乌梁素海水体中 $PbCO_3$ 含量较大，在 82.78%~92.01%，由于 $PbCl_2$、$PbSO_4$、$Pb(OH)_2$ 等化合物的饱和指数 IS<1，因此其在水体中以离子的形态存在；$PbCO_3$ 的溶度积常数大，水体中 $PbCO_3$ 易于沉淀，从水相向其他相转移，从水相来看，对生物体危害相对较小，但是 $PbCO_3$ 可能会转到悬浮物相、底泥相，鱼类等生物体会通过食物链的方式吸入 $PbCO_3$，以不同方式对生物体造成危害。此外，如果水体中 $PbCO_3$ 的离子积小于溶度积，则不会沉淀，会通过水体直接进入食物链，危害性更强一些。因此，不论水相还是其他生物相中的 Pb 都不应忽略，应该特别重视重金属 Pb 元素在水体中含量的变化。

4）Cr 的组分存在形态

乌梁素海水体中 Cr 的主要存在形态为三价态的 $Cr(OH)_3$ 与 $Cr(OH)_2^+$。从图 4-11 中可以看出，所有水样中 $Cr(OH)_3$ 含量占绝对优势，在 84.03%~95.33%；$Cr(OH)_2^+$ 含量相对较低，在 3.47%~15.68%；除 $Cr(OH)_3$ 与 $Cr(OH)_2^+$ 外，其他存在形态的含量极低，总和仅占 0.2%~1.20%。

重金属元素 Cr 对不同的生物具有不同的毒性，Cr 的不同形态的化合物毒性大小也不同。一般情况，无机铬的形态有 Cr^{2+}、Cr^{3+}、Cr^{6+}。Cr^{2+} 一般情况下是无毒的，Cr^{3+} 毒

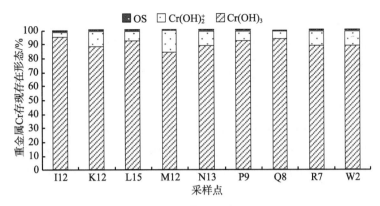

OS 包括 Cr^{3+}、$Cr(OH)^{2+}$、$Cr(OH)_4^-$、CrO_4^{2-}、$CrCl^{2+}$、$CrCl_2^+$、$CdOHCl_2$、$CrSO_4^+$、$Cr_2(OH)_2(SO_4)_2$、$HCrO_4^-$、H_2CrO_4、$Cr_2O_7^{2-}$、CrO_3Cl^-、$CrO_3SO_4^{2-}$。

图 4-11　乌梁素海水体中重金属 Cr 的主要存在形态及含量百分比

性相对较小，Cr^{6+}的毒性较大，是 Cr^{3+} 的 100 倍。乌梁素海冬季水体中 Cr 主要以三价态的 $Cr(OH)_3$ 与 $Cr(OH)_2^+$存在，毒性较小，六价态含量极低，几乎可以忽略，因此，乌梁素海水体中 Cr 的危害性较低。

5）Cd 的组分存在形态

乌梁素海水体中 Cd 的主要存在形态为二价态的 $CdCl^+$、Cd^{2+}、$CdSO_4$ 和 $CdCl_2$。从图 4-12 中可以看出，所有水样中 $CdCl^+$含量占绝对优势，在 50.03%~59.95%；Cd^{2+}含量相对较低，在 19.12%~24.27%；$CdSO_4$ 含量在 14.02%~19.82%；$CdCl_2$ 含量在 4.88%~6.96%；CdOHCl 含量在 0.61%~4.49%；除 $CdCl^+$、Cd^{2+}、$CdSO_4$ 和 $CdCl_2$ 以外，其他存在形态的含量极低，总和仅占 1.45%~3.44%。

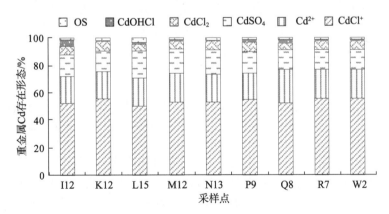

OS（other species）包括 $CdCl_3^-$、$Cd(CO_3)_2^{2-}$、$CdOH^+$、$Cd(OH)_2$、$CdHCO_3^+$、$Cd(OH)_4^{2-}$、$Cd(OH)_3^-$、Cd_2OH^{3+}、$CdCO_3$、$Cd(SO_4)_2^{2-}$。

图 4-12　乌梁素海水体中重金属 Cd 的主要存在形态及含量百分比

重金属 Cd 是生物体生长非必需元素，其化合物毒性较大，具有致癌、致畸作用，骨痛病即是由 Cd 所造成的。水中 $CdCl_2$ 对生物特别是鱼类的富集的影响很大，当水中 $CdCl_2$ 含量为 0.01mg/L 时，能使鲤在 8~18h 内死亡（孟晓红，1997）。乌梁素海冬季水体中 Cd 与 Cl⁻络合物含量较高，相对毒性较大，但由于水体中 Cd 的总浓度极低，所以毒性较大的 Cl⁻络合态含量也相对较低。但根据上述内容我们应该特别重视重金属元素 Cd 在水体中含量的变化。

6）Hg 的组分存在形态

乌梁素海水体中 Hg 的主要存在形态为二价态的 $Hg(OH)_2$、$HgCl_3^-$ 和 $HgCl_2$。从图 4-13 中可以看出，所有水样中 $Hg(OH)_2$ 含量占绝对优势，在 46.02%~81.76%，I12、Q8 采样点的 $Hg(OH)_2$ 是最高的；$HgCl_2$ 含量相对较高，在 9.78%~41.22%；$HgCl_3^-$ 含量相对较低，在 2.37%~13.78%；除 $Hg(OH)_2$、$HgCl_3^-$ 和 $HgCl_2$ 外，其他存在形态的含量极低，总和仅占 0.17%~1.18%。

游离 Hg^{2+} 只有在 pH<3.5 时才会存在，一般在自然水体中，Hg^{2+} 会发生强水解反应，几乎全部水解成 $Hg(OH)_2$（$Hg^{2+} + 2H_2O = Hg(OH)_2 + 2H^+$）（孙嘉良，2009）。但当含 Hg 的水溶液中存在有 Cl⁻存在时，必须考虑 Hg^{2+} 与 Cl⁻的络合平衡，Hg^{2+} 作为路易斯酸可与作为路易斯碱的 Cl⁻形成一系列络合物 $HgCl_n^{2-n}$，其中 n 为配位数（n=1,2,3,4）。由于有 Cl⁻存在生成较大量的 Hg-Cl 络合物，因此溶液中 Hg^{2+} 的溶解度增大（杨士林等，2002）。乌梁素海水体偏碱性，水体的 pH 较高，Hg^{2+} 会生成羟基络合物 $Hg(OH)_2$，同时乌梁素海水体盐化污染较为严重，水体中 Cl⁻含量较高，则形成了 $HgCl_2$ 和 $HgCl_3^-$。

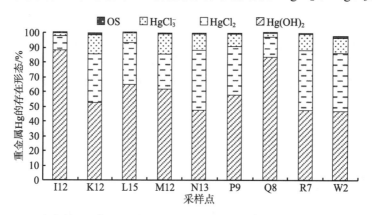

OS（other species）包括 $HgCl_4^{2-}$、$HgCl^+$、$HgOH^+$、$Hg(OH)_3^-$、Hg^{2+}、$HgSO_4$、$HgNO_3$、$Hg(NO_3)_2$。

图 4-13　乌梁素海水体中重金属 Hg 的主要存在形态及含量百分比

重金属 Hg 是生物体非必需元素，剧毒，具有强致畸作用。Hg 的不同化学形态具有不同的生物毒性，且差别较大。水体中重金属 Hg 元素主要以无机和有机 2 种形态存在，有机态的毒性最高，特别是甲基汞（CH_3Hg），其毒性是为无机态的 200 倍，但是本研究不涉及有机 Hg 的含量。相对来说，水体中无机 Hg（$HgCl_2$）的毒性也比较大，致毒速度较快。利用单细胞藻类（小球藻）的光合作用活性分析 $HgCl_2$ 和 $Hg(OH)_2$ 的毒性，结果表明导致 50%藻类死亡的 $Hg(OH)_2$ 浓度比 $HgCl_2$ 高 20 倍。说明 $Hg(OH)_2$ 的毒性比 $HgCl_2$ 低（杨士林等，2002；孙嘉良，2009）。此外，含 Hg 水体中存在有较高含量的 Cl⁻时，由于形成 Hg^{2+}-Cl 络合离子，使可溶 Hg 含量增加，也会增加其毒性。从 PHREEQC 分析结果来看，乌梁素海水体中 $HgCl_2$ 的含量较高，加之水体中 Hg 的总浓度也超标，因此，必须高度重视重金属 Hg，结合重金属 Hg 的污染来源，从源头上进行治理与预防。

　　7）As 的组分存在形态

　　乌梁素海大部分水体中 As 的主要存在形态为五价态的 $HAsO_4^{2-}$。从图 4-14 中可以看出，所有水样中 $HAsO_4^{2-}$ 含量占绝对优势，在 62.58%~98.18%；N13 采样点 As 的主要存在形态较为特殊，为三价态 H_3AsO_3，含量达到 97.59%；L15 点 As 的主要存在形态有差异，五价态的 $HAsO_4^{2-}$ 含量比三价态 H_3AsO_3 相对多一些，$HAsO_4^{2-}$ 含量达到 62.58%，H_3AsO_3 含量为 33.80%。大部分水体中五价态 $H_2AsO_4^-$ 的含量在 1.70%~8.16%，占到一定的比例。水体中 $H_2AsO_3^-$、$HAsO_3^{2-}$、AsO_3^{3-}、$H_4AsO_3^+$、H_3AsO_4 和 AsO_4^{3-} 几种存在形态的总量仅占 0.0088%~2.39%。

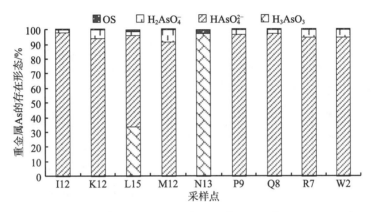

OS（other species）包括 $H_2AsO_3^-$、$HAsO_3^{2-}$、AsO_3^{3-}、$H_4AsO_3^+$、H_3AsO_4、AsO_4^{3-}。

图 4-14　乌梁素海水体中重金属 As 的主要存在形态及含量百分比

　　天然水体中 As 的存在形态主要受氧化还原电位（Eh）和酸碱性（pH）控制。在氧化环境中，$HAsO_4^{2-}$ 和 $H_2AsO_4^-$ 含量占优势，pH 小于 6.9 时，$H_2AsO_4^-$ 占优势，pH 较高时，$HAsO_4^{2-}$ 占优势；在还原环境中，pH 小于 9.2 时，H_3AsO_3 占优势。结合乌梁素海水体的氧化还原性分析，采样点 N13 和 L15 的氧化还原电位处于负值，属于还原性，因此，水体中 H_3AsO_3 含量居多，其他采样点水体的 Eh 较高，处于氧化性，水体 pH 处于 8.0 附近，因此，水体中 $HAsO_4^{2-}$ 占优势，符合正常规律。

　　重金属 As 对人体具有较强的毒性，As 的低氧化态比高氧化态的毒性更大，即 As^{3+} 比 As^{5+} 毒性大。对于人体而言，亚砷酸（H_3AsO_3）比砷酸（H_3AsO_4）的毒性大 60 倍。乌梁素海大部分采样点的 As 形态为五价态的 $HAsO_4^{2-}$，仅有 N13 点的 As 形态为 H_3AsO_3。虽然，大部分水体 As 元素的毒性都较弱，但由于乌梁素海水体的氧化还原性变化较大，甚至会出现极强的还原性，因此，必须高度重视重金属 As，结合重金属 As 的污染来源，从源头上进行治理与预防。

　　5. 模型检验

　　由于湖泊水体中重金属元素各种形态的实验室测定难以实现，为了检验模型的可信程度，本研究选择与重金属砷同族的氮元素，利用氮的各种形态实际测量值对软件的模拟结果进行验证。PHREEQC 输出文件中得到的各种物质的浓度是摩尔浓度，实验室测得的结果为质量浓度，可以经过换算得到各种形态氮的质量浓度。将氮组分形式的模拟计算结果与实验结果进行对比，如图 4-15 和图 4-16 所示。

　　从图 4-15 和图 4-16 可以看出，PHREEQC 软件对氮元素组分形式的模拟相对较理想，基本在实测值的变化范围内。其中氨氮的模拟结果误差值在 0.09%~24.44%，平均值为 5.64%，误差最小，误差模拟最为理想。主要是由于采集水样的所处环境还原性较强，当水体处于还原性环境时，水体中的氮主要以氨氮为主要存在形态，而亚硝态氮与硝态氮含量极低，只是在反应平衡过程中，作为中间反应物出现。模型模拟的前提是将反应最终的平衡状态作为输入参数，仅考虑模拟的最终平衡状态。所以，氨氮的模拟较符合实际水环境状况，其相对误差较小。

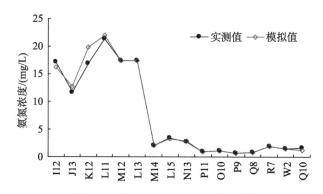

图 4-15　水样监测点氨氮的对数浓度实测值与模拟值

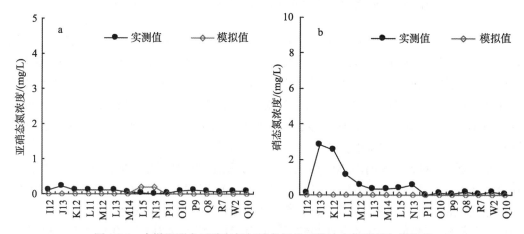

图 4-16　水样监测点亚硝态氮与硝态氮的对数浓度实测值与模拟值

　　从图 4-16 中可以看出，亚硝态氮和硝态氮的模拟结果相对误差较大一些。分析其可能原因是：由于在一般的氧化–还原化学反应中，要达到反应的平衡是需要时间的，而实验中所测的值是利用一次采集水样所得的数据，一些化学反应还没有达到最后的平衡，而在模型模拟过程中的反应则是按最终反应平衡所模拟的，因此在模拟过程中存在一定的误差。其次，亚硝态氮和硝态氮的实测值在测试过程中会由于反应平衡的影响产生重复计算量，从表 4-10 中可以看出，水样中氨氮、亚硝态氮和硝态氮的实测值相加后的总氮含量与实测总氮的含量存在一定差异，其差异值约等于亚硝态氮和硝态氮的实测值之和，主要是由于在实测水样过程中，外界环境发生改变，水体中的部分氨氮在氧化环境中会转化为亚硝态氮和硝态氮，使得亚硝态氮和硝态氮的含量在计算过程中发生了重复计算。因此，亚硝态氮与硝态氮的含量会高于实际水环境中的含量，而模型模拟的反应状态不会发生变化，所以，模型模拟结果与实际测量结果存在一定的差异。

总体而言，PHREEQC 用于模拟湖泊环境中氮的存在形态及数量是可行的，具有较高的可信度，说明 PHREEQC 模型适合用于元素形态分析，可以将其运用于重金属元素的存在形态模拟分析。

表 4-10　水体中总氮及各形态氮的浓度实测结果分析　　　　　　　　单位：mg/L

	实测测试结果			实测总氮	④-⑤	①+②
	NO_2^-①		NH_4^+③	实测三种氮相加量④	TN⑤		
I12	0.11	0.09	17.12	17.31	16.54	0.77	0.19
J13	0.23	2.83	11.67	14.73	12.69	2.04	3.06
K12	0.10	2.54	16.84	19.49	19.84	0.35	2.64
L11	0.11	1.11	21.33	22.55	21.95	0.60	1.22
M12	0.10	0.54	17.40	18.05	17.35	0.70	0.65
L13	0.11	0.31	17.39	17.81	17.37	0.44	0.42
M14	0.06	0.34	2.08	2.48	2.08	0.40	0.40
L15	0.03	0.38	3.40	3.82	3.40	0.42	0.42
N13	0.01	0.55	2.76	3.32	2.79	0.52	0.56
P11	0.03	0.00	0.94	0.97	0.94	0.03	0.03
O10	0.09	0.10	1.14	1.33	1.14	0.19	0.19
P9	0.10	0.06	0.67	0.82	0.70	0.12	0.16
Q8	0.08	0.16	0.88	1.12	0.81	0.31	0.24
R7	0.05	0.06	1.92	2.03	1.82	0.21	0.11
W2	0.10	0.15	1.54	1.78	1.48	0.30	0.24
Q10	0.08	0.08	1.63	1.79	1.23	0.56	0.16

4.2.3　外界环境对水体中重金属存在形态影响的地球化学模拟

1. 乌梁素海水体环境地球化学分析

在湖泊水体中，重金属元素中不同形态间的转化过程主要受湖泊水体酸碱性、氧化还原性、温度以及水体中阴阳离子含量的影响。而 pH 能直接表达水环境的酸碱程度，氧化还原电位（oxidation-reduction potentia，ORP）表示水环境的氧化还原性。因此，水体的水质指标 pH 和 ORP 在一起能更好地反映水体氧化还原反应的实际情况。另外，在任何化学反应过程中都伴随着热量的转化，因而水温对水中物质的存在形态及含量也有一定的影响。因此，对水环境温度、酸碱度以及氧化还原性进行分析是对重金属形态地球化学模拟的前提。分析数据是 2007~2012 年的实测数据。

1）环境温度

乌梁素海位于中国北方寒旱区，湖泊水体温度四季变化较大。按气象部门的划分，每年 3~5 月为春季，6~8 月为夏季，9~11 月为秋季，12 月~翌年 2 月为冬季。为了描述乌梁素海四季水温变化特征，以 2007~2012 年的 130 个水样，以 1 月、5 月、7 月、10 月分别作为冬、春、夏、秋季的代表月份进行说明。

从图 4-17 中可以看出，乌梁素海湖泊水体冬季水温最低，平均值为 0.36℃，最高值 1.40℃，最低值 0.20℃；春季水温逐步回升，平均值为 18.4℃，最高值 25.4℃，最低值 10.8℃；夏季水温达到最高值，平均值为 26.3℃，最高值 33.5℃，最低值 22.2℃；秋季水温逐步降低，平均值为 10.4℃，最高值 19.0℃，最低值 6.80℃。湖泊水体温度四季变化明显，夏季水温最高，冬季水温最低，夏冬温度差达到 30℃。

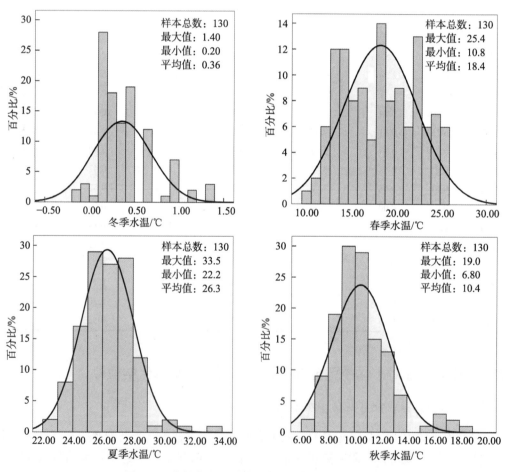

图 4-17　乌梁素海不同季节湖泊水体温度变化特征

2）环境酸碱度

从图 4-18 中可以看出，乌梁素海湖泊水体 pH 四季变化范围较小，春、夏、秋和冬季的 pH 均值分别为 8.77、9.04、8.16 和 8.35，大部分采样点四季 pH 在 7.5~9.25 变化，说明乌梁素海的水环境呈中性–碱性。

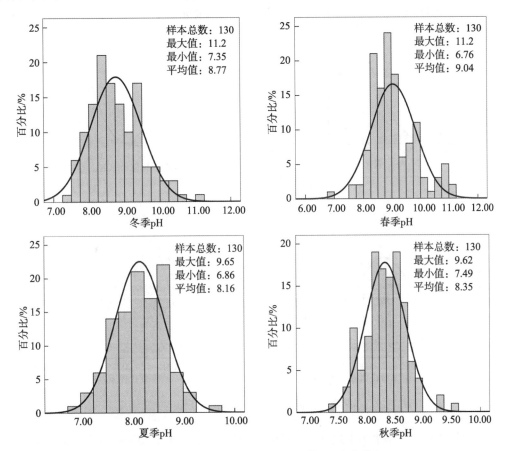

图 4-18　乌梁素海不同季节湖泊水体 pH 变化特征

3）环境氧化还原性

从图 4-19 中可以看出，乌梁素海湖泊水体氧化还原电位值随着季节变化而发生的波动较大。冬季氧化还原电位值最低，平均值为 70mV，最低值为–367mV，说明冬季湖泊水体处于强还原性；春季氧化还原电位值逐步回升，平均值为 102mV，最高值为 208mV，最低值为–146mV；夏季氧化还原电位值最高，平均值为 194mV，最高值为 370mV，最低值为 27mV，说明夏季湖泊水体处于强氧化性；秋季氧化还原电位平均值为 177mV，最高值为 304mV，最低值为 11mV。

2. 环境温度对重金属存在形态的影响

模拟过程：水环境的其他条件为 pH=8、pe=1.6，保持 pH 与 pe 不发生变化，只改变温度，根据对乌梁素海水温的分析，选取不同的代表温度（0℃、10℃、20℃、30℃）对水体中重金属的存在形态进行模拟，分析结果如图 4-20 所示。图中以重金属形态为横坐标，以不同重金属形态的活度的对数为纵坐标。

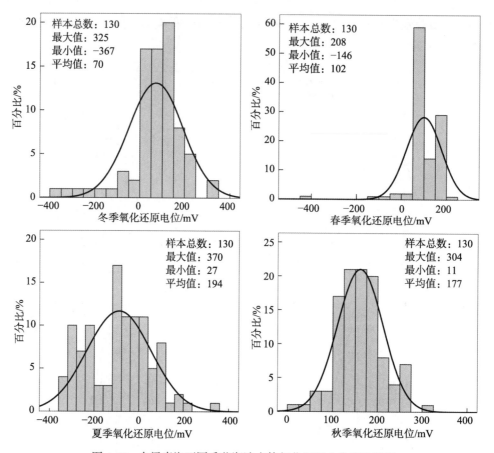

图 4-19 乌梁素海不同季节湖泊水体氧化还原电位变化特征

任何化学反应过程都伴随着热量的转化，因而水温对水中物质的存在形态及含量也有一定的影响。从图 4-20 中可以看出，随着温度的改变，重金属 Cu 的各种存在形态发生微小的变化，变化不是十分明显。结合 4.2.2 节分析，Cu 的主要存在形态为 $CuCl_2^-$、$CuCl_3^{2-}$、$CuCO_3$ 和 $Cu(OH)_2$；随着温度的升高，$CuCl_2^-$、$CuCl_3^{2-}$ 的含量变化不显著，有降低趋势；$Cu(OH)_2$ 的含量逐渐降低，$CuCO_3$ 含量逐渐增加。其他形态由于变化不显著，对存在形态的最终分布无大影响。

随着温度的改变，重金属 Zn 的各种存在形态发生微小的变化，变化较重金属 Cu 明显。结合 4.2.2 节分析，Zn 的主要存在形态为 Zn^{2+}、$Zn(OH)_2$、$ZnCO_3$ 和 $ZnSO_4$；随着温度的升高，Zn^{2+}、$Zn(OH)_2$ 和 $ZnSO_4$ 的含量有降低趋势，$ZnCO_3$ 含量逐渐增加。$ZnCl_2$ 含量增加，成为主要存在形态之一。其他形态虽然变化相对较为显著，但对存在形态的最终分布无大影响。

随着温度的改变，重金属 Pb 的各种存在形态发生微小的变化。结合 4.2.2 节分析，Pb 的主要存在形态为 $PbCO_3$、$PbOH^+$ 和 $Pb(CO_3)_2^{2-}$。随着温度的升高，$PbCO_3$、$Pb(CO_3)_2^{2-}$ 的含量有升高趋势，$PbOH^+$ 含量逐渐降低。其他形态虽然变化相对较为显著，但对存在形态的分布无影响，主要存在形态没有发生改变。

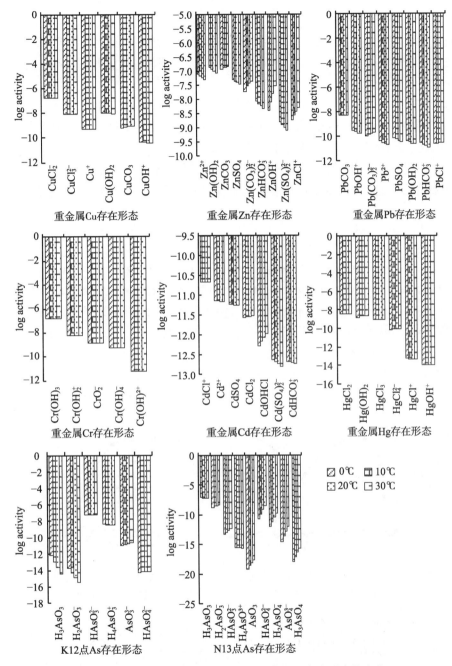

图 4-20 不同温度下水体中重金属元素主要存在形态的变化

随着温度的改变，重金属 Cr 的各种存在形态发生微小的变化。结合 4.2.2 节分析，铬的主要存在形态为 $Cr(OH)_3$ 与 $Cr(OH)^{2+}$。随着温度的升高，主要存在形态 $Cr(OH)_3$ 与 $Cr(OH)^{2+}$ 的变化不显著，但六价铬形态的 $HCrO_4^-$、H_2CrO_4 和 $Cr_2O_7^{2-}$ 等的含量逐渐增加，虽然其含量的变化对 Cr 的主要存在形态没有影响，但是在温度升高的同时，氧化还原电位的值也可能会发生改变，此时则会影响六价铬与三价铬的转化。因此，要注意温度对重金属 Cr 的影响。

随着温度的改变，重金属 Cd 的各种存在形态发生微小的变化。结合 4.2.2 节分析，镉的主要存在形态为 $CdCl^+$、Cd^{2+}、$CdSO_4$ 和 $CdCl_2$。随着温度的升高，各主要存在形态含量变化不显著。

随着温度的改变，重金属 Hg 的各种存在形态发生微小的变化。结合 4.2.2 节分析，Hg 的主要存在形态为 $Hg(OH)_2$、$HgCl_3^-$ 和 $HgCl_2$。随着温度的升高，各主要存在形态含量变化不显著。$HgCl_2$ 含量随温度升高有降低趋势。

随着温度的改变，重金属 As 的各种存在形态发生微小的变化。结合 4.2.2 节分析，As 主要存在形态为五价态的 $HAsO_4^{2-}$。随着温度的升高，各主要存在形态含量变化不显著。

3. 环境酸碱性对重金属存在形态的影响

模拟过程：水环境的其他条件为：$T=0.1℃$，$pe=1.60$，保持 pe 与温度不发生变化，只改变 pH。根据对乌梁素海水体 pH 的分析，选取不同的代表值（6、7、8、9、10、11）对水体中重金属的存在形态进行模拟。分析结果如图 4-21~图 4-27 所示，图中以重金属形态为横坐标，以重金属不同形态的百分含量为纵坐标。

1）重金属 Cu 的存在形态随 pH 的变化

水体中重金属 Cu 的存在形态受 pH 影响较大。从图 4-21 中可知，水体 pH 为 6 时，相对处于酸性环境，加之此次水样采取时间为冬季，水体与氧气接触相对少，最主要的

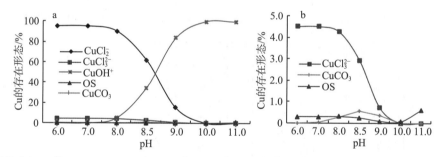

OS 包括 Cu^+、Cu^{2+}、$CuSO_4$、$CuHCO_3^+$、$CuCl^+$、$CuOH^+$、$Cu(CO_3)_2^{2-}$、$CuCl_3^-$、$Cu(OH)_3^-$、$CuCl_4^{2-}$、$Cu(OH)_4^{2-}$。

图 4-21　水体中重金属 Cu 的主要存在形态含量随 pH 的变化

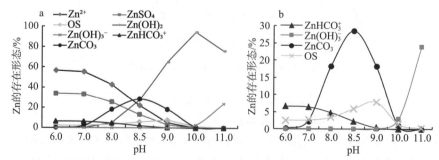

OS 包括 $Zn(SO_4)_2^{2-}$、$ZnCl^+$、$ZnCl_2$、$ZnOH^+$、$ZnCl_3^-$、$ZnCl_4^{2-}$、$Zn(CO_3)_2^{2-}$、$ZnCl_4^{2-}$、$Zn(OH)_4^{2-}$。

图 4-22　水体中重金属 Zn 的主要存在形态含量随 pH 的变化

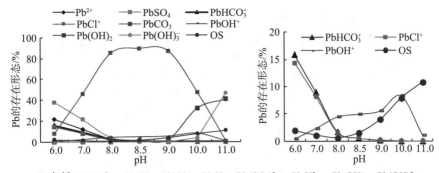

OS 包括 $Pb(SO_4)_2^{2-}$、$PbCl_2$、$PbNO_3^+$、$PbCl_3^-$、$Pb(CO_3)_2^{2-}$、$PbCl_4^{2-}$、$Pb_2OH_3^+$、$Pb(OH)_4^{2-}$。

图 4-23　水体中重金属 Pb 的主要存在形态含量随 pH 的变化

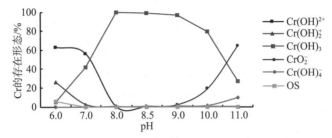

OS 包括 Cr^{3+}、$CrCl^{2+}$、$CrCl_2^+$、$Cr_2O_7^{2-}$、$CrOHCl_2$、$HCrO_4^-$、CrO_4^{2-}、$Cr_2(OH)_2SO_4^{2+}$、$Cr_2(OH)_2(SO_4)_2$、$CrO_3SO_4^{2-}$、CrO_3Cl^-、H_2CrO_4。

图 4-24　水体中重金属 Cr 的主要存在形态含量随 pH 的变化

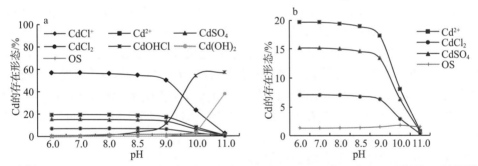

OS 包括 $Cd(SO_4)_2^{2-}$、$CdHCO_3^+$、$CdCl_3^-$、$CdNO_3^+$、$CdCO_3$、$CdOH^+$、$Cd(CO_3)_2^{2-}$、$Cd_2OH_3^+$、$Cd(OH)_3^-$、$Cd(OH)_4^{2-}$。

图 4-25　水体中重金属 Cd 的主要存在形态含量随 pH 的变化

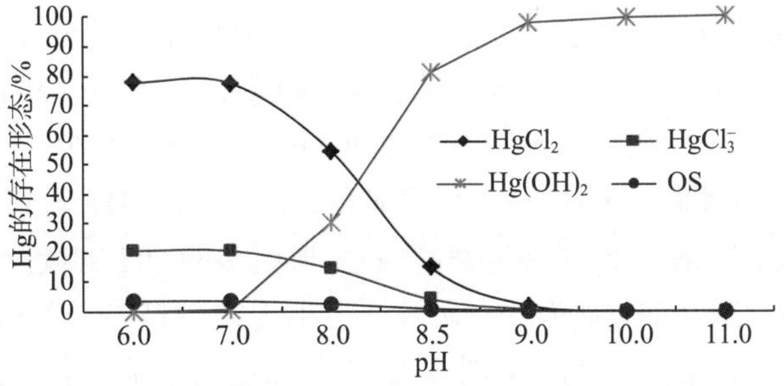

OS 包括 $HgCl_4^{2-}$、$HgCl^+$、$HgOH^+$、Hg^{2+}、$HgSO_4$、$Hg(OH)_3^-$、$HgNO_3^+$、$Hg(NO_3)_2$。

图 4-26　水体中重金属 Hg 的主要存在形态含量随 pH 的变化

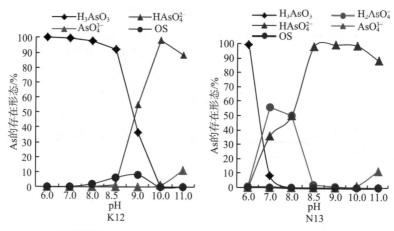

OS 包括H$_2$AsO$_3^-$、H$_4$AsO$_3^+$、HAsO$_2^-$、AsO$_3^{3-}$、H$_2$AsO$_4^-$、H$_3$AsO$_4$。

图 4-27　水体中重金属 As 的主要存在形态含量随 pH 的变化

是由于乌梁素海水体盐化污染较为严重，水体中 Cl$^-$含量较高，由于 Cu$^+$与 Cl$^-$有较强配合能力，Cu$^+$在含 Cl$^-$的水溶液中，能够比较稳定地存在，CuCl$_2^-$含量最大，达到 95.12%。由于水体处于酸性环境，H$^+$含量较高，OH$^-$含量较低，因此 Cu^{2+}与 OH$^-$结合能力较弱，Cu(OH)$_2$ 配合物含量极低，含量仅为 0.00052%，几乎为零；随着 pH 增大，H$^+$含量逐渐减少，OH$^-$含量逐渐增加，溶液中的离子配位反应倾向于 OH$^-$与 Cu^{2+}的配合，且 Cu(OH)$_2$ 的平衡常数要较其他配离子与 Cu^{2+}配合物大，争夺离子能力更强，使得多数 Cu 离子以二价态的形态存在，所以 Cu(OH)$_2$ 含量逐渐增大，CuCl$_2^-$含量逐渐降低，当 pH 为 11 时，Cu(OH)$_2$ 含量逐渐达到最大含量，达到 99.5%左右。从图 4-21 中可以更清晰地看到，其他存在形态含量发生了轻微变化，CuCl$_3^{2-}$含量变化相对较为明显，由于 Cu$^+$含量逐渐降低，使得 CuCl$_3^{2-}$含量也随之降低。在 pH 增大初期，CuCO$_3$ 含量有上升趋势，随着 pH 的继续增大，OH$^-$含量增加，使得 Cu^{2+}与 OH$^-$的配合反应趋势增强，使得较多的 Cu^{2+}与 OH$^-$相结合，CuCO$_3$ 含量又开始出现下降趋势，但是从图 4-21 中还可以看出，其含量本身较低且变化不显著。

2）重金属 Zn 的存在形态随 pH 的变化

水体中重金属 Zn 的存在形态受 pH 影响较大。从图 4-22 中可知，水体 pH 处于最低值（pH=6）时，Zn^{2+}含量最高，占 56.49%；其次为 ZnSO$_4$，含量在 33.98%；Zn(OH)$_2$ 含量极低，仅占 0.000708%，几乎可以忽略。这主要是由于水体处于相对弱酸性状态，水体中 SO$_4^{2-}$、OH$^-$与 CO$_3^{2-}$作为配位体，SO$_4^{2-}$含量较多，因此与 Zn^{2+}的配合反应向正向进行，生成的 ZnSO$_4$含量也较多；随着 pH 增加，H$^+$含量逐渐减少，OH$^-$含量逐渐增加，溶液中的离子配位反应倾向于 OH$^-$与 Zn^{2+}的配合，使得 Zn(OH)$_2$ 含量逐渐增加，Zn^{2+}与 ZnSO$_4$含量逐渐降低；当 pH 增大到一定程度，Zn^{2+}与更多的 OH$^-$继续反应，生成 Zn(OH)$_3^-$；随着 Zn(OH)$_3^-$的生成，Zn(OH)$_2$ 被消耗，含量开始出现减少趋势。当 pH=11 时，Zn(OH)$_2$ 含量占 70%，Zn(OH)$_3^-$含量占 24%。从图 4-22 中可以更清晰地看到，其他存在形态含量发生了轻微变化。与 Cu 的变化特征相似，在 pH 增大初期，ZnCO$_3$ 含量有上升趋势；

随着 pH 的继续增大，OH⁻含量增加，使得 Zn^{2+} 与 OH⁻的配合反应趋势增强，使得较多的 Zn^{2+} 与 OH⁻相结合，生成 $Zn(OH)_2$ 与 $Zn(OH)_3^-$，所以 $ZnCO_3$ 含量又开始出现下降趋势。

3）重金属 Pb 的存在形态随 pH 的变化

水体中重金属 Pb 的存在形态受 pH 影响较为显著（图 4-23）。乌梁素海水体中，当处于弱酸性环境时，水体中 Pb 主要以 $PbSO_4$ 形式存在；当处于中性–弱碱性环境时，主要以 $PbCO_3$ 形式存在；当处于碱性环境时，主要以 $Pb(OH)_2$ 和 $Pb(OH)_3^-$ 形式存在。

从图 4-23 中可知，水体 pH 处于最低值（pH=6）时，$PbSO_4$ 含量最高，约占 40%，其次为游离的 Pb^{2+}，$PbHCO_3^+$、$PbCl^+$、$PbCO_3$ 含量约占 8%，$Pb(OH)_2$ 含量几乎为零；主要由于水体此时处于弱酸性，H^+ 含量较高，不易生成 $Pb(OH)_2$，水体中 SO_4^{2-}、Cl^- 作为配位体，与 Pb^{2+} 的配合反应向正向进行，生成的 $PbSO_4$ 含量也较多；随着 pH 升高，$PbCO_3$ 含量逐渐增加，在 pH=8.5 附近时，含量达到最大值，约为 90%。从图 4-23 中还可以看出，在乌梁素海水体中 pH 为 7.5~9.0 时，$PbCO_3$ 稳定存在。随着 pH 继续升高，$PbCO_3$ 含量逐渐降低，OH⁻含量逐渐增加，溶液中的离子配位反应倾向于 OH⁻与 Pb^{2+} 的配合，使得 $Pb(OH)_2$ 含量逐渐增大，水体中 Pb 离子存在的络合平衡反应为 $Pb^{2+} + OH^- = PbOH^+$，$Pb^{2+} + 2OH^- = Pb(OH)_2$，$Pb^{2+} + 3OH^- = Pb(OH)_3^-$，因此，当 pH 增大到一定程度，$Pb^{2+}$ 与更多的 OH⁻继续反应，生成 $Pb(OH)_3^-$；当 pH 处于碱性状态（pH=11）时，$Pb(OH)_2$ 含量约占 40%，$Pb(OH)_3^-$ 约占 46%。

4）重金属 Cr 的存在形态随 pH 的变化

水体中重金属 Cr 属于典型的两性元素。当乌梁素海水体呈弱酸性时，Cr 主要以 $Cr(OH)_2^+$ 形式存在，含量约在 65%；其次是 $Cr(OH)^{2+}$ 形式，含量约占 30%；随着 pH 升高，$Cr(OH)_2^+$ 与 $Cr(OH)^{2+}$ 含量逐渐减少，$Cr(OH)_3$ 含量逐渐增加，水体处于中性–弱碱性环境时，$Cr(OH)_3$ 含量达到最大值，含量约在 99.5%，并趋于稳定状态；随着 pH 继续升高，$Cr(OH)_3$ 含量出现下降趋势，CrO_2^- 含量开始增加；当 pH 处于碱性状态（pH=11）时，CrO_2^- 含量约占 70%，$Cr(OH)_3$ 含量约占 25%。

5）重金属 Cd 的存在形态随 pH 的变化

水体中重金属 Cd 的存在形态变化受 pH 影响相对显著。乌梁素海水体处于弱酸–弱碱环境时，水体中 Cd 的主要存在形式为 $CdCl^+$、$CdCl_2$、$CdSO_4$ 以及游离 Cd^{2+}；水体处于碱性环境时，主要存在形式为 CdOHCl 和 $Cd(OH)_2$。

Cd^{2+} 在水环境中容易形成各种络合物，一般在没有任何阴离子配伍的情况下，水体中的 Cd 全部呈现+2 价离子态。在乌梁素海水体中存在 Cl^-、SO_4^{2-} 等阴离子配位体，Cd 及其化合物的化学性质近于 Zn 而异于 Hg，与邻近的过渡金属元素相比，Cd^{2+} 属于较软的酸，Cl^- 具有较低的电负性，根据软硬酸碱理论，在水体中易与 Cl^- 等生成络合离子 $CdCl^+$，乌梁素海水体中盐度较高，因此也存在着一定含量的 $CdCl_2$；因此，当水体处于弱酸性、中性及弱碱性时，$CdCl^+$、$CdCl_2$ 含量较高，$CdCl^+$ 含量约占 55%，$CdCl_2$ 含量约占 7%，含量也较为稳定。随着 pH 增高，水体处于碱性状态，OH⁻含量逐渐增加，Cd^{2+} 发生强水解反应，由于有 Cl^- 的存在，逐渐生成 CdOHCl，且含量逐渐增加，当 pH 达到 11 时，水体中 CdOHCl 含量达到 55%；同时随着 OH⁻含量增加，Cd^{2+} 发生水解反应也会

生成 $Cd(OH)_2$，含量约在 38%。

6）重金属 Hg 的存在形态随 pH 的变化

水体中重金属 Hg 的存在形态变化受 pH 影响相对显著。当乌梁素海水体处于弱酸–中性环境时，水体中 Hg 以 $HgCl_2$ 和 $HgCl_3^-$ 为主要存在形态，当水体处于碱性环境时，以 $Hg(OH)_2$ 为主要存在形态。

当水体 pH=6 时，相对处于酸性环境，水体中重金属 Hg 的主要存在形态 $HgCl_2$ 含量在 77%，$HgCl_3^-$ 含量在 20%。Hg^{2+} 易在水体中形成络合物，配位数一般为 2 和 4，在一般水体中 Hg^{2+} 作为路易斯酸可与作为路易斯碱的 Cl^- 形成一系列络合物 $HgCl_n^{2-n}$，乌梁素海水体盐化污染较为严重，水体中 Cl^- 含量较高，则形成了 $HgCl_2$ 和 $HgCl_3^-$，同时 $HgCl_2$ 和 $HgCl_3^-$ 络合物稳定常数较大，在弱酸性与中性环境中能够存在。随着 pH 逐渐升高，OH^- 含量逐渐增加，Hg^{2+} 发生水解反应，水解产物 $Hg(OH)_2$ 含量逐渐增加，Hg 形态分布中的 $HgCl_2$、$HgCl_3^-$ 及 $Hg(OH)_2$ 含量取决于作为配位体阴离子的种类和浓度等，当水体处于强碱环境时，OH^- 含量增加，所以此时 Hg 以水解产物 $Hg(OH)_2$ 为其主要存在形态。

7）重金属 As 存在形态随 pH 的变化

水体中重金属 As 属于典型的两性元素，存在形态变化受 pH 影响相对显著。由于乌梁素海水体各位点的氧化还原性不同，因此选择两个代表性采样点（K12 与 N13）进行分析，K12 点处于氧化性环境，N13 点处于还原性环境。从整体水环境层面分析，当乌梁素海水体处于弱酸环境时，水体中 As 主要以三价态的 H_3AsO_3 存在，当水体处于弱酸–中性以及中性–弱碱环境时，处于氧化性环境水体中的 As 主要存在形态是 $H_2AsO_4^-$ 和 $HAsO_4^{2-}$；处于还原性环境水体中的 As 主要存在形态为 H_3AsO_3 和 $HAsO_4^{2-}$；当水体处于强碱环境时，处于氧化性环境和还原性环境水体中的 As 主要存在形态都为 $HAsO_4^{2-}$。

4. 环境氧化还原性对重金属存在形态的影响

氧化还原电位表示水环境的氧化还原性，乌梁素海湖泊水体氧化还原电位值随着季节变化而发生的波动较大，最低值达到–367，最高值达到 370。在 PHREEQC 软件中，选择 pe 进行输入，因此需要利用公式将 Eh 转换为 pe。

模拟过程：水环境的其他条件为：pH=8，T=0.1℃，保持 pH 与温度不发生变化，只改变 pe，选取不同的代表值（pe 依次为–6、–5、–4、–3、–2、–1、1、3、4、5、6）对水体中重金属的存在形态进行模拟。分析结果如图 4-28 和图 4-29 所示，图中以重金属形态为横坐标，以重金属不同形态的百分含量为纵坐标。

1）重金属 Cu 的存在形态随 pe 的变化

水体中重金属 Cu 的存在形态受 pe 影响较大。从图 4-28 中可知，当水体为还原性时，Cu 离子主要以低价态形式存在，Cu^+ 属于"软"酸，Cl^- 具有较低的电负性，它与 Cl^- 络合时导致高的极化率，有利于电子强烈地转移到 Cu^+，Cu^+-Cl^- 的络合物具有高稳定性，因此当 pe 较低，处于–6~0 时，水体中以 $CuCl_2^-$ 含量最大，占 93.73%~95.24%；其次为 $CuCl_3^{2-}$，含量为 4.4%~4.5%；$Cu(OH)_2$ 配合物含量极低，几乎可以忽略。随着 pe 增大，氧化性逐渐增强，部分 Cu^+ 逐渐被氧化为 Cu^{2+}，此时，水中金属离子的水解作用占主导地位，重金属离子的水解作用即为金属离子和质子争取 OH^-，随 Cu^{2+} 含量逐渐增多，其争夺 OH^- 的能力也逐渐增强，从而 $Cu(OH)_2$ 的含量逐渐增加。pe 处于 1~6 时，$Cu(OH)_2$ 的含量从 1.48% 增至 93.94%。从图 4-28 中可以看出，$CuCO_3$ 的含量随着 pe 升高逐渐增大，变幅较大，但是含量较少，最高值仅为 4.85%，主要是由于此反应模拟的 pH 在 8 左右，Cu^{2+} 与 OH^- 的配合反应趋势增加，使得较多的 Cu^{2+} 与 OH^- 相结合，$CuCO_3$ 含量相对较低。因此，随着 pe 增大，水中重金属 Cu 的反应主要是水解反应，而配合反应的能力逐渐降低。

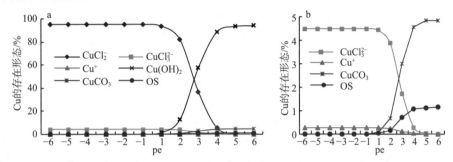

OS 包括 Cu^{2+}、$Cu(CO_3)_2^{2-}$、$CuCl^+$、$CuCl_2$、$CuCl_3^-$、$CuCl_4^{2-}$、$CuOH^+$、$Cu(OH)_3^-$、$Cu(OH)_4^{2-}$、$Cu_2(OH)_2^{2+}$、$CuSO_4$、$CuHCO_3^+$。

图 4-28　水体中重金属 Cu 的主要存在形态含量随 pe 的变化

2）重金属 As 的存在形态随 pe 的变化

水体中重金属 As 属于典型的两性元素，因此其存在形态的变化受 pe 的影响较为显著。从图 4-29 中可以看出，当水体处于强还原性时，As 在水体中基本以三价态存在，主要存在形式是 H_3AsO_3，含量在 97.8% 左右；其他存在形态为 $H_2AsO_3^-$，含量较低，在 2.3% 左右，二者几乎为 As 在强还原性环境下的全部存在形态。随着 pe 逐渐增大，H_3AsO_3 和 $H_2AsO_3^-$ 的含量逐渐减少，$HAsO_4^{2-}$ 和 $H_2AsO_4^-$ 的含量开始出现增大的趋势，当 pe=-1 时，三价态 As 的 H_3AsO_3 含量在 62.3% 左右，五价态 As 的 $HAsO_4^{2-}$ 含量增大到 35%；当 pe 开始出现正值，处于氧化性状态时，H_3AsO_3 含量迅速降低，当 pe=1 时，H_3AsO_3 含量几乎为零，五价态的 $HAsO_4^{2-}$ 和 $H_2AsO_4^-$ 的含量迅速增加，$HAsO_4^{2-}$ 达 95%，$H_2AsO_4^-$ 达 5.5%；随着 pe 继续增大，$HAsO_4^{2-}$ 和 $H_2AsO_4^-$ 含量基本保持不变，近乎平衡状态。因此，水体处于还原性状态，As 以 H_3AsO_3 和 $H_2AsO_3^-$ 占主导地位；当水体处于氧化性状态时，$HAsO_4^{2-}$ 和 $H_2AsO_4^-$ 占主导地位。

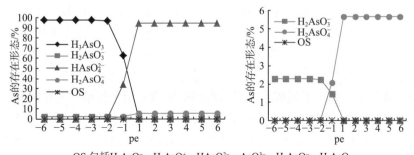

OS 包括 $H_2AsO_3^-$、$H_4AsO_3^+$、$HAsO_3^{2-}$、AsO_3^{3-}、$H_2AsO_4^-$、H_3AsO_4。

图 4-29　水体中重金属 As 的主要存在形态含量随 pH 的变化

3）重金属 Cr 的存在形态随 pe 的变化

水体中重金属 Cr 属于典型的变价元素，存在形态变化受 pe 的影响不显著。由于本次模拟初始条件的 pH 为采集水样的实际值，即 pH=8，此时水体中重金属 Cr 的存在形态主要为 $Cr(OH)_3$。当水体处于中性–弱碱性的条件下，三价铬可以转化为六价铬，其反应式为 $2Cr(OH)_2^+ + 3/2O_2 + H_2O = 2CrO_2^{2-} + 6H^+$，但是此反应速度极其缓慢，而且必须加入其他物质才能顺利进行，因此在此种条件下，三价铬与六价铬的转化相当困难。本次模拟反应的初始条件为水体处于弱碱性状态，此时随着 pe 的改变，其三价铬得电子的能力也会受限，反应速度比较慢，从而导致 pe 的变化对重金属 Cr 的形态变化不会有较大的影响，三价铬的含量变化极其微弱；六价铬在弱碱性水体中的含量极低，几乎可以忽略，所以虽然其含量有一定的变化，但与三价铬相比较微乎其微，可以忽略不计。因此，在水体处于弱碱性–中性状态下，氧化还原电位发生变化并不会对水体中重金属 Cr 的形态产生较大影响。

4）重金属 Zn、Pb、Cd 和 Hg 的存在形态随 pe 的变化

本次对重金属存在形态随氧化还原电位改变的模拟，初始条件的 pH 为采集水样的实际值（pH=8）此时水体中重金属 Zn 的存在形态为 Zn^{2+} 和 $ZnSO_4$，Pb 的存在形态为 $PbCO_3$，Cd 的主要存在形态为 $CdCl^+$、Cd^{2+} 和 $CdSO_4$，Hg 的主要存在形态为 $HgCl_2$、$HgCl_3^-$ 和 $Hg(OH)_2$。影响水中重金属存在形态的直接因素有水中金属离子的水解作用，水中溶解态无机阴离子含量，水中溶解有机物的含量以及水中悬浮物含量。水体的 pe 是指平衡状态下的电子活度，衡量的是溶液接受或提供电子的相对趋势，可作为电子有效性的一种度量。pe 越大，电子浓度越低，体系接受电子的倾向越大，反之，pe 越小，体系供给电子的倾向越大。从上述含义分析，水体 pe 发生改变，实质上是重金属元素得失电子的过程，重金属元素得失电子，必定会影响元素的化合价态。但是重金属 Zn、Pb、Cd 的价态是稳定的，属于单一价态元素，正常情况下是不发生改变的。因此，随着 pe 改变，重金属 Zn、Pb、Cd 的存在形态没有发生改变。

5. 乌梁素海重金属污染治理建议

以上对乌梁素海水体重金属存在形态及在此基础上对不同温度、pH、pe 条件下重金属存在形态的变化趋势做出了分析，根据本研究结果及湖泊重金属防治的经验，对乌梁素海重金属的治理提出如下对策与建议。

在摸清乌梁素海重金属元素在湖泊水体中的各种存在形态的基础上进行重金属的污染治理。湖泊水环境的温度、酸碱性、氧化还原性会对重金属元素的存在形态产生不同程度的影响，根据 PHREEQC 软件所进行的各种环境指标控制下不同形态重金属元素存在比例的模拟，选择合适的方法降低重金属元素的污染风险。例如，乌梁素海冬季水体中重金属汞的含量超出了地表水 I 级标准和国家渔业用水标准，甚至 50% 的监测点超出了地表水 IV 级标准，通过 PHREEQC 软件分析可知水体中毒性较大的 $HgCl_2$ 含量较高，占总量的 9.78%~41.22%，此外，含汞水体中存在有较高含量的 Cl^- 时，易于形成 Hg^{2+}-Cl 络合离子，使可溶汞含量增加，也会增加其毒性。乌梁素海水体盐化污染较为严重，其

Cl 浓度相对较高，也会对水体造成一定的汞污染，因此需要采取一定的措施防止 $HgCl_2$ 的生成。从 PHREEQC 分析结果可知，当水体处于碱性环境时，水体中重金属汞是以 $Hg(OH)_2$ 为主要存在形态的，$Hg(OH)_2$ 的毒性比 $HgCl_2$ 小 20 倍，因此，可以采取一定方式将 pH 控制在弱碱性–碱性，从而抑制 $HgCl_2$ 的生成，使更多的汞转化为 $Hg(OH)_2$，从而降低水体中汞的危害与风险。对于 As，虽然其含量在水体中较低，但其受外界环境的影响较大；目前乌梁素海冬季水体中 As 的主要形式为五价态的 $HAsO_4^{2-}$，而部分采样点的形态主要为三价态 H_3AsO_3，重金属砷对人体具有较强的毒性，砷的低氧化态比高氧化态的毒性更大，即 As^{3+} 比 As^{5+} 毒性大，对于人体而言，亚砷酸比砷酸的毒性大 60 倍。因此，需要采取一定的措施防止三价砷的生成。从 PHREEQC 分析结果可知，水体中砷的形态主要受氧化还原电位（Eh）和酸碱性（pH）控制，在氧化环境中，水体处于弱酸–中性以及中性–弱碱环境时，五价砷占优势；当水体处于强碱环境下的氧化性环境或还原性环境的水体中砷的主要存在形态都为五价砷，因此，可通过一定的措施使得水体处于氧化环境，并将 pH 控制在中性–碱性之间，从而抑制三价砷的生成，使得更多的砷转化为毒性小的五价砷，降低水体中砷的危害与风险。

4.3　基于 EFDC 模型和 CE–QUAL–ICM 模型的水质模拟

目前，水质问题一直是数值模拟的主要方向。水动力模型和富营养化模型的结合，已成为水环境研究者的共同研究目标，同时也是水质模型中研究的热点和难点。研究水质模型不仅需要大量的、连续的实测结果，也需要基础理论的不断完善和提高。因此，本章基于 EFDC 模型和 CE-QUAL-ICM 模型，对乌梁素海流场、藻类以及营养盐浓度等进行了模拟研究，参照地表水环境质量标准（GB 3838-2002），以 V 类水质标准为模拟模型的污染负荷输入条件，以此来反映湖区内藻类及营养盐浓度的变化趋势，为改善乌梁素海水质条件提供了一定的参考和建议。

4.3.1　水质模型计算简介

1. EFDC 模型

EFDC（environmental fluid dynamics code）模型是在美国国家环保署资助下由威廉玛丽大学海洋学院弗吉尼亚海洋科学研究所（VIMS，Virginia Institute of Marine Science at the College of William and Mary）的 John Hamrick 等根据多个数学模型集成开发研制的综合水质数学模型，经过 10 多年的发展和完善，目前模型已在一系列大学、政府机关和环境咨询公司等广泛使用，并成功用于美国和欧洲其他国家 100 多个水体区域的研究，成为环境评价和政策制定的有效决策工具，是世界上应用最广泛的水动力学模型（Hamrick，1992）。

EFDC 模型是美国国家环保署（USEPA）推荐的三维地表水水动力模型，可实现河流、湖泊、水库、湿地系统、河口和海洋等水体的水动力学和水质模拟，是一个多参数有限差分模型（Daniel，1999；Moustafa and Hamrick，2000；Wool et al，2003）。EFDC

模型采用 Mellor-Yamada 2.5 阶紊流闭合方程，根据需要可以分别进行一维、二维和三维计算（Jin et al，2002；Kuo et al，1996）。模型包括水动力、水质、有毒物质、底质、风浪和泥沙模块（陈景秋等，2005；陈异晖，2005；王建平等，2006），用于模拟水系统一维、二维和三维流场、物质输运（包括水温、盐分、黏性和非黏性泥沙的输运）、生态过程及淡水入流，可以通过控制输入文件进行不同模块的模拟。模型在水平方向采用直角坐标或正交曲线坐标，垂直方向采用 σ 坐标变换，可以较好地拟合固定岸边界和底部地形。在水动力计算方面，动力学方程采用有限差分法求解，水平方向采用交错网格离散，时间积分采用二阶精度的有限差分法，以及内外模式分裂技术，即采用剪切应力或斜压力的内部模块和自由表面重力波或正压力的外模块分开计算。外模块采用半隐式三层时间格式计算，因传播速度快，所以允许较小的时间步长。内模块采用考虑了垂直扩散的隐式格式，传播速度慢，允许较大的时间步长，其在干湿交替带区域采用干湿网格技术。该模型提供源程序，可根据需要对源程序进行修改，从而达到最佳的模拟效果。本研究将采用二维 EFDC 模型进行流场和水质模拟计算。

EFDC 模型主要包括六个部分：①水动力模块；②水质模块；③底泥迁移模块；④毒性物质模块；⑤风浪模块；⑥底质成岩模块。EFDC 水动力学模型包含 6 个方面：水动力变量、示踪剂、温度、盐度、近岸羽流和漂流。水动力学模型输出变量可直接与水质、底泥迁移和毒性物质等模块耦合。

对于 EFDC 的水质模块，EFDC 模型不仅考虑了风速、风向（以来风方向为基准，规定正东方向为 0°，正北方向为 90°）和蒸发对流场和污染物质迁移转换的影响，也考虑了不同水生植物类型的形态分布特征及波浪对底部应力的影响。同时 EFDC 模型能够实现碳、氮、磷等营养物质多种形态的模拟，是一个比较完善的水质模型，能够真实地反映污染物质扩散降解规律。

2. CE–QUAL–ICM 模型

CE–QUAL–ICM 由美国陆军工程兵团水体试验基地的 Carl F. Cerco 和 Thomas Cole 等开发。ICM 代表集成网格模型，该模型的建立最初是为了应用于美国弗吉尼亚的切萨皮克湾（Chesapeake Bay），它能模拟一维、二维、三维水体结构，能够模拟大量的水质变量，例如，不同种类藻、不同形态碳、不同形态氮、不同形态磷、不同形态硅、化学需氧量、溶解氧、盐度、温度、金属等，对于这些状态变量可以根据需求进行开关设置。但它本身没有水动力模块，所以必须从别的模型中获得流量、扩散系数和蓄水量等信息。在指定观测资料和子程序的基础上，能够模拟计算底质–水界面的氧和营养盐的转化通量。如果在计算过程中计算机突然中断或发生其他类似的情况，由于程序中设置了热启文件，重新启动计算机后可以继续计算，有效避免了重新计算的发生。模型对于输入输出文件没有固定时间步长的限制，可以根据实际情况任意设定时间步长，这是该模型的又一大优势。

模型由主程序、输入输出文件和子程序组成，在处理大量输入输出文件的时候，主程序和子程序根据各自功能都能够执行读入写出的任务。模型的主程序包括 3 个基本的功能：①对于模型运行的输入输出文件能够制定详细的说明；②三维质量平衡方程的解法；③处理指定的期望输入输出文件。在大部分应用中它与美国陆军工程兵团的另一个水动力模型 CH3D–WES（曲线网格水动力三维模型）合用，它是目前世界上发展程度最高的三维模型之一。

CE–QUAL–ICM 模型以浮游植物和水生生物的生长动力学为核心，以碳、氮、磷这 3 个主要元素的比例反映浮游植物和水生生物与水体环境中营养盐之间的竞争转化关系。模型不仅考虑了浮游植物的三种藻类（蓝藻、绿藻和硅藻）以及用不同的动力学参数、半饱和常数、新陈代谢速率等影响因子加以区别，还考虑了有机营养盐在矿化过程中根据降解速率的不同分为难分解（refractory）的营养盐、易分解（labile）的营养盐和溶解（dissolved）的营养盐。

4.3.2　乌梁素海水质模型计算条件

模拟湖泊水质变化过程需要一系列的基本条件（边界条件、初始条件等）。本研究中模型需要的边界条件包括：开边界处各水质变量（氮、磷、叶绿素、COD、BOD_5、DO 等）的浓度、气象因子（气压、湿度、降雨、蒸发、温度、风速、风向等）、入湖流量、水体温度。初始条件为湖区各网格处水生植物分布、湖区各网格水体的初始水温、初始水质变量浓度等。模型输出文件包括水质变量浓度、流速、流向、水深等。

对于乌梁素海而言，由于平均水深只有 1m 左右，相比平面尺寸来讲很小，可以认为沿水体垂直方向掺混比较均匀，用垂向平均化的二维不可压缩、紊流流动的运动方程来描述流场和水质浓度的变化过程是较为合理的。

1. 入湖流量

乌梁素海主要补给水源来自总排干渠道。从图 4-30 可以看出 2006 年 4 月~2008 年 10 月总排干入湖日均流量的变化过程，每年 10 月和 11 月排水量明显高于其他月份，主要因为该阶段是河套灌区秋浇排盐时期，排水量明显增大，入湖水量最小的时期为冬季，该时期乌梁素海的补给水源主要是地下水、工业废水和生活污水，没有河套灌区的农田排水。

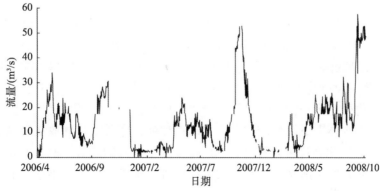

图 4-30　2006 年 4 月~2008 年 10 月入湖流量日均变化过程

2. 入湖污染负荷

图 4-31 和图 4-32 分别为 2006 年 4 月~2008 年 10 月总磷、总氮的入湖浓度。

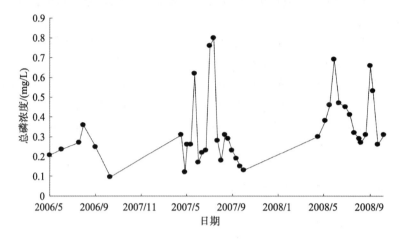

图 4-31　2006 年 4 月~2008 年 10 月入湖总磷变化过程

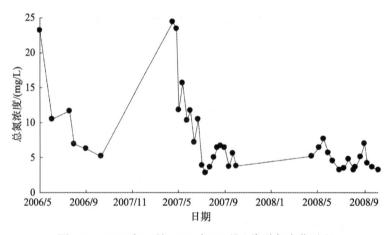

图 4-32　2006 年 4 月~2008 年 10 月入湖总氮变化过程

　　从图 4-31 和图 4-32 可以看出，该区间总磷、总氮平均浓度分别为 0.33mg/L 和 7.62mg/L，总磷浓度将达到地表水环境质量 V 类（0.2mg/L）标准（GB 3838-2002）的 2 倍，总氮浓度已超过地表水环境质量 V 类（2mg/L）标准（GB 3838-2002）的 3 倍。从 3 年来入湖氮磷浓度变化趋势还可以看出，氮磷浓度均在 5 月、6 月达到高峰期，这与 该时期水生植物处于生长初期，对氮磷吸收利用缓慢不无关系，另外，该时期温度升 高，风速加大，水体上下混合较均匀，水动力加强，底质大量释放氮磷也是一个重要 因素。从 3 年的变化趋势可以看出，总磷处于逐年上升的趋势，而总氮处于逐年下降 的趋势，主要与人们生活水平提高、大量使用含磷洗涤剂以及乌梁素海上游许多工厂 水质未达标排放有关。

　　图 4-33 和图 4-34 分别为 2006 年 4 月~2008 年 10 月 COD 入湖浓度、入湖口电导率监测值。由图 4-33 可以看出，3 年来 COD 入湖浓度均值为 85mg/L，已超过地表水环境质量 V 类（40mg/L）标准（GB 3838-2002）的 2 倍，表明乌梁素海有机污染十分严重。3 年的 COD 变化趋势并不明显，但每年 5 月、6 月的 COD 值要高于 10 月，表明春夏季排入乌梁素海还原性有机物含量高于秋季。图 4-34 反映了近 3 年来入湖断面电导率变化过程，从图中可以看出各年电导率变化趋势不大，大部分监测值在 2~3ms/cm，每年 4月、5 月的值较高。

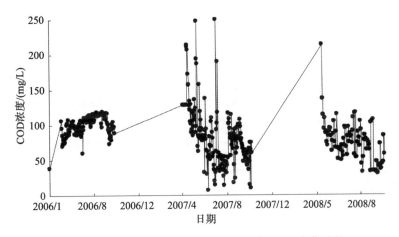

图 4-33　2006 年 4 月~2008 年 10 月入湖 COD 变化过程

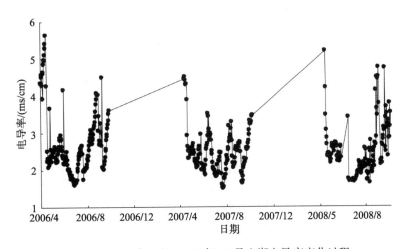

图 4-34　2006 年 4 月~2008 年 10 月入湖电导率变化过程

3. 计算时段及时间步长

　　本文模拟的时间段为 2006 年 4 月 16 日~2007 年 10 月 21 日，总计 554 天，以天为单位进行模拟计算，1440 个时间步长，每个时间步长为 60s。

4.3.3　乌梁素海水质模型计算

1. 斜对角笛卡尔坐标生成方法

斜对角笛卡尔方法的基本原则为就近逼近原则,将距实际水域边界线最近的网格节点连成线并以此拟合实际边界线。但实际过程中,水体边界线是变化不定的,对于这种动边界,可依据网格节点间水深的干湿变化和水深值,并参照相应网格节点间的地形高差,就可以判别距离实际水边界线较近的网格节点,合并纵横向的拟合网格节点,即可形成拟合瞬时水边界线。

图 4-35 为锯齿法和斜对角法拟合水体边界线的比较。从图中可以看出,锯齿法拟合实际水体边界线时具有明显的锯齿形状,而斜对角笛卡尔方法与实际水体边界线拟合较好,其最大误差约为网格间距的一半,且随着网格间距的缩小拟合效果更为精细(Lin et al,1998)。斜对角法较锯齿法拟合效果更接近实际情况,能够使流场流线更精确。

使用模型计算某区域生成的平面斜对角笛卡尔网格时,是按照图 4-36 中粗实线所示的水体边界计算单元进行的,图 4-36 是采用平面斜对角笛卡尔方法对水体边界进行

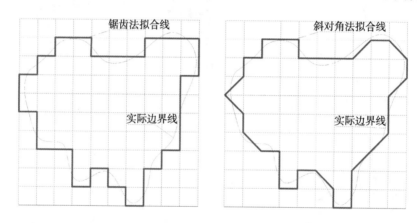

图 4-35　锯齿法与斜对角法边界拟合对比图

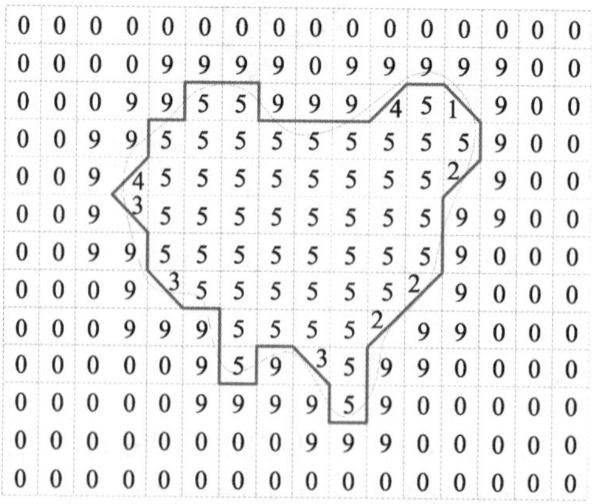

图 4-36　平面网格标志示意图

逐步逼近得到的，图中的细实线为单元网格线，曲线为实际水体边界线，粗实线内部即为模型实际计算区域。为标注不同的区域，在程序计算时采用网格标记区分，将网格分为 6 种形式，用数字区分，1、2、3、4 分别代表不同的三角方向，用来判别三角形边界的 4 种位置，数字 5 表示水体计算区域网格，数字 9 表示边界点，数字 0 表示没有水的区域，即陆地部分。

2. 网格的剖分

网格剖分是建模过程中十分重要的步骤，它将直接影响模型的稳定性、收敛性和计算精度。本文选取整个乌梁素海为计算区域，根据 2006 年 6 月的遥感影像图，通过地理信息配准后生成计算网格。如图 4-37 所示，边界处采用斜对角笛卡尔坐标方法处理，将建模区域以 350m×350m 的网格进行剖分，剖分网格数目为 67×111，实际计算网格数目为 2430 个。

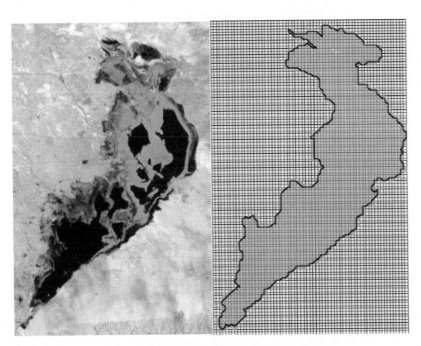

图 4-37 乌梁素海遥感影像图及网格剖分

3. 模型的主体文件

对水质模型来说，控制文件是十分重要的输入文件，本研究模型中主要的输入输出文件如表 4-11 所示。

4. 湖泊水动力模拟

模拟水动力过程是模拟污染物质浓度的重要基础，它决定了物质的迁移转化过程，乌梁素海水深很小，且该流域风速大，因此风对水面剪应力的影响起主导作用。

表 4-11　乌梁素海水质模型主要输入输出文件

文件名	文件类型	文件功能
EFDC.EXE	可执行程序文件	由编译代码后产生，是模型运行的控制文件
EFDC.INP	模型主输入文件	该文件包括运行控制参数、输出控制参数和模型物理信息的描述、控制加减各模块开关等功能，是 EFDC 的主要控制文件
WQ3DWC.INP	水质模块主输入文件	该文件包括水质模块运行的控制参数、输出控制参数等功能，是 EFDC 水质模块的主要控制文件
CELL.INP	单元格信息文件	将湖面轮廓数字化。所有网格均赋予整型变量以表征其类型。例如：5 代表湖面，0 代表陆地，9 代表水陆交界，程序计算时根据不同的数字辨认水体或陆地
CELLLT.INP	单元格信息文件	用以申明 CELL.INP 文件的一部分，通常不包括入湖口和出湖口的湖面轮廓数字矩阵。若入湖口和出湖口发生变化时，只需集中在 CELL.INP 上修改即可
DXDY.INP	单元格信息文件	指定不同水平单元格间距、水深、湖底高程、湖底粗糙度和植被类型信息
LXLY.INP	单元格信息文件	存放网格中心坐标和旋转矩阵信息
QSER.INP	时间序列文件	存放出/入流流量的时间序列
WQPSL.INP	时间序列文件	存放入流污染物质的负荷的时间序列文件
ASER.INP	时间序列文件	存放降雨、蒸发、辐射等气象因子的时间序列文件
TSER.INP	时间序列文件	存放入流水体水温的时间序列文件
WSER.INP	时间序列文件	存放湖面风速、风向的时间序列文件
VEGE.INP	植被信息文件	存放不同植被类型的形态特征参数
SHOW.INP	运行显示控制文件	程序运行过程中显示的网格点输出信息文件
WQWCTS.OUT	输出序列文件	存储所有水体单元格水质模拟结果的文件
VELVECH.OUT	输出序列文件	存储所有水体单元格流场模拟结果的文件
BELVCON.OUT	输出序列文件	存储所有水体单元格水深模拟结果的文件

以 2006 年 5~10 月流速的实测资料对模型参数进行率定，以 2008 年 6 月、8 月和 10 月资料对模拟模型进行验证。动力学过程主要参数率定结果为：糙率加数因子为 0.025，糙率乘数因子为 0.5，水平分动量扩散率为 0.001m²/s，分子动力黏度系数为 $1 \times 10^{-4}\text{m}^2/\text{s}$，分子扩散系数为 $1 \times 10^{-6}\text{m}^2/\text{s}$。表 4-12 列出了不同时段各监测点流速的实测值与模拟值，因没有流向验证数据，所以表中只列出流速大小结果。从表 4-12 可以看出，3 个月各点流速模拟值与实测值误差在 10%左右的测点超过一半，总体看来，除个别测点（N13、Q10）外，各测点模拟值与实测值误差在 25%以内，经计算不同月份各测点平均误差都在 15%以内。从不同时段分析，10 月模拟结果好于 6 月和 8 月，各测点误差都在 20%以内，分析其原因，主要是由于 10 月排水量明显高于其他月份，湖面水位升高，受水生植物阻碍水体流动的影响变小，且该时期大量水生植物枯萎死亡并沉于湖底，对表层流速影响微弱。以上分析表明所建水动力模型能够较为精确地模拟水体流动情况，具有很好的预测功能，并能反映入湖流量的多少对水流流速大小的影响。

表 4-12　流速模拟结果及误差

取样代码	2008 年 6 月			2008 年 8 月			2008 年 10 月		
	实测值	模拟值	误差/%	实测值	模拟值	误差/%	实测值	模拟值	误差/%
I12	0.162	0.178	9.88	0.131	0.149	13.74	0.118	0.118	0.00
J11	0.171	0.189	10.53	0.135	0.121	−10.37	0.336	0.298	−11.31
J13	0.148	0.163	10.14	0.160	0.173	8.12	0.223	0.246	10.31
K12	0.141	0.109	−22.70	0.210	0.247	17.62	0.327	0.387	18.35
L11	0.137	0.122	−10.95	0.139	0.125	−10.07	0.253	0.268	5.93
L13	0.256	0.209	−18.36	0.157	0.143	−8.92	0.286	0.316	10.49
L15	0.225	0.220	−2.22	0.142	0.112	−21.13	0.226	0.207	−8.41
M12	0.247	0.226	−8.50	0.152	0.167	9.87	0.260	0.298	14.62
M14	0.152	0.149	−1.97	0.147	0.155	5.44	0.285	0.343	20.35
N13	0.274	0.285	4.01	0.030	0.041	36.67	0.286	0.319	11.54
O10	0.152	0.138	−9.21	0.126	0.117	−7.14	0.220	0.197	−10.45
P9	0.132	0.117	−11.36	0.080	0.073	−8.75	0.515	0.416	−19.22
P11	0.111	0.115	3.60	0.040	0.050	25.00	0.366	0.398	8.74
Q8	0.146	0.169	15.75	0.110	0.125	13.64	0.143	0.168	17.48
Q10	0.126	0.158	25.40	0.060	0.077	28.33	0.186	0.187	0.54
R7	0.141	0.121	−14.18	0.150	0.134	−10.67	0.375	0.345	−8.00
S6	0.163	0.187	14.72	0.151	0.146	−3.31	0.362	0.387	6.91
T5	0.131	0.159	21.37	0.155	0.165	6.45	0.313	0.298	−4.79
U4	0.134	0.162	20.90	0.209	0.179	−14.35	0.442	0.354	−19.91
V3	0.160	0.180	12.50	0.197	0.248	25.89	0.413	0.457	10.65
W2	0.153	0.178	16.34	0.251	0.289	15.14	0.223	0.242	8.52

5. 模型参数敏感性分析

模型的参数是建立和应用模型的重要指标之一，对模型的模拟结果起着至关重要的作用。模型参数敏感性分析是指从众多不确定性因素中找出对模型模拟结果有重要影响的敏感性因素，它是建模过程中的重要环节，不仅可以反映各参数变化对模型结果变化的影响程度，而且大大提高了参数率定工作的效率。当某一参数敏感度高时，那么可变动的范围相对就小，反之，参数可变动的范围就很大。

水质浓度对模型中各参数的敏感性，可定义为参数变化一个单位，水质浓度变化大小的程度。模型参数对模型结果的影响可用方程式表示：

$$C_i = f(x_j) \tag{4-7}$$

式中，C_i 表示第 i 种水质浓度，$i = 1, 2, 3 \cdots m$；x_j 表示模型中第 j 项参数，$j = 1, 2, 3 \cdots n$。则第 i 种水质浓度相对变化量可表示为：

$$\frac{\Delta C_i}{C_i} \approx \frac{\Delta x_j}{x_j} \cdot \frac{x_j}{C_i} \cdot \frac{\partial C_i}{\partial x_j} \tag{4-8}$$

根据导数定义，$\dfrac{\partial C_i}{\partial x_j}$ 可表示为：

$$\frac{\partial C_i}{\partial x_j} \approx \frac{f\left(x_j + \Delta x_j\right) - f\left(x_j\right)}{\Delta x_j} \tag{4-9}$$

公式（4-9）经过变形得：

$$\frac{x_j}{C_i} \cdot \frac{\partial C_i}{\partial x_j} \approx \frac{\Delta C_i / C_i}{\Delta x_j / x_j} \tag{4-10}$$

式中，$\dfrac{\Delta C_i / C_i}{\Delta x_j / x_j}$ 称为相对敏感系数，参数敏感性分析可以了解参数变化范围对模拟结果的影响程度。本研究在其他参数取值不变的条件下，对一种参数进行调整，变化范围取 ±25%，从而确定各种参数的灵敏度。模型中水质浓度的相对变化量对各水质参数的相对变化量的敏感度分析结果如表 4-13 所示。从表 4-13 可以看出，在藻类生物量循环过程中，藻类生长速率和沉积速率对叶绿素浓度影响很大，相对敏感度在 2.1~15.64。对于藻类沉积速率，当其减少 25%时，模拟输出值与原模拟值相比，叶绿素最大增加百分比达 390%左右，反之，当其增加 25%时，叶绿素最大减少百分比达 99.0%左右；对于藻类生长速率，调整其正负数值，模拟输出结果与原模拟值相比，叶绿素最大增减百分比可达 50%~80%，表明叶绿素浓度对藻类沉积速率和生长速率的变化很敏感。但藻类新陈代谢速率和被捕食速率对叶绿素浓度影响很小，相对敏感度很低，均小于 1。另外，藻类生长吸收氮磷的半饱和浓度对叶绿素浓度影响都很小，无论调整其正负 25%，其相对敏感度几乎都在 0.5 以下，表明藻类吸收氮磷的半饱和浓度参数对富营养化模型藻类生物量循环过程并不是敏感因素。藻类生长所需日照强度是藻类生长的必要条件之一。从表 4-13 中还可以看出，藻类生长的最佳日照强度增加 25%时，模拟输出结果与原模拟值相比，叶绿素最大减少值达 56%左右，而当藻类生长的最佳日照强度减少 25%时，模拟输出结果与原模拟值相比，叶绿素最大增加值达 105.6%左右，表明叶绿素生长对光照的敏感度很高，且当光照达到一定程度后，会抑制藻类的生长。

复氧系数 K2 由 O'Connor-Dobbins 根据液膜理论进行计算，复氧系数的增减对溶解氧的增减影响较大，表明大气复氧是湖泊水体中氧气来源的主要途径。COD 降解所需氧的半饱和常数和 COD 降解速率的变化对 COD 模拟结果影响很大，表明该两项参数对模型的模拟结果而言，敏感度很高。模型参数最大硝化速率对硝态氮含量的敏感性也较高。

总之，经过模型的参数敏感度分析，在模型模拟调参过程中，敏感度大的参数对模拟结果有决定性的作用，因此要减小调参步长，以尽量减少模型输出结果的不确定性，以此提高模型的精度。这样，不仅可以提高模型模拟的效率，同时也可以加强模型的适用性。

表 4-13　模型参数对水质指标的敏感度分析

模型参数	参数率定值	参数增减量/%	被影响水质指标	最大水质指标增减量/%	相对敏感度
	x_j	$\Delta x_j / x_j$		$\Delta C_i / C_i$	$\dfrac{\Delta C_i / C_i}{\Delta x_j / x_j}$
K2	0.35	25	溶解氧	29.2	1.17
		−25	溶解氧	−25.8	1.03
KHCOD	1	25	化学需要量	73.3	2.93
		−25	化学需要量	−46.2	1.85
KCD	0.01	25	化学需要量	−38	−1.52
		−25	化学需要量	60.8	−2.43
I_0	300	25	叶绿素 a	−56.3	−2.25
		−25	叶绿素 a	105.6	−4.22
KHN	0.3	25	叶绿素 a	9.2	0.37
		−25	叶绿素 a	−8.9	0.36
KHP	0.026	25	叶绿素 a	6.7	0.27
		−25	叶绿素 a	−0.9	0.04
PM	2	25	叶绿素 a	84.7	3.39
		−25	叶绿素 a	−52.4	2.1
BM	0.03	25	叶绿素 a	13.2	0.53
		−25	叶绿素 a	−12.6	0.5
PRR	0.11	25	叶绿素 a	−6.94	−0.28
		−25	叶绿素 a	7.15	−0.29
WS	0.1	25	叶绿素 a	−99.6	−3.98
		−25	叶绿素 a	391	−15.64
RNITM	0.05	25	硝态氮	27.6	1.1
		−25	硝态氮	−37.9	1.52

6. 模型参数率定

一般模型中涉及的参数众多，无法对每一个参数做实际测定和现场调查，因此，需要借助文献提供的相关参数范围结合其他研究结果给定一个起始参数值，然后根据实际情况反复试算得到一组较好的参数值。对于本模型涉及的参数，其取值主要通过相关实验数据、参考文献和模型率定等方式联合确定。模型中涉及的主要参数如表 4-14 所示。从表 4-14 中的参数可以看出，藻类生长与许多物理的、化学的因素有关，如光照强度、温度和描述藻类生物量循环的因素等。藻类生长所需氮、磷的半饱和浓度，表示藻类为满足自身的生长对营养盐的需求量。从表中还可以看出，模型很详细地描述了被捕食条件下和新陈代谢条件下所产生的不同形态氮磷的量以及不同形态氮磷的水解速率。

7. 乌梁素海水质模型的验证以及水生植物对模拟结果的影响

内蒙古乌梁素海不仅是北方干旱地区长有大量水生植物的草型湖泊，也是河套灌区流域受富营养化污染、有机污染和盐化污染都十分严重的藻型湖泊，湖内芦苇面积占全

表 4-14 模型主要参数率定

模型参数	参数含义	率定结果	参数单位
K2	复氧系数	0.35	day^{-1}
KHCOD	COD 降解所需氧的半饱和常数	1	mg/L O$_2$
KCD	COD 降解速率	0.01	day^{-1}
I$_0$	水体表面处藻类生长的最佳光照强度	300	Langley/day
KHN	藻类生长吸收氮的半饱和常数	0.3	mg/L
KHP	藻类生长吸收磷的半饱和常数	0.026	mg/L
PM	藻类生长速率	2	day^{-1}
BM	藻类新陈代谢速率	0.03	day^{-1}
PRR	藻类被捕食速率	0.11	day^{-1}
WS	藻类沉积速率	0.1	m/day
RNITM	最大硝化速率	0.05	gN/(m^3/day)
KRP	难溶解有机磷颗粒的最小水解速率	0.0045	day^{-1}
KLP	易溶解有机磷的最小水解速率	0.025	day^{-1}
KDP	溶解态有机磷的最小水解速率	0.1	day^{-1}
KRN	难溶解有机氮颗粒的最小水解速率	0.003	day^{-1}
KLN	易溶解有机氮的最小水解速率	0.003	day^{-1}
KDN	溶解态有机氮的最小水解速率	0.05	day^{-1}
CChl	碳对叶绿素的比例	0.045	mg C/μg Chl
ANC	氮对碳的比例	0.3	
FPRP，FPLP	被捕食产生的 RPOP、LPOP、DOP	0.10，0.20	FPRP + FPLP +
FPDP，FPIP	和无机磷的分配系数	0.40，0.30	FPDP + FPIP = 1
FPR，FPL	新陈代谢产生的 RPOP、LPOP、DOP	0.0，0.0	FPR + FPL +
FPD，FPI	和无机磷的分配系数	1.0，0.0	FPD + FPI = 1
FNRP，FNLP	被捕食产生的 RPON、LPON、DON	0.30，0.50	FNRP + FNLP +
FNDP，FNIP	和无机氮的分配系数	0.10，0.10	FNDP + FNIP = 1
FNR，FNL	新陈代谢产生的 RPON、LPON、DON	0.0，0.0	FNR + FNL +
FND，FNI	和无机氮的分配系数	1.0，0.0	FND + FNI = 1

湖面积的 44%左右，夏季湖面漂浮着大量的水藻，导致明水区域面积不断减少。乌梁素海水生植物区域与明水区域呈现出无规律的相间分布状态，给模型模拟计算带来了很大困难。为解决这一问题，模型不仅考虑了风速、蒸发、辐射、气压等气象因素，更为重要的是考虑了各类水草密度、高度、直径等形态指标。根据 2006 年卫片解译结果，将存在水生植物的区域以模型剖分后的网格代码来标识，以此来区分水生植物和明水区域。为具体表明水生植物的分布对湖内各水质指标的影响程度，本研究以 2006 年和 2007年实测数据为基础，以湖泊中心点 O10 为验证点，模拟过程中将考虑水生植物和未考虑水生植物的模拟结果与实测结果进行了对比，如图 4-38~图 4-45 所示。从各图的模拟结果可以看出，考虑水生植物分布后，各水质指标浓度过程线与实测浓度变化趋势基本一致，模型模拟结果与实测结果吻合较好，而未考虑水生植物的模拟结果未能反映实测浓

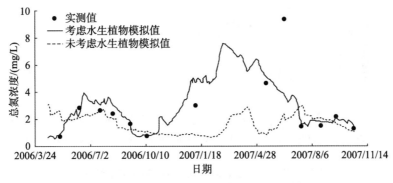

图 4-38　水生植物对总氮模拟结果的影响

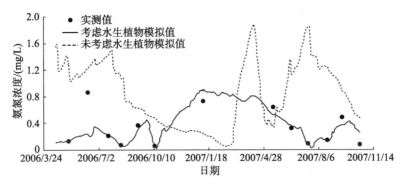

图 4-39　水生植物对氨氮模拟结果的影响

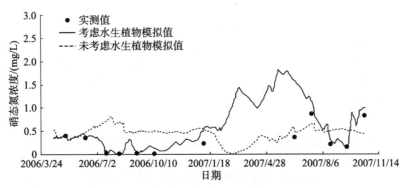

图 4-40　水生植物对硝态氮模拟结果的影响

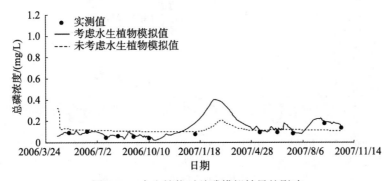

图 4-41　水生植物对总磷模拟结果的影响

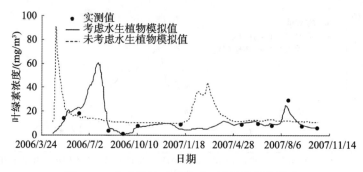

图 4-42　水生植物对叶绿素 a 模拟结果的影响

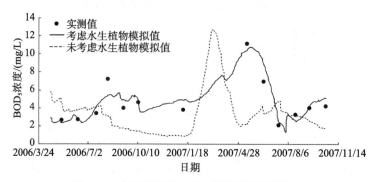

图 4-43　水生植物对 BOD₅ 值模拟结果的影响

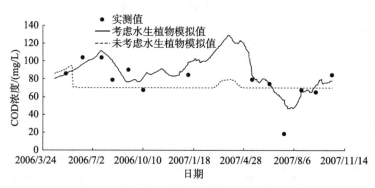

图 4-44　水生植物对 COD 值模拟结果的影响

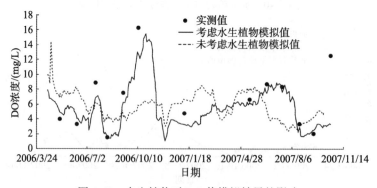

图 4-45　水生植物对 DO 值模拟结果的影响

度的变化趋势，表明湖泊中水生植物对各水质指标的影响很大，建立的模型必须考虑水生植物的空间分布。未考虑水生植物影响的富营养化模型模拟效果不佳，而考虑水生植物影响后，模拟的各水质指标误差精度基本都在30%以内，表明模拟效果较优。

氨氮和硝态氮模拟效果较好，基本能够反映出动态趋势，整个模拟过程中，氨氮浓度在7月和8月出现低谷，硝态氮最低浓度出现的时间比氨氮最低浓度出现的时间滞后，分析其原因主要是因为藻类的光合作用在氮源的选择上会首先吸收氨氮，当氨氮浓度下降到一定程度时，藻类才会吸收硝态氮，因此，使得氨氮最低浓度值出现在7月和8月，而硝态氮浓度低谷值出现在8月和9月。

乌梁素海藻类快速繁殖期在7月、8月左右，在模型中以叶绿素 a 来代表藻类。叶绿素 a 浓度会受到氮磷等营养盐的影响，7月、8月是藻类大量吸收水体中各类营养盐的阶段，因此导致总磷、氨氮和硝态氮等营养盐在该时期出现了最低值。进入秋季以后，随着温度的降低、光照强度的减弱，藻类浓度不断下降。从浓度的变化趋势可以看出，总氮浓度峰值出现在4月、5月左右，主要是因为春季温度回升，日照增强，冬季死亡的藻类及其他水生植物的尸体开始水解矿化，加之该时段是全年风力最大的时期，水动力加强，水体上下交换频繁，底泥释放各类营养元素加强，导致该时期水体中总氮浓度升高。

COD 和 BOD$_5$ 模拟结果的动态过程十分相似，其峰值出现在5月左右，5月是水生动植物十分活跃的时期，水体内耗氧较大。而水体中溶解氧峰值出现的时期与 COD 和 BOD$_5$ 低谷值出现的时期基本吻合，表明所建立的富营养化模型能够较好地反映乌梁素海有机污染的动态过程，能够为防治乌梁素海有机污染提供一定的参考。

各水质指标在2007年1月9日的模拟结果几乎都不理想，模拟误差基本都超过了30%。分析误差原因，主要是该时期处于冰冻期，尽管笔者考虑了该时期模型输入条件的变化（降雪、蒸发、风速、风向），但由于在1月湖泊水体表层结冰，水动力条件和边界条件都发生了根本的改变，冰层底部水体受到压力的影响与非冻期的水动力特征明显不同，而模型本身尚未考虑这方面的影响；加之湖泊水体表层不存在自由水面，改变了模型的边界条件，从而导致该时期模拟结果较差。

各水质指标受湖泊水体内水生植物分布的影响很大，未考虑水生植物影响的模拟误差，除个别时期较小外，几乎都超过了30%，而考虑水生植物影响的误差几乎都控制在30%以下。总氮模拟结果为：13个不同时间点平均误差为23%；叶绿素 a 模拟结果为：13 个不同时间点平均误差为 23.8%；BOD$_5$ 模拟结果为：13 个不同时间点平均误差为18.3%，其中最小误差为1.2%，最大误差为40%；溶解氧模拟结果为：13 个不同时间点误差范围为 4.5%~73.6%。以上分析表明，湖泊中水生植物的分布不仅影响水体流动以及污染物质迁移扩散过程，也影响着水体中营养元素的循环转化过程。

8. 控制入湖污染负荷对湖区内水质变化的影响

根据已建立的富营养化模型，锁定其他输入条件不变，改变入湖污染负荷，以地表水环境质量标准（GB 3838-2002）为依据，对入湖水质指标（溶解氧、化学需氧量、五日生化需氧量、氨氮、总磷和总氮）按照Ⅴ类标准进行控制，作为水质污染负荷的输入文件，以此来反映湖泊内各水质浓度的空间变化过程。文中以 O10 监测点为例，模拟结果如图 4-46~图 4-51 所示，图中"实际模拟值"为实际情况下使用建立的富营养化模型模拟的结果，"按Ⅴ类标准控制模拟值"为按Ⅴ类标准控制入湖各水质指标的情况下，使用建立的富营养化模型模拟的结果。由图 4-46~图 4-51 可以看出，入湖水质按Ⅴ类标准控制的模拟值较实际情况波动小，更稳定，这与每日输入相同的某一水质指标不无关系。总体看来，除溶解氧外，其他各水质指标的动态过程按Ⅴ类标准控制入湖水质的模拟值均小于实际情况，主要是由于实际各水质指标均不同程度地超过了地表水环境质量Ⅴ类标准值，表明模型能够较好地反映不同污染负荷对湖内不同水质指标的影响。改变

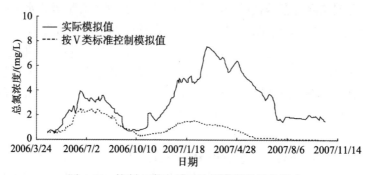

图 4-46　控制入湖水质对总氮模拟结果的影响

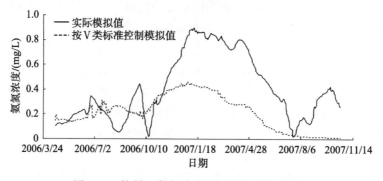

图 4-47　控制入湖水质对氨氮模拟结果的影响

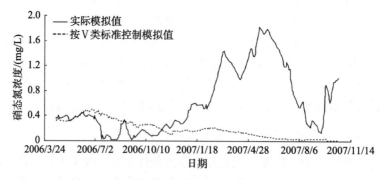

图 4-48　控制入湖水质对硝态氮模拟结果的影响

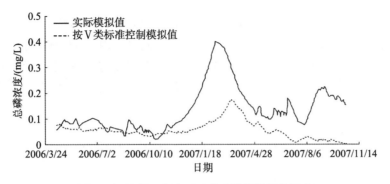

图 4-49　控制入湖水质对总磷模拟结果的影响

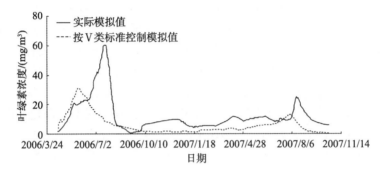

图 4-50　控制入湖水质对叶绿素 a 模拟结果的影响

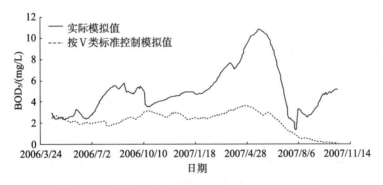

图 4-51　控制入湖水质对 BOD$_5$ 值模拟结果的影响

入湖污染负荷后，模型模拟结果的动态过程基本和实际模拟结果一致，除溶解氧外，其他各水质指标在模拟后期（1 年后）都呈现出快速减少的趋势，表明降低入湖水质浓度对控制乌梁素海污染将起到举足轻重的作用。另外，乌梁素海内大量芦苇的存在提高了湖泊本身的自净能力。模拟结果显示，大约 1 年后除溶解氧浓度提高外各水质浓度均大幅度下降，整个过程中叶绿素浓度也明显降低，峰值降幅很大，降低了藻类"水华"事件发生概率，可见，降低入湖水质浓度能够有效预防藻类异常繁殖，为治理和修复乌梁素海提供了一定的参考依据。因此，呼吁社会各有关部门联合解决乌梁素海入湖水质浓度问题。由图 4-46~图 4-51 可以看出，化学需氧量浓度与五日生化需要量浓度的动态过程具有十分相似的变化趋势，而溶解氧浓度与这两种水质浓度的变化趋势明显相反，表明模型较好地反映了水体中有机污染程度与水体中溶解氧含量的对立关系。

降低入湖污染物质浓度后，模拟结果表明在不同时段内，水体中溶解氧含量会不同程度地提高，且随着时间的推移，溶解氧浓度呈现出增加的趋势。按 V 类标准控制入湖各水质浓度后，富营养化主控因子氮磷浓度在整个模拟时段内降幅较大。表明降低入湖污染物质浓度能有效解决乌量素海的富营养化问题。

4.4　乌梁素海生态模型模拟

湖泊生态系统因其所处地理位置、使用功能等的不同，其气候条件、水文条件、物理化学过程及生物过程也千差万别。为研究和分析特定湖泊水环境状况，研究学者开展了大量的野外观测，并收集了许多实测资料，但实测资料仅能对湖泊水环境现状进行定性定量分析，难以对其机理层面进行分析，同时实测资料不易获取，要耗费大量的人力、物力和财力。随着计算机技术的发展，运用数学理论与方法结合的数学模型已经成为水域生态环境现状分析与合理预测以及水域生态环境管理与规划的有效手段。数学模型能很好地将实际问题与数学理论相结合，为特定研究目的作出必要的简化假设，通过筛选主次因子，以及采用适当的数学方法描述水域生态系统中主要因子（要素）所发生的物理、化学、生物等过程以及各个主要因子之间的相互关系，并用具体的数学表达式表达出来，同时也可改变相应的条件来模拟和预测系统的发展过程和发展结果。

4.4.1　AQUATOX 生态模型简介

AQUATOX 生态模型由美国 EPA 于 2006 年开发，AQUATOX 3.1 是目前最新的版本。生态模型不仅能描述水环境中各种营养盐以及有机化合物等污染物质的混合、迁移、转化等归宿，同时还能模拟和预测水环境中污染物质的现状和随时间的变化规律以及有毒物质对水环境中各种动植物（包括水生植物、浮游生物以及鱼类等）的影响。与其他水质模型不同，它是较为复杂的食物网模型，具有固着和浮游藻类、水生植物、无脊椎动物、饲料鱼、底栖鱼以及观赏鱼等多个营养水平，且通过这些食物网可以模拟和预测当水体受到外界各种扰动刺激的情况下，某些耐受性相对较弱的生物被耐受性强的生物所取代的可能性，这也可以为控制水质恶化以及抑制"水华"暴发提供科学的依据。

AQUATOX 3.1 的更新版本是所有 AQUATOX 版本的集成模型。这个集成模型主要包括 AQUATOX 多段模块、AQUATOX 河口模块以及 AQUATOX PFA 模块。AQUATOX 多段模块最初是为研究休斯敦尼克河流域的 PCB 污染物而建立的。该模块是将分段的 AQUATOX 模拟整合成单一的模型。各段可以通过反馈到上游段或者创建单向"级联"链接的方式进行链接。该模型还加入了沉积物子模型，可以对多层沉积床中的毒物进行模拟。河口的子模型是一个探索性评估模型，受到美国环保署风险评估部门（RAD）的资助，用来评估河口生态系统中有毒化学物质及其他污染物可能的命运。该模型可用于对一般条件下潜在化学物质的潜在行为进行评估。因此，该模型适用于数据较为缺乏的河口生态系统。PFA 模块用于评估全氟表面活性剂化学物质在生物体内的积累效应。

AQUATOX 模型早期源于水生态 CLEAN 模型,而后结合了为美国工程兵军队开发、能模拟水生植物的 MACROPHYTE 模型以及生态毒理学 FGETS 模型等算法,产生了目前的 AQUATOX 模型系列。与 AQUATOX2.2 相比,AQUATOX 3.1 版本增添及完善了许多功能,如 WEB-ICE 数据库和图形的链接,基于 Di Toro 模型的沉积物成岩过程模拟,以每小时的时间步长模拟昼夜的氧、光以及光合作用、低氧的影响,氨作用引起的毒性效应,悬浮和层状沉积物对生物体的影响,碳酸钙沉淀和磷的去除、植物自适应光限制;增加并完善了固着生物库和浮游植物库,增加许多数据的转化格式,考虑了温跃层深度的季节变化;除了模型估算程序外,用户可以指定复氧常数,模型提高了对有机物 CBOD 的估计,考虑盐分的河口复氧过程,增加用龙卷风图表示的灵敏度分析、不确定分析中变量的相关性分析、沉积物需氧量(SOD)的输出,增添了阈值的分析、可以输出的营养状态指数、生态系统生物量如总初级生产力和群落的呼吸作用等。

AQUATOX 模型可以与 SWAT 连接,识别沟道几何学、营养物和杀虫剂的负荷的输入和输出数据、模拟周期、水流及有机无机沉淀负荷。同时 AQUATOX 模型还可以与 BASINS、HSPF 和 SWAT 连接,AQUATOX 接受系统水体输入、营养时间系列输入、浮游植物时间系列输入、有机化学时间系列输入及系统物理特性等。

4.4.2　AQUATOX 主要模拟过程

AQUATOX 生态模型主要包括物理过程模拟、植物过程模拟、动物过程模拟、矿化过程模拟、无机沉淀以及有毒有机化学物质迁移转化的模拟,是对生态系统各过程描述比较完善的生态模型,能够较好地反映出研究区域的生态过程。

1. 植物循环过程

湖泊水体中植物是其水环境的初级生产者,它能利用太阳光能和营养物质(氮、磷、碳)进行光合作用,将其无机物质转化成有机物,因此对水体中物质循环和能量流动起着极其重要的作用。该模型能够根据不同藻类与大型水生植物自身特性和对环境的适应性,模拟不同种藻类(蓝藻、绿藻、硅藻等)和大型水生植物(浮叶植物、漂浮植物、沉水植物等)的季节演替规律。藻类包括水体中的浮游藻类和固着藻类,浮游藻类往往悬浮在水体中,容易受水流的影响,当水流流速较大时,冲刷的作用明显;而固着藻类附着于长期浸没于水中的各种基质(水中的植物、石头),因此易受基底的限制和水流的限制。大型水生植物包括浮叶植物、漂浮植物和沉水植物。在这些类型中,苔藓植物以及漂浮植物较为特殊,其生长往往受到水体营养物质的限制。

2. 氮循环过程

水体中动物粪便排泄物、动植物残体以及残饵料等会形成含氮有机物,其中部分含氮有机物会沉降到水体底部或是进入水体沉积物中,形成有机碎屑,另外一部分会经过微生物的矿化作用形成无机氨氮释放到水体中。在有氧条件下,水中的氨氮经过亚硝化细菌的作用被氧化成亚硝态氮,又在硝化细菌的作用下再进一步被氧化成植物生长所需要的无机硝态氮；在氧气不足的条件下，水中硝态氮经过反硝化细菌的作用，被还原为氨氮或游离氮，游离氮又经过脱氮过程形成分子态的氮气，从水体中逸入空气。水体中的氨氮和硝态氮能被植物生长直接吸收，而且在氨氮和硝态氮同时存在的情况下，植物通常优先选择氨氮，用于合成自身的蛋白质；动物则只能直接或间接利用植物合成的有机氮，合成自身的蛋白质。

3. 磷循环过程

水体中磷循环过程与氮循环过程相似。水体中动植物的死亡、动物排泄等产生含磷有机物，含磷有机物一部分经细菌分解为无机磷酸盐溶解到水中，一部分沉降到水体沉积物中。水体中溶解的无机磷酸盐可以被植物直接吸收，而后通过摄食作用进入动物体内。沉降到水体沉积物中的有机磷可以通过矿化作用转化为无机磷酸盐，重新返回水体中，被植物吸收利用。

4. 氧循环过程

溶解氧是反映水质好坏的一个重要指标。水中溶解氧含量大，有利于水中动物的正常繁衍生息，反之，则会引起水质恶化。溶解氧与水中众多因素及过程有关。该模型能模拟溶解氧的日变化以及昼夜变化情况，同时还能模拟低氧条件引起的非致死以及致死的影响。

5. 碳循环过程

碳是水中生物的生源要素之一，其主要存在形式为有机碳和无机碳两种。在水体中，所有植物均可直接利用从大气扩散到水上层的二氧化碳进行光合作用，并将其固定在多糖、脂肪和蛋白质等有机物中，储存在植物体内，后又通过食物链经消化合成，再消化再合成而为动物体所利用。水体中水生动植物呼吸过程以及微生物分解动物排泄物和动植物残体的过程又可以向水体中释放二氧化碳。

4.4.3　乌梁素海生态模型的建立

乌梁素海是中国北方干旱地区重要的淡水湖泊，同时也是内蒙古河套灌区水利工程的重要组成部分，位于河套灌区的末端。它不仅对上游黄河水具有蓄水和保水作用，同时对整个河套灌区排入的农田退水、工业废水以及生活污水具有净化和改善的作用。近年来，内蒙古河套灌区的农业、工业的快速发展以及城乡居民生活水平的提高，导致大量含有氮、磷以及其他污染物质的污水被排入湖泊水体中，引起湖泊水质严重污染，富营养化问题受到极大的关注。乌梁素海水环境的污染状况主要是富营养化污染、有机污染、盐化污染以及重金属污染。这些污染物质不仅严重影响了湖区周围的生态环境，同时也对周围和下游以黄河水为地表饮用水源的人们的生活和身体健康造成极大的威胁。如果不加快保护和治理乌梁素海，其将会在几十年内从浅水湖泊演变为沼泽地，从而失去湖泊的所有功能。

由于数学模型能综合物理、化学、生物以及生态等多个因素及过程，从机理上揭示水环境污染物质状况以及预测水质的变化特征，因此数学模型一直是水环境富营养化研究的有效手段。水体中污染物质的迁移转化往往与其水域中植物、动物、微生物等的生长、代谢以及捕食等多个食物营养级以及过程有关。本研究基于生态过程的主线，研究乌梁素海水环境中氮、磷营养盐等水质因子的混合、转化等过程，模拟和预测水域环境中污染物质现状、变化规律以及各种动植物（包括水生植物、浮游生物以及鱼类等）的影响，探讨水域中浮游植物主要类群的变化过程，以及对入湖氮磷负荷的响应关系。

1. 乌梁素海生态模型模拟区域的确定

模型模拟区域选择为乌梁素海水体部分，其中北部的小海子以及岸边芦苇附近区域水体除外。由于乌梁素海水体中生长着大量的水生植物，而这些水生植物又将乌梁素海分为大小不一的区域，呈现出多个开阔水域，如果将这些分割的开阔区域进行分区处理，无疑会使模型的边界条件变得极为复杂。因此为了简化模拟，将乌梁素海作为一个整体湖盆考虑较为合理。乌梁素海湖区多数水深小于 2m，且平均水深在 1.95m 左右，由此可以认为湖泊垂直方向的水体混合比较均匀，因此未对水体做分层处理。

2. 乌梁素海生态模型模拟的边界条件

对研究水体进行模型模拟时，边界条件极为重要。收集 2011~2013 年的气象数据（平均气温、蒸发、太阳辐射以及风速等）、水文数据（入湖水量、出湖水量、水位）以及同步监测的水质数据、浮游植物生物数据，作为模型模拟的边界条件。

根据乌梁素海排干系统，整个河套灌区的农田退水、工业废水以及生活污水均可以通过各种小的排水干沟、干渠，汇入到总排干沟、通济干渠、八排干沟、长济干渠、九排干沟、塔布干渠、十排干沟，最后又全部汇入乌梁素海水体中。其中总排干、八排干及九排干是其汇入水量的主要途径。模型将这三个主要的汇入水量合计作为一个入流边界条件。乌梁素海水体只有一个出流边界，是位于乌梁素海末端的乌毛计，该处设有拦水闸门，用于控制湖区内水量。

3. 乌梁素海生态模型模拟时段及步长

本次模拟的时段为 2011 年 6 月~2013 年 8 月，其中 2011 年 6 月~2012 年 1 月为模拟期，2012 年 5 月~2013 年 8 月为模型验证期。模型模拟步长为 1 天，共计 810 天。

4. 乌梁素海生态模型参数的敏感性分析

模型的敏感性分析是建立模型的重要环节，它表示数学模型中输入参数的变化对模型输出结果的影响程度。如果引起模型输出结果变化幅度很大，就说明这个变动的参数对模型是敏感的；如果引起变动的幅度很小，就说明它是不敏感的。在参数率定的过程中，可以依据敏感性分析的结果，按照众多参数对模型影响大小的排列对模型进行调试，最终达到满意的结果。AQUATOX 中包含一个内置的标称范围灵敏度分析，用于表示模型多个参数对模型多个输出结果的敏感性，通过给每个参数设定正负百分比的变幅来不断地迭代。敏感性分析数据可以这样来计算，当一个输入参数的变化为 10%时，输出结果的变化也为 10%，这样就可以认为模型的敏感性是 100%。敏感性分析的计算公式：

$$\text{Sensitivity} = \frac{\left|\text{Result}_\text{Pos} - \text{Result}_\text{Baseline}\right| + \left|\text{Result}_\text{Neg} - \text{Result}_\text{Baseline}\right|}{2 \cdot \left|\text{Result}_\text{Baseline}\right|} \cdot \frac{100}{\text{PctChanged}} \quad (4\text{-}11)$$

式中，Sensitivity 表示标准化的灵敏度统计（%）；$\text{Result}_\text{Baseline}$ 表示由输入参数的正负变化以及不发生变化的基准值产生的平均结果；PctChanged 表示输入参数正负变化的百分比。

在进行敏感性分析时，首先要固定其他参数不发生变化的条件下，变动其中一个参数，然后，再变动另一个参数（仍然保持其他参数不变），以此确定出多个参数对所要分析指标的影响效果。光照强度是影响蓝藻、绿藻以及硅藻生长的重要生态因子，其中蓝藻对饱和光照最为敏感。当蓝藻的饱和光照增加 10%，蓝藻生物量从 0.17mg/L 增加到 1.50mg/L，增加百分比达 754.60%；当饱和光照减少 10%，蓝藻生物量从 0.17mg/L 减少到 0.004mg/L，减少百分比达−97.74%，灵敏度为 4261%左右。眼子菜的最大光合作用速率以及狐尾藻的最大光合作用速率对绿藻的生物量积累具有重要影响，灵敏度在 783%~960%。

5. 乌梁素海生态模型参数的率定

模型的参数率定是建模的又一重要环节。由于大多数模型都包含众多参数，因此参数的率定过程往往费时费力。在率定过程中，首先依据相关文献提供的参数值及参数范围以及相关的监测和实验确定初始值，然后通过模型反复试算来确定参数的取值。该模型提供了几乎所有输入参数的统计分布，其分布类型有矩形分布（均匀）、三角形分布以及正态分布。在参数率定过程中，可以根据参数的实际情况选择不同的分布类型。一般是选择正态分布模型，其标准偏差设置为参数值的 60%，迭代次数设置为 10 次。本模型涉及的参数较多，仅列出主要参数的率定值，如表 4-15 所示。

表 4-15　模型主要参数率定结果表

模型参数	参数含义	率定结果	参数单位
LightSat（Phyt，Blue-Green）	饱和光照（蓝藻）	60	Ly/d
LightSat（Phyto，Green）	饱和光照（绿藻）	65	Ly/d
LightSat（Phyt High-Nut Diatom）	饱和光照（硅藻）	65	Ly/d
LightSat（Potamogeton）	饱和光照（眼子菜）	280	Ly/d
LightSat（Myriophyllum）	饱和光照（狐尾藻）	100	Ly/d
LightSat（Chara）	饱和光照（轮藻）	100	Ly/d
Max.Photosynthetic.Rate（Phyt，Blue-Green）	最大光合速率（蓝藻）	2.35	1/d
Max.Photosynthetic.Rate（Phyto，Green）	最大光合速率（绿藻）	1.28	1/d
Max.Photosynthetic.Rate（Phyt High-Nut Diatom）	最大光合速率（硅藻）	2.7	1/d
Max.Photosynthetic.Rate（Potamogeton）	最大光合速率（眼子菜）	1.2	1/d
Max.Photosynthetic.Rate（Myriophyllum）	最大光合速率（狐尾藻）	1	1/d

续表

模型参数	参数含义	率定结果	参数单位
Max.Photosynthetic.Rate（Chara）	最大光合速率（轮藻）	0.8	1/d
P half-saturation（Phyt，Blue-Green）	P 半包和参数（蓝藻）	0.01	mg/L
P half-saturation（Phyto，Green）	P 半包和参数（绿藻）	0.05	mg/L
P half-saturation（Phyt High-Nut Diatom）	P 半包和参数（硅藻）	0.01	mg/L
N half-saturation（Phyt，Blue-Green）	N 半包和参数（蓝藻）	0.06	mg/L
N half-saturation（Phyto，Green）	N 半包和参数（绿藻）	0.03	mg/L
N half-saturation（Phyt High-Nut Diatom）	N 半包和参数（硅藻）	0.05	mg/L
LightExt（Phyt, Blue-Green）	消光系数（蓝藻）	0.01	$1/m\text{-}g/m^3$
LightExt（Phyto, Green）	消光系数（绿藻）	0.01	$1/m\text{-}g/m^3$
LightExt（Phyt High-Nut Diatom）	消光系数（硅藻）	0.38	$1/m\text{-}g/m^3$
LightExt（Potamogeton）	消光系数（眼子菜）	0.01	$1/m\text{-}g/m^3$
LightExt（Myriophyllum）	消光系数（狐尾藻）	0.01	$1/m\text{-}g/m^3$
LightExt（Chara）	消光系数（轮藻）	0.01	$1/m\text{-}g/m^3$
Max.Degrdn.Rate，Labile	不稳定碎屑的最大降解速率	0.2	g/g.d
Max.Degrdn.Rate，Refrac	稳定碎屑的最大降解速率	0.01	g/g.d
Knitri，Max Rate of Nitrif.	硝化速率	0.018	1/day
Kdenitrification	反硝化速率	1.65	1/day
P to Organics，Refractory	稳定有机碎屑中磷比例	0.0001	frac.dry
P to Organics，Labile	不稳定有机碎屑中磷比例	0.003	frac.dry

4.4.4　乌梁素海生态模型的应用

1. 乌梁素海水质与植物模拟结果分析

1）乌梁素海水质的模拟结果分析

内蒙古乌梁素海是北方寒旱地区大型草藻湖泊，湖区生长着大量的挺水植物、沉水植物以及漂浮植物等水生植物，这些水生植物分布无规律，在湖区周围以及湖区内均有分布，呈现水体与水生植物相间分布的特点。2010 年的卫片解译结果显示，乌梁素海明水区域的面积仅为 117.5km²，且 80%的明水区域为水生植物密集区。由于水生植物对水体环境中污染物的迁移、转化以及对水体富营养的发生、发展等过程有重要的作用，因此本研究针对乌梁素海多草、多藻以及富营养化污染、有机污染、盐化污染等复杂的水环境特征，同时结合北方寒区气温、辐射、风速以及蒸发等实际气象条件，以生态过程为主线，主要考虑大型水生植物包括浮游植物在水环境中的生消过程，探讨乌梁素海水环境特征及变化规律。

本文以 2011 年 6 月~2013 年 8 月，每月同步的水质指标与浮游植物实测值作为验证数据（水质指标实测数据缺少 2012 年 12 月），共计 18 个月。主要选取的水质指标有 pH、总氮、氨氮、硝态氮和总磷 5 个水质指标。从各水质指标的模拟情况来看，平均绝对误差除硝态氮为 35.31%外，其他水质指标均在 30%之内，表明该模型模拟结果基本能反映湖区的水质变化趋势。

从 pH 模拟结果图 4-52 可以看出，乌梁素海湖区整体水质环境为碱性，其中 2011 年 3 月~2012 年 5 月的 pH 水平低于 8.0，其他时期均大于 8.0。整个模拟时期，湖区 pH 的变化范围为 7.55~8.95，最大变幅 1.40，平均值为 8.36。2011 年与 2012 年湖区 pH 的变化规律比较明显，主要表现在从春季到秋季呈现逐渐上升趋势，冬季 pH 稳定在 8.5 左右。

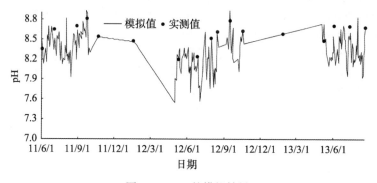

图 4-52　pH 的模拟结果

从图 4-53 可以看出，乌梁素海湖区总氮的模拟效果也比较好，平均相对误差为 9.6%，能较好地反映出湖区中总氮的变化规律。其总氮变化规律表现为春季 5 月总氮浓度较高，随水体温度的回升，总氮的浓度开始下降，直到秋季 9 月末总氮出现低谷，而后秋末总氮浓度又开始上升，冬季浓度处于较高峰值。

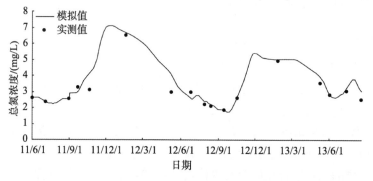

图 4-53　总氮的模拟结果

氨氮与硝态氮模拟误差较大（图 4-54，图 4-55），在 30%左右，且出现误差较大的时间均为 2011 年春夏季。分析其原因可能是模型处于初始阶段，模拟系统不稳定等因素造成的，也可能是实验过程存在一定的误差；但氨氮与硝态氮的模拟结果与实测值的变化趋势还是比较一致的。

氨氮、硝态氮以及总氮均表现为夏季 6 月、7 月、8 月以及 9 月的水平较低，氨氮主要是 6 月及 9 月出现低谷值，硝态氮主要为 7 月与 8 月处于低谷值，分析其原因主要是与湖区水生植物和藻类的生长周期以及降水有关。春季 5 月气温开始回升，水体中水生植物与藻类开始复苏，在此过程中吸收少量氨氮以及硝态氮供自身生长；随着气温的回升，水生植物以及藻类进入繁殖阶段，开始大量吸收水中的营养盐，同时夏季降水增多也会对湖水中的污染物质起到一定的稀释作用。而不同水生植物和藻类的最适温度以及对氨氮和硝态氮等营养盐的选择、吸收程度都不相同，是造成夏季以及秋季氨氮、硝态氮和总氮浓度低以及出现波动的主要原因。除此之外，还与进入乌梁素海水体的氮负荷有关。乌梁素海每年有 5 月春浇以及 10 月秋灌 2 个特殊时期，此时会有大量的营养盐以及各种污染物质排入乌梁素海水体中，造成该时期氨氮、硝态氮以及总氮的浓度明显增高。

　　总磷模拟结果的平均绝对误差为 14.05%，模拟效果较好（图 4-56）。整个模拟时期，

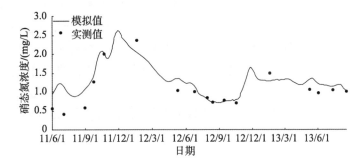

图 4-54　硝态氮的模拟结果

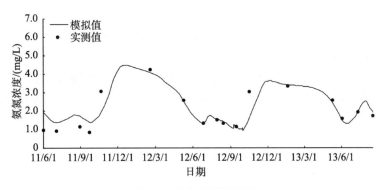

图 4-55　氨氮的模拟结果

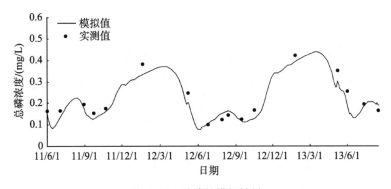

图 4-56　总磷的模拟结果

总磷的变化规律大体与总氮、氨氮以及硝态氮的变化一致，表现为春季 5 月的浓度较高，在 6 月、9 月出现低谷值，夏季 7 月、8 月总磷浓度略有上升，冬季总磷的浓度较高。与总氮、氨氮以及硝态氮等营养物质相同，总磷也受水生植物和藻类的生长、降水以及进入湖区磷负荷的影响，表现出与之相似的规律。

冬季营养物质氮、磷浓度较高主要与排入水体的营养物浓度较高有关，此外还与水生植物死亡以及乌梁素海长期的冰封状态有关。水体处于冰封状态下，水中的还原作用加强，死亡的水生植物以及藻类的残骸分解出大量的有机物质，同时沉积在底泥中的各种营养元素又释放到水体中，造成冬季氮、磷浓度明显偏高。

2）乌梁素海大型水生植物及藻类模拟

根据白妙馨等（2013）2010 年 8 月对乌梁素海水生植物群落的调查结果显示，乌梁素海的沉水植物优势种为龙须眼子菜（Potamogeton）、狐尾藻（Myripohyllum）以及轮藻（Chara）。其中龙须眼子菜的生物量最高，植物干重为 0.56kg/m²，狐尾藻及轮藻的干重分别为 0.43kg/m² 和 0.39kg/m²。本文对这 3 种优势沉水植物的演替规律进行模拟。3 种大型植物的季节演替规律并不一致，主要由于不同植物对环境的适应性不同。春季 5 月气温较低，最适温度（均在 20℃左右）较低的狐尾藻及轮藻植物开始复苏生长；随着温度的升高，狐尾藻与轮藻的生长较快，在初夏 7 月，生物量达到高峰；随着气温的下降，狐尾藻和轮藻在 9 月开始凋零、衰亡，生物量随之急剧减少。而眼子菜的生长较狐尾藻和轮藻滞后，基本在每年的 9 月和 10 月生物量达到峰值。3 种水生植物生物量均在冬季最低。

乌梁素海湖区的藻类主要由绿藻和蓝藻组成，因此本次仅对这两大类群藻类的季节演替过程进行模型模拟。模拟效果较好（图 4-57，图 4-58），平均相对误差在 30%之内。从变化图可以看出，绿藻生物量均在每年的春季较高，而后生物量逐渐下降，9 月为低谷值，冬季生物量略有增高。蓝藻在春夏季生物量较高，这也符合蓝藻适应温度较高的生长特征。

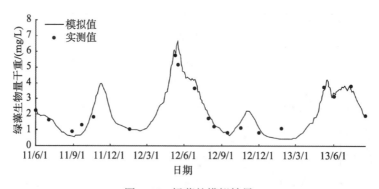

图 4-57　绿藻的模拟结果

2. 乌梁素海湖区水质与藻类对入湖污染负荷的响应

氮、磷是水域生态系统中植物生长必需的营养元素，通常大量的氮、磷进入水体后，

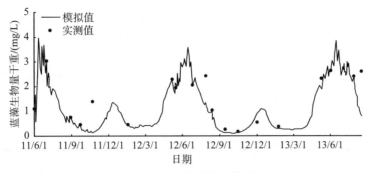

图 4-58 蓝藻的模拟结果

会造成水生植物及藻类的过度繁殖，从而引发一系列的水体富营养化问题。富营养化的水体不仅破坏人们的生产与生活，同时还威胁着人类的身体健康。乌梁素海是北方富营养化较为严重的浅水湖泊之一。由于其是河套灌区唯一的泄水渠道，大量的外源污染物质被排入到水体中，致使水体富营养化问题一直未得到有效的改善。

本研究根据已建立的乌梁素海生态模型，在不改变其他驱动变量（气温、辐射、蒸发、风速等）的条件下，主要对乌梁素海入湖氮、磷污染负荷进行消减控制，分别设置为入湖磷负荷不变，消减氮负荷 20%、30% 和 50%；入湖氮负荷不变，消减磷负荷 20%、30% 和 50%；以及同时消减入湖氮磷负荷 20%、30% 和 50%。在这 3 种情景下，模拟和预测湖区内氮、磷及藻类生物量对其入湖氮、磷变化的响应关系，并为控制和治理乌梁素海水体富营养化以及抑制藻类暴发等问题提供科学依据。模型将各种控制方案下模拟的氮、磷与藻类生物量的模拟值与实际建立乌梁素海生态模型模拟的氮、磷及藻类生物量的实际模拟值进行对比分析，并为了更直观地分析，用变化百分比表示，具体如图 4-59~图 4-61 所示。

由所有控制模拟对比结果图可以看出，对入湖氮、磷污染负荷进行不同程度的消减，均能有效降低湖区内氮、磷的含量，且湖区内氮含量对其外源氮污染负荷消减具有明显的响应关系，而不同藻类生物量对其响应关系不明显。

图 4-59~图 4-61 为仅消减入湖氮负荷量 20%、30% 和 50% 后，湖区氮、磷以及不同藻类生物量的变化百分比图。随着氮负荷量的消减，湖区内总氮浓度从平均值 4.05mg/L

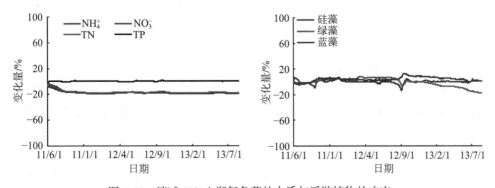

图 4-59 消减 20% 入湖氮负荷的水质与浮游植物的响应

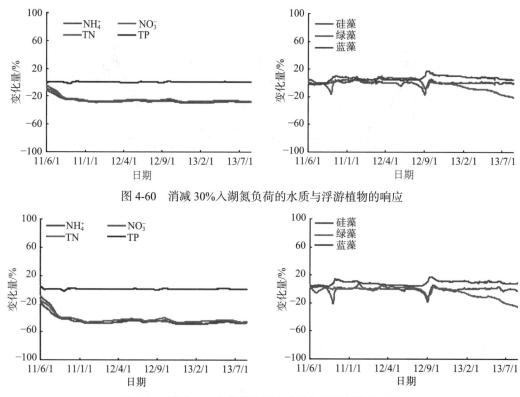

图 4-60　消减 30%入湖氮负荷的水质与浮游植物的响应

图 4-61　消减 50%入湖氮负荷的水质与浮游植物的响应

分别降低到 3.35mg/L、2.99mg/L 和 2.29mg/L，氨氮从平均值 2.51mg/L 降低到 2.05mg/L、1.82mg/L 和 1.35mg/L，硝态氮从平均值 1.33mg/L 降低到 1.09mg/L、0.97mg/L 和 0.73mg/L，湖区内总氮浓度平均减少幅度为 17%、26%和43%左右，表明对外源输入氮含量的控制可以有效降低乌梁素海湖区内总氮浓度。而改变入湖氮负荷对湖区内磷浓度影响较小，磷含量仅减少 0.2%左右。藻类生物量对改变入湖氮负荷的响应关系并不明显，随着氮负荷消减量的增大，蓝藻的生物量增加，但其增加幅度不大。平均生物量从 0.609mg/L 分别增加到 0.627mg/L、0.640mg/L 和 0.650 mg/L，增加幅度分别为 3.50%、5.99%和8.21%。绿藻生物量表现为下降，最大减少幅度为 3.86%。仅对磷负荷进行 20%、30%和 50%的消减后，湖区总磷浓度从平均值 0.238mg/L 分别减少到 0.225mg/L、0.219mg/L 和 0.200mg/L，基本达到地表水 V 类标准，乌梁素海湖区内总磷含量减少幅度分别为 4%、6%和11%左右。

与湖区总氮对入湖氮负荷消减控制的响应变化相比，乌梁素海湖区总磷的响应变化并不明显（图 4-62~图 4-64），这可能与湖内自身系统复杂的生物化学循环机制有关。同时消减入湖磷负荷对湖区氮含量也基本没有影响。3 种藻类生物量对其入湖磷负荷消减的响应变化比较明显，且与消减入湖氮负荷表现的结果不同，是随着入湖磷负荷消减的增加，绿藻及蓝藻的生物量均出现下降趋势，降幅分别为 7.96%、11.28%、18.86%和 10.54%、13.79%、21.77%。表明乌梁素海湖区中绿藻、蓝藻对湖区内总磷变化较为敏感。

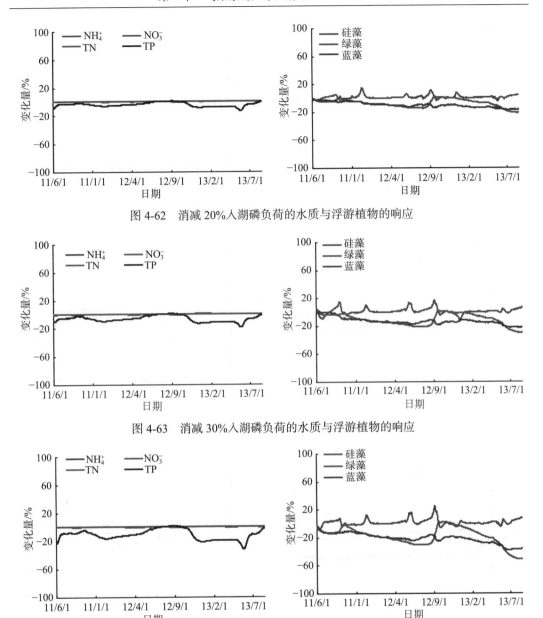

图 4-62　消减 20%入湖磷负荷的水质与浮游植物的响应

图 4-63　消减 30%入湖磷负荷的水质与浮游植物的响应

图 4-64　消减 50%入湖磷负荷的水质与浮游植物的响应

　　同时对入湖负荷氮、磷消减 20%、30%和 50%，乌梁素海湖区内总氮、总磷浓度的响应关系与分别对入湖氮负荷和磷负荷消减的结果差别不大（图 4-65~图 4-67），3 种藻类的响应关系与仅消减入湖磷负荷相似。同时消减氮磷负荷，绿藻及蓝藻生物量均出现下降，下降幅度分别为 7.77%、12.60%、19.54%和 6.05%、10.60%、13.12%。以上分析表明，消减入湖氮、磷负荷量可以有效减少乌梁素海湖区内的氮磷浓度，尤其在减少湖区氮浓度方面有显著作用。藻类对消减入湖氮磷负荷量具有一定的响应关系，且在模型运行后期的变化较为明显。总体来看，消减入湖磷负荷可以降低湖区绿藻、蓝藻的生物量。

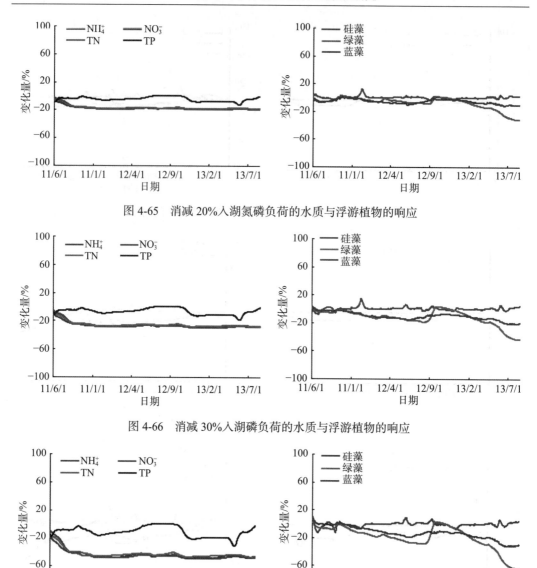

图 4-65　消减 20%入湖氮磷负荷的水质与浮游植物的响应

图 4-66　消减 30%入湖磷负荷的水质与浮游植物的响应

图 4-67　消减 50%入湖氮磷负荷的水质与浮游植物的响应

4.5　本 章 小 结

在不同 pH、温度、pe 条件下，利用地球化学软件 PHREEQC 对湖泊水环境无机氮应有的存在形态和可溶性正磷酸盐中磷应有的存在形态进行了模拟，实现了湖泊物理、化学指标在不同状态下与富营养元素的存在数量与形态的耦合模拟，并用大量的实测数据进行分析验证。结果说明 PHREEQC 可用于湖泊营养元素各种形态的模拟，同时也是

PHREEQC 在湖泊水环境中对物质存在形态应用研究的初步尝试。通过 PHREEQC 对氮、磷存在形态的模拟结果说明，在乌梁素海湖泊上覆水体中，无机氮总量以氨氮为主要存在形式，可溶性正磷酸盐中多数以二价正磷酸磷（HPO_4^{2-}）为主要存在形态，其次是一价正磷酸磷（$H_2PO_4^{-}$），三价正磷酸磷（PO_4^{3-}）浓度最小。在湖泊中氮、磷的主要形态都是容易被植物吸收利用的有效营养元素形态，若不及时治理，湖泊的富营养化污染将快速加重。

在对水环境中重金属环境地球化学特征分析的基础上，对水体中重金属元素存在形态进行了进一步的模拟研究。利用 HSC Chemistry v5.0 软件以及物理化学理论，新建了 Hg、Cr、As 这三种重金属元素的存在形态模拟数据库，并且对重金属 Cu、Zn、Pb、Cd 在原有数据库的基础上进行了补充。利用地球化学模拟软件以及环境地球化学的理论知识研究湖泊水体中重金属的存在形态，分析重金属元素在湖泊水体中毒性最小的存在状态与存在环境。对模拟结果分析可知，乌梁素海湖泊水体中 7 种重金属元素主要以 $CuCl_2^{-}$、$CuCl_3^{2-}$、$CuCO_3$、$Cu(OH)_2$、Zn^{2+}、$Zn(OH)_2$、$ZnCO_3$、$ZnSO_4$、$PbCO_3$、$PbOH^{+}$、$Pb(CO_3)_2^{2-}$、$Cr(OH)_3$、$Cr(OH)_2^{+}$、$CdCl^{+}$、Cd^{2+}、$CdSO_4$、$CdCl_2$、$Hg(OH)_2$、$HgCl_3^{-}$、$HgCl_2$、$HAsO_4^{2-}$ 及 H_3AsO_3 为优势态。在目前水环境现状下重金属形态分析的基础上，考虑乌梁素海环境特征季节差异大的特点，利用 PHREEQC 软件进行模拟，分析水体温度、氧化还原性、酸碱性的改变对重金属元素存在形态的影响，结果表明：①温度对 7 种重金属的各种存在形态最终分布无大影响。②水体中 7 种重金属的存在形态受 pH 影响较大，水体 pH 较低时，重金属主要以配合反应为主，此时水体中 Cl^{-}、SO_4^{2-} 等阴离子配位体含量对其影响较为明显；随着 pH 的升高，重金属逐渐发生水解反应。③水体的氧化还原性对不同重金属有不同影响。当水体处于还原状态时，水体中重金属 Cu 以 $CuCl_2^{-}$ 含量最大，As 以 H_3AsO_3 和 $H_2AsO_3^{-}$ 占主导地位；处于氧化性状态时，$Cu(OH)_2$ 含量最大，$HAsO_4^{2-}$ 和 $H_2AsO_4^{-}$ 占主导地位。在水体处于弱碱性–中性状态前提下，氧化还原电位发生变化并不会对水体中重金属 Cr 的形态有较大影响。重金属 Hg、Zn、Pb、Cd、Cr 的存在形态并不会随着氧化还原电位变化而发生改变。

针对乌梁素海生态系统中水体富营养化的现状和特征，选用 EFDC 模型和 CE–QUAL–ICM 模型联合模拟乌梁素海流场和水质。CE–QUAL–ICM 模型以浮游植物生长动力学为主线，不仅考虑了不同形态营养盐的循环转化过程，还考虑了蓝藻和绿藻的生长动力、新陈代谢、被捕食、沉降等过程，并且模拟了以上两方面的循环转换过程。应用所建立的水动力富营养化模型，模拟乌梁素海水动力及水质变化情况，误差分析表明模拟结果与实测值拟合较好，误差基本在 30%以内。模型不仅考虑了风速、蒸发、辐射等气象因素，更为重要的是考虑了水生植物的分布情况以及它们的密度、高度、直径等形态指标，结果表明，考虑水生植物分布的水质浓度模拟值与实测值变化趋势基本一致，而未考虑水生植物分布的模拟值未能较好地反映实测值的变化趋势。可见，湖泊水生植物的分布情况对水质指标影响较大。为进一步确定乌梁素海污染的主要原因，本研究应用已建富营养化模型，锁定其他条件，改变模型边界条件（入湖水质浓度）进行模拟计算。结果表明，入湖水质浓度按 V 类标准控制后，其模拟值较实际情况波动小，稳定性好；除溶解氧外，入湖水质浓度按Ⅴ类标准控制后的模拟值均小于实际情况模拟值，且后期模拟结果显示水质浓度降幅较大；富营养化主控因子氮磷浓度在整个模拟时段内降幅均较大。可见，入湖污染物质浓度的变化对湖区内污染物质浓度的变化影响显著，且模拟后期更为明显。因此，控制乌梁素海入湖污染负荷对治理和改善乌梁素海水质具有重要的意义。

本章对 AQUATOX 模型原理及主要模拟过程进行了详细阐述，然后在收集乌梁素海湖区 2011~2013 年的水文、气象资料和实测的各项水质指标、浮游植物等数据的基础上，确定模型模拟区域、边界条件以及模拟时段、步长，并对模型中众多参数进行敏感性分析和率定后，建立了乌梁素海生态模型。利用该模型对乌梁素海湖区 pH、总氮、氨氮、硝态氮以及总磷等水质指标的变化规律，3 种大型水生植物（眼子菜、狐尾藻、轮藻）及 2 种（蓝藻、绿藻）藻类的季节演替规律进行了模拟，并通过消减入湖氮、磷污染负荷来模拟和预测乌梁素海湖区内氮、磷浓度的变化情况及 2 种藻类生物量对消减入湖氮、磷污染负荷的响应关系。在对乌梁素海湖区水质指标进行模拟时，pH、总氮、总磷的模拟效果较好，平均相对误差为 0.66%、9.60% 和 14.05%，能够很好地反映出湖区 pH、总氮及总磷的变化规律。氨氮与硝态氮模拟误差较大，在 30% 左右，且出现误差较大的期间均为 2011 年春夏季，这可能是由于模型处于初始阶段，模拟系统不稳定等因素造成的。整个模拟时期，乌梁素海营养盐总氮、总磷、氨氮及硝态氮的变化规律大体一致，均表现为冬季各指标浓度最高，春季 5 月的浓度偏高，而夏秋季出现不同程度的波动状态。在对乌梁素海湖区水生植物及藻类生物量模拟时发现，3 种大型植物的季节演替规律并不一致，狐尾藻及轮藻植物通常 5 月开始复苏生长，7 月的生物量达到高峰，9 月出现凋零、衰亡，生物量急剧减少，而眼子菜生长相对滞后，基本每年 9 月和 10 月的生物量达到峰值。绿藻和蓝藻模拟效果较好，平均相对误差在 30% 之内。绿藻均在每年的春季较高，9 月生物量出现低谷，冬季生物量略有增高。蓝藻在春夏季生物量较高。消减入湖氮、磷负荷量在减少湖区氮浓度方面有显著作用。浮游植物对消减入湖氮磷负荷量具有一定的响应关系，且在模型运行后期的变化较为明显。总体来看，消减入湖磷负荷可以降低湖区绿藻、蓝藻生物量。

参 考 文 献

白妙馨, 张敏, 李青丰, 等. 2013. 乌梁素海水污染特征及水生植物净化水体潜力研究//中国环境科学学会学术年会论文集, 8: 2621–2626

陈景秋, 赵万星, 季振刚. 2005. 重庆两江汇流水动力模型. 水动力学研究与进展, 20(12): 829–835

陈异晖. 2005. 基于 EFDC 模型的滇池水质模拟. 云南环境科学, 24(4): 28–30

傅国斌, 李克让. 2001. 全球变暖与湿地生态系统的研究进展. 地理研究, 20(1): 120–128

高柏, 史维浚, 孙占学. 2002. PHREEQC 在研究地浸溶质迁移过程中的应用. 华东地质学院学报, 25(2): 132–135

金相灿, 屠清瑛. 1990. 湖泊富营养化调查规范. 第二版. 北京: 中国环境科学出版社, 21–68

李广玉. 2005. 胶州湾水环境痕量元素形态的地球化学模拟及意义. 青岛: 山东科技大学, 6

李广玉, 叶思源, 鲁静, 等. 2006. 胶州湾底层水痕量元素组分存在形态及其生物有效性. 世界地质, 25(1): 71–76

孟晓红. 1997. 金属镉在鱼体中的生物富集作用. 广东微量元素科学, 3(1): 8–10

欧亚波. 2008. 加拿大 Thompsn 镍矿矿山废水/尾砂作用环境地球化学模拟研究. 成都: 成都理工大学, 5

单丹. 2006. 人工湿地水生植物对氮磷吸收及对重金属镉去除效果的研究. 杭州: 浙江大学, 11–16

尚士友, 杜健民, 李旭英, 等. 2003. 乌梁素海富营养化适度控制的研究. 内蒙古大学学报(自然科学版), 34(5): 588–592

孙惠民, 何江, 吕昌伟, 等. 2006. 乌梁素海沉积物中有机质和全氮含量分布特征. 应用生态学报, 17(4): 620–624

孙嘉良. 2009. 水体中汞的转化与毒性. 中小企业管理与科技(上旬刊), (7): 278

王春秀. 2010. 水体铜对黄河鲤毒性作用的研究. 郑州: 河南农业大学, 6

王建平, 苏保林, 贾海峰, 等. 2006. 密云水库及其流域营养物集成模拟的模型体系研究. 环境科学, 2006, 27(7): 1286–1291

王丽敏. 2004. 水草收割工程对乌梁素海氮元素转移过程的研究. 呼和浩特: 内蒙古农业大学, 1–33

乌云塔娜, 尚士友. 2002. 乌梁素海总磷控制模型的研究. 内蒙古农业大学学报(自然科学版), 23(4): 81–83

武国正, 李畅游, 周龙伟, 等. 2008. 乌梁素海浮游动物与底栖动物调查及水质评价. 环境科学研究, 21(3): 76–81

薛娟琴. 2008. 萃取及离子交换法处理氯化亚铜废水的研究. 西安: 西安建筑科技大学学, 6

杨士林, 赵哲, 杨红. 2002. 水体中汞的转化与毒性. 北方环境, (1): 33–34

叶思源, 孙继朝, 姜春永. 2002. 水文地球化学研究现状与进展. 地球学报, 23(5): 477–482

张建立, 李东艳, 贾国东. 1999. 大庆齐家水源地 Fe 存在形式的研究. 水文地质工程地质, 3: 43–45

Daniel L T. 1999. Spatial and temporal hydrodynamic and water quality modeling analysis of a large reservoir on the South Carolina (USA) coastal plain. Ecological Modeling, 114: 137–173

David L, Parkhurst C A, Appelo J. 1999. User guide to Phreeqc (Version 2) - a computer program for speciation, batch-reaction, one-dimensional transport, and inverse geochemical calculations. U.S. Geological Survey, 1–309

Hamrick J M. 1992. A three-dimensional environmental fluid dynamics computer code: theoretical and computational aspects[R]. Gloucester, Massachusetts: Virginia Institute of Marine Science, the College of William and Mary, 1–60

Jin K R, Ji Z G, Hamrick J M. 2002. Modeling winter circulation in Lake Okeechobee, Florida. Journal of Waterway, Port, Coastal, and Ocean Engineering, 128: 114–125

John D H. 1967. Equilibrium chemistry of iron in ground water. California: U.S. Geological Survey Menlo Park, 179–643

Keeney D R. 1980. Prediction of soil nitrogen availability in forest ecosystems: A literature review. Forest Science, 26: 159–171

Kuo A Y, Shen J, Hamrick J M. 1996. The effect of acceleration on bottom shear stress in tidal estuaries. Journal of Waterways, Ports, Coastal and Ocean Engineering, 122: 75–83

Lin W L, Carlso K, Chen C J. 1998. Diagonal Cartesian method for numerical simulation of incompressible flows over complex boundaries. Numerical Heat Transfer, Part B, 33(2): 181–213

Merkel B. 2000. 地下水中铀的反应运移模拟. 地球科学, 25(5): 451–455

Moustafa M Z, Hamrick J M. 2000. Calibration of the wetland hydrodynamic model to the Everglades nutrient removal project. Water Quality and Ecosystem Modeling, 1: 141–167

Nitzsche O, Merkel B. 1999. Reactive transport modeling of uranium 238 and radium 226 in groundwater of the Koenigstein uranium mine, Germany. Hydrogeology Journal, 7(5): 423–430

Smith V H, Tilinan G D, Nekola J C. 1999. Eutrophication: impacts of excess nutrient inputs on freshwater marine, and terrestrial ecosystems. Environmental Pollution, 100: 179–196

Stumm W, Brauuer P A. 1975. A chemical speciation. In: Riley J P, Skirrow G (eds). Chemical Oceanography. New York: Academic Press, 3: 173–279

Wheeler K, Kokkinakis D. 1990. Ammoniun recycling limits nitrate use in the oceanic subarctic Pacific. Limnology and Oceanography, 35: 1267–1278

Wool T A, Davie S R, Rodriguez H N. 2003. Development of three-dimensional hydrodynamic and water quality models to support TMDL decision process for the Neuse River estuary, North Carolina. Journal of Water Resources Planning Management, 129: 295–306

第 5 章　乌梁素海流域非点源污染负荷分析

　　内蒙古河套灌区地处干旱–半干旱季风气候区，是我国北方重要的商品粮基地和三大古灌区之一。很长一段时间内，由于粮食供给的压力，我国在大型的农田灌区建设上以经济效益为主，农业生产活动中辅以农药和化肥来增加灌区粮食产量，忽略了灌区流域的生态环境建设。近年来随着农药化肥的大量使用，河套灌区流域的生态环境已遭到严重的破坏和污染；加上灌区内农牧地区畜牧业的快速发展，畜禽粪便的无序排放，导致灌区内水体水质持续恶化，生态环境遭受严重破坏，已严重危害到灌区内居民的身体健康，并直接影响着灌区农业的可持续发展（郭洁，2011）。有研究表明（郭富强等，2013；李彬等，2014；郝韶楠等，2015），河套灌区有效灌溉面积为 $5.7×10^5hm^2$，每年施用化肥量为 $2.26×10^5t$，有效成分折为氮素为 $5.08×10^4t$，大部分氮素通过挥发、淋失、渗漏损失进入河套灌区各支排干沟，最后汇入总排干沟排入乌梁素海。灌区内的湖泊水体接纳污染物的负荷量已严重超过了水体自身的净化能力，水体水质遭受到严重的破坏。

　　灌区湖泊由于地理位置因素，大多在较为偏远的农牧业地区，恶化的生态环境和污染危害尚未能引起人们和相关部门的足够重视，但其环境危害程度严重，不容忽视。以乌梁素海为例，该湖位于内蒙古乌拉特前旗境内，现有水域面积 $293km^2$，是黄河改道而形成的河迹湖，是我国的十大淡水湖之一，它既是黄河流域最大的湖泊，同时也是全球同纬度内荒漠半荒漠地区极为罕见的具有生物多样性和环保多功能的大型草型湖泊，对维护区域的生态平衡、保护物种多样性起着重要作用（韦玮等，2012；李山羊等，2016；赵晓瑜等，2014）。近年来随着灌区流域内经济和农业生产的发展，灌区内人口数量的增加，流域内化肥的施用量和生活污水的排放量逐年增多，大量的农田退水和生活污水携带氮磷等营养物质进入乌梁素海，导致乌梁素海水体水质遭到破坏并逐年恶化。数据研究表明（赵锁志，2013），河套灌区流域内污染物排放总量已超过了农业灌溉水源所能承受的环境容量，其中每年接纳来自灌区的氮、磷就有 3000t。据 1990~2012 年对乌梁素海入海口水质监测数据，总氮（TN）平均浓度为 1.74mg/L，总磷（TP）平均浓度为 0.07mg/L，湖水中各营养盐总和达 $5.6×10^5~1.10×10^6t$（王学全等，2006；汪敬忠等，2015），入湖的污染负荷远远超过了湖泊自身的净化能力，导致湖区水草疯长，富营养化严重，曾一度丧失了水体净化的客观功能，已严重影响了灌区的生存环境。同时乌梁素海作为河套地区水利工程的重要组成部分，90%以上的灌区农田退水携带营养物经由总排干沟排入乌梁素海，营养物进入湖泊后经水体自净作用再排入黄河，生态环境遭到破坏的乌梁素海显然已成为黄河水体污染又一个污染源。由此可见，灌区的农田退水、工业废水和生活污水已严重威胁着湖区的水环境质量和水质安全，使灌区可持续发展及流域生态安全面临着极大的挑战，直接影响黄河水生态环境安全。

防治和治理乌梁素海富营养化的有效途径是减少河套灌区农田退水中的氮、磷等污染物，如何有效管理和控制灌区内营养物的流失是关键。由于农业非点源污染不像点源污染能进行实地的监测，而是具有发生范围广、排放点不固定且随机性高和低浓度等特征，实地监测需消耗大量的人力物力，且效率低。运用模型模拟是分析非点源污染时空分布特征以及评估非点源污染影响的主要技术手段。本章通过构建灌区流域内的分布式水文模型，模拟分析掌握灌区流域内的水文循环特点及污染物的运移特征，评估流域内径流和污染物年内与年际变化特征，并结合 GIS 中插值分析方法，分析和评估灌区流域内污染物空间分布特征及排放负荷量，根据模拟结果估算流域湖泊的水环境容量，分析湖泊动态水环境容量的变化，采用权重分析法对湖泊水环境容量进行定额分配，并对其分配结果进行合理性验证，研究结果可为河套地区农田管理活动（灌水量、灌溉时间及施肥量等措施）提供参考，也可为治理乌梁素海富营养化提供借鉴。

5.1　SWAT 模型构建

SWAT 模型是具有物理机制的流域分布式水文模型，它能够利用 GIS 和 RS 提供的空间数据信息，模拟流域中包括水、沙、化学物质以及杀虫剂输移和转化过程等多种不同水文物理过程；其主要应用领域有流域的径流模拟、土地利用/覆被变化的水文效应、气候变化的水文效应、非点源污染研究、管理措施的情景分析以及水土保持研究等。

SWAT 模型在前期数据准备阶段，主要包含 3 类数据的整理，即气象数据、土地利用空间数据及土壤空间数据的准备。气象数据包括逐日降水量、最高/最低气温、相对湿度、日照时数、风速等数据；土地利用的空间数据主要是地区内植被、水体、建筑物的空间属性的重分类；土壤空间数据主要是重分类土壤类型，输入和完善各类土壤及土层的物理化学属性。

模型的流域水文过程模拟首先是利用数字高程 DEM 数据进行坡度、子流域和水文单元的划分，然后再调用不同的子模块进行水文循环、泥沙运移、污染物迁移转化等过程模拟。水文循环过程中主要分为两部分，一部分是陆面水文的产汇流过程，另一部分是河道内水流演算过程。陆面水文的产汇流依据 USDA 开发的 SCS 径流曲线数进行估算，河道水流的演进采用马斯京根法。流域内的渗透水、土壤水的运移分别采用存储演算方法和动力蓄水水库模型进行计算。流域出口输出值则根据子流域和水文响应单元 HRUs 的产水产沙量和营养盐的输出量，联合河网上下游之间的水力联系计算河道出口处的水流及污染物运移量。该过程伴有泥沙的侵蚀和污染物的迁移，模型中依据修正后的土壤流失方程 MUSLE 计算泥沙的侵蚀，污染物则采用 QUAL2E 模型模拟计算河道中污染物的迁移转换。模型在计算流域内的产水产沙量及营养盐的输出时，依据分配在各子流域上的气象、水文数据、下垫面土地利用条件、土壤水分及物理化学属性数据进行估算。模型不仅能模拟天然流域内的水文过程及污染物运移，还能针对人为活动剧烈地区、下垫面以农田为主的流域，通过概化流域内农业管理措施，如作物种植和收割时间，灌溉水的灌水量和时间以及施肥量和时间等，设定不同的情景分析，来评估人为活动对流域径流及污染物负荷的影响（Arnold et al, 1998；Panday and Huyakorn, 2004；Jiang et al, 2014）。

　　在 SWAT 模型运行的整个过程中，主要参与计算的模块有 3 个，即水文过程子模块、土壤侵蚀子模块和污染负荷子模块。SWAT 模拟演算过程涵盖了降水（降雨、降雪）、蒸散发（土壤、植被、水面等）、地表径流、壤中流、地下径流以及河道汇流等过程。模型结构框图如图 5-1 所示。

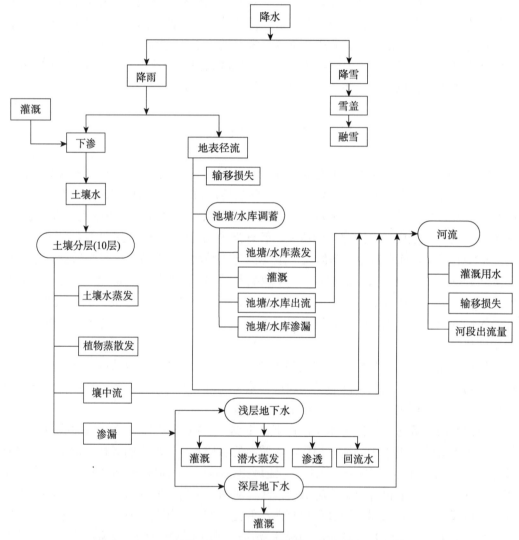

图 5-1　SWAT 模型结构示意图

　　SWAT 模型是具有物理机制的分布式水文模型，因此在模型的构建运行初期，需要大量的空间数据和属性数据做支撑。数据的准备阶段主要任务包括数据格式与 SWAT 模型格式相匹配，空间数据的投影系统要一致，数据单位要统一等。

5.1.1　投影坐标

模型中，三类空间数据由于来源不同，各自都有其自有的初始投影系统。在 SWAT 模型流域子流域和水文响应单位划分过程中，要求所有空间数据须具有相同的地理坐标投影系统，在 GIS 平台中才能进行空间数据的叠加分析和计算。考虑到研究内容中相应的计算与面积有联系，因此本文采用的是 Albers 等积投影，保证空间数据在投影变换过程中，面积变化尽可能小，其投影参数的变化如表 5-1 所示。

表 5-1　投影参数表

第一标准纬线	第二标准纬线	中央经度	参考椭球体	单位	地理坐标系
25°00′00″N	47°00′00″N	111°00′00″E	Krasovsky	m	Beijing1954

5.1.2　数据库构建

1. DEM 及灌排系统图

本研究所用的 DEM 数据采用的是 SRTM 数据。该数据是多国联合进行的航天飞机雷达地形测量任务的成果，数据雷达影像是目前为止适用性最好且覆盖最全的全球性数字地形数据。该数据存在两种精度版本，一个是 SRTM-1，对应精度为 30m；另一个是 SRTM-3，对应精度为 90m。目前 SRTM-3 全球 DEM 数据是免费获取的。本研究采用的是覆盖全中国的 SRTM-3 数据，空间分辨率为 90m。灌排渠系是以国家测绘地理信息局 1：250000 的地形图和 2000 年内蒙古河套灌区现状图为底图进行矢量化得来的，并在 2010 年利用 GPS 进行实际调查，修正了新建和延伸的主排干沟和干渠，如图 5-2 所示。

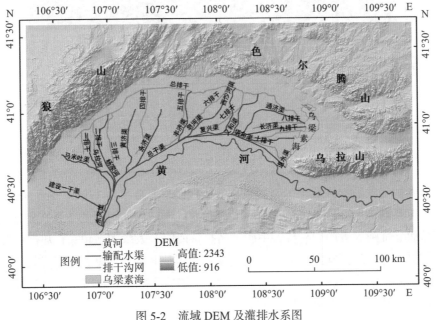

图 5-2　流域 DEM 及灌排水系图

2. 土地利用数据

土地利用图采用寒旱区科学数据中心的内蒙古自治区 2000 年的土地利用数据，比例尺为 1∶100000，同时结合 2012 年 5~8 月区间段内 4 张无云的 Landsat 7 ETM 影像，轨道号分别为 128/31、129/32、129/31、129/32，对研究区土地利用情况进行修正。通过收集灌区的种植面积资料以及灌区流域内的实地调查，将土地利用图按照流域内主要的地貌进行了重分类。流域内面积占比最大的为草地，高达 53.3%，其次是荒地（包含没有作物的盐碱地）。灌区流域内的小麦、玉米、向日葵和番茄的面积参照巴彦淖尔市统计的 2007~2011 年种植结构比例进行重分类，取其各作物种植面积多年的平均值。向日葵种植面积占比最大为 5.6%。土地利用图是重分类根据各植被面积的百分比，利用 ArcGIS 自带的 reclassical 工具进行重分类，参照 DEM 的投影系统将其转化在同一个投影和坐标系中，其结果显示如图 5-3 所示。

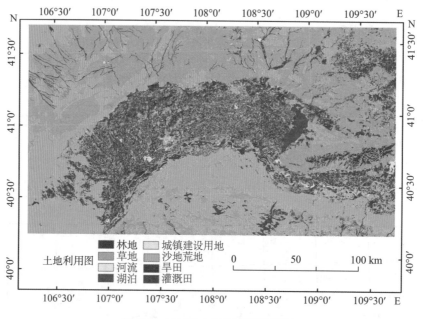

图 5-3　区域内土地利用重分类图

3. 气象数据

本研究的气象数据来源于国家气象科学数据共享服务平台（http://data.cma.cn/），数据时间长度系列为 1990~2013 年。选用了河套灌区流域内和附近的 7 个气象站点，分别是杭锦后旗、临河、五原、乌拉特中旗、乌拉特前旗、大佘太、包头，数据主要包括逐日观测数据，包括最高气温、最低气温、降水、相对湿度、风速和日照时数等。资料中缺少太阳辐射的实测资料，根据童成立（2005）的研究成果，可将日照时数换算成逐日的太阳辐射，相关站点的详细资料如表 5-2 所示。

表 5-2　气象站基本情况列表

站点名称	站点的空间位置			数据内容
	XPR	YPR	ELEVATION	
杭锦后旗	40°51′	107°07′	1024.0	降雨、日照时数、最高/低温度、相对湿度、风速
临河	40°44′	107°22′	1041.1	降雨、日照时数、最高/低温度、相对湿度、风速
五原	41°03′	108°9′	1023.7	降雨、最高/低温度
乌拉特中旗	41°34′	108°31′	1288.0	降雨、日照时数、最高/低温度、相对湿度、风速
乌拉特前旗	40°26′	108°23′	1020.4	降雨、日照时数、最高/低温度、相对湿度、风速
大佘太	41°00′	109°04′	1078.7	降雨、平均气温、相对湿度、风速
包头	40°32′	109°53′	1004.7	降雨、日照时数、最高/低温度、相对湿度、风速

搜集来的资料中，有些站点由于各种各样的因素存在缺测和中断。缺测的资料在模型中可以用-99来代替，但长时间的缺测和中断，会导致模型无法完成初始化运行，需要构建天气发生器来模拟和补充缺测的气象资料。SWAT 模型中，提供了一种随机天气模型，在给定天气条件下根据数理统计模型，通过月平均气象数据的统计特征来模拟估算气象的变化过程，从而补充气象资料的不全和缺失。模型中天气发生器的相关统计指标如表 5-3 所示。

表 5-3　天气发生器参数表

变量名称	定义	备注
TMPMX	月日均最高气温	$\mu mx_{mon} = \sum_{d=1}^{N} T_{mx,mon} / N$
TMPMN	月日均最低气温	$\mu mn_{mon} = \sum_{d=1}^{N} T_{mn,mon} / N$
TMPSTDMX	月日均最高气温标准偏差	$smx_{mon} = \sqrt{\sum_{d=1}^{N} (T_{mx,mon} - mmx_{mon})^2 / (N-1)}$
TMPSTDMN	月日均最低气温标准偏差	$\sigma mn_{mon} = \sqrt{\sum_{d=1}^{N} (T_{mn,mon} - \mu mn_{mon})^2 / (N-1)}$
PCPMM	月日均降水量	$\bar{R}_{mon} = \sqrt{\sum_{d=1}^{N} R_{day,mon} / yrs}$
PCPSTD	月日均降水量标准偏差	$\sigma_{mon} = \sqrt{\sum_{d=1}^{N} (T_{day,mon} - \bar{R}_{mon})^2 / (N-1)}$
PCPSKW	月日均降水量偏度系数	$g_{mon} = N \sum_{d=1}^{N} (R_{day,mon} - \bar{R}_{mon})^3 / (N-1)(n-2)(\sigma_{mon})^3$
PR_W1	月内干日系数	$P_i(W/D) = (days_{W/D,i}) / (days_{dry,i})$
PR_W2	月内湿日系数	$P_i(W/W) = (days_{W/W,i}) / (days_{wet,i})$
PCPD	月内降雨天数	$d_{wet,i} = day_{wet,i} / yrs$
RAINHHMX	最大半小时降雨量	实测数据统计
SOLARAV	月日均太阳辐射量	$\mu rad_{mon} = \sum_{d=1}^{N} H_{day,mon} / N$
DEWPT	月日均露点温度	$\mu dew_{mon} = \sum_{d=1}^{N} T_{dew,mon} / N$
WNDAV	月日均风速	$\mu wnd_{mon} = \sum_{d=1}^{N} T_{wnd,mon} / N$

4. 土壤数据的计算

SWAT 模型中，需要的土壤资料包括两类，一类是土壤类型空间数据，另一类是土壤的物理化学属性。土壤类型空间数据来自中国科学院南京土壤研究所的全国 1：100 万的土壤图，利用 ArcGIS 坐标投影转化工具转换投影坐标系统，使其与 DEM 相一致。

土壤物理化学属性数据是模型初始化运行的必备条件，对于模型的模拟起着非常重要的作用。土壤剖面当中水和气的交换是由土壤物理属性来主导的，其物理属性包括土壤含水量、土壤深度、粒径组成、饱和导水率等。物理属性数据中的相关参数一部分可从当地土壤志或研究成果计算得到，还有一部分缺失的，可以采用美国农业部开发的土壤水特性计算程序 SPAW 进行估算，其他属性方法如表 5-4 所示。

表 5-4　土壤数据库相关参数

变量名称	模型定义	备注
SNAM	土壤名称	跟索引表统一
NLAYERS	土壤层数	查阅当地土壤志
HYDGRP	土壤水文分组	根据下垫面特征分 A、B、C 或 D 类
SOL_ZMX	土壤坡面最大根系深度	实测
ANION_EXCL	阴离子交换孔隙度	默认值 0.5
SOL_CRK	土壤最大可压缩量	查阅土壤志
TEXTURE	土壤层结构	根据土壤机械组成
SOL_Z	土壤表层到土壤底层的深度	查阅土壤志
SOL_BD	土壤湿密度	实测
SOL_AWC	土壤可利用的有效水	利用 SPAW 软件计算
SOL_K	饱和水力传导系数	
SOL_CBN	有机碳含量	利用经验公式 TOC=0.58 有机质
CLAY	直径<0.002mm 的土壤颗粒（%）	根据南京土壤所提供的中国制颗粒组成，利用 matlab 三次样条插值计算转换美国制的颗分标准
SILT	直径 0.002~0.05mm 的土壤颗粒（%）	
SAND	直径在 0.05~2mm 的土壤颗粒（%）	
ROCK	直径≥2mm 的土壤颗粒（%）	
SOL_ALB	地表发射率	默认值 0.15
USLE_K	土壤侵蚀力因子	查阅土壤志
SOL_EC	电导率	查阅土壤志

土壤的化学属性主要包括土壤中初始有机质含量、氮和磷的初始含量、盐度、电导率等。土壤的化学属性数值一部分根据中国科学院南京土壤研究所土壤分中心的土壤数据库（http://www.soil.csdb.cn/）中的属性数据进行确定，另一部分采用实地采样、室内测定的数据进行初值的设定。

由于土壤图精度不够高，在模型模拟过程参数的率定过程中，还需要进一步对土壤参数进行校正。

5.1.3　子流域划分

分布式水文模型运用的基础是准确合理地划分出研究区流域边界和子流域大小。

SWAT 模型在空间单元的离散化方面，充分考虑研究区内的地形特征、土地利用类型和土壤类型等下垫面条件的空间异质性。通过 GIS 平台的叠加分析，将流域内具有相同水文特性的单元划分归类，形成不同的水文单元，然后在水文单元的基础上进行子流域的划分（Rathjens et al，2016）。

河套灌区流域地貌为山区、平原区复合地貌，且陆面水文过程复杂。特别是地区内的农业灌区平原，水文过程以人工灌溉–蒸散–排灌为主。目前该地区的水量平衡计算和面源污染都是研究的热点，合理地划分子流域和流域边界是准确模拟该地区水文循环的前提。灌区地形上北接阴山山脉的乌拉山和狼山，南临黄河，是典型的山区、平原复合地貌流域。地形地貌特征不仅具有自然山区和平原区的特点，同时区域内水文过程受人为活动剧烈的影响，具有人工–自然流域的代表性。通过结合流域内山脊线、天然河流和灌域边界特征，对子流域和流域边界进行划分，合理地划分出其完整流域。

1. 流域划分方法概述

在山前平原地区，山区径流对于平原区水文具有补偿作用。流域划分时，需要考虑山区对平原区的补给，才能使水文循环体系具有完整性。基于 GIS 和 SWAT 的流域划分方法思路可归纳为：首先，将山区、平原复合地貌区分为山区和平原区依次进行划分，针对平原区和平原灌区，借助 GIS 工具，通过"Burn-in"算法和"高程增量叠加算法"对平原区 DEM 进行预处理，增加平原区汇水能力的同时，使其各子流域汇水区符合平原区用水管理特点。其次再借用 SWAT 模型的流域划分模块的"D8"算法对山区子流域和汇水区进行划分，子流域作为分布式水文模型的计算单元，是构建分布式水文模型的重要内容之一。最后，综合山脊线、天然河流和土地利用图对整个流域的边界进行合理的确定，达到完整划分流域的目的（Van Liew et al，2003；Li et al，2015；吴用等，2016；左俊杰和蔡永立，2011；周钧迪等，2012）。

2. 复杂地形地貌流域划分步骤

1）基于"Burn-in"算法修改 DEM

在大型的平原灌区中，平原区 DEM 无法精确表达高程信息，SWAT 模型采用的 D8 算法无法精确计算河网位置，从而定义河流流向。因此，需要通过将排水沟所在的高程降低，人为地增加平原区的汇水能力。为了准确计算出与实际相一致的河网，首先需将数字河系与排水沟网转成栅格单元大小与原 DEM 一致的栅格数据，其次借助 ArcGIS 中的逻辑、数学运算，将河道流经的 DEM 高程值降低一定的数值或比例，保持修正河道高程值低于河道周围地区的高程值，以使最后提取出来的河道更加接近真实河网。具体操作步骤如下：

在 GIS 环境下，将数字化的实际河网图由 shp 格式转化成 grid 格式，然后对 grid 格式河网以 reclassify 命令重分类，具体将有值的河网划分为 1，将非河网所对应的 Nodata 值划分为 0。

填充原始 DEM 凹陷。原始 DEM 有凹陷坑，基于此 DEM 计算出的河流可能发生断流现象。为克服这一缺陷，利用 ArcGIS 的 fill sink 命令获得了无凹陷 DEM。

将重分类的河流水系 grid 图层与 DEM 相乘，将 DEM 的高程值赋给生成的水系图，然后将带有 DEM 高程信息的水系图乘以小于 1 的系数，降低其高程值。

将填充的 DEM 减去上一步生成的水系图，得到新的 DEM。

2）基于"高程增量叠加算法"修改 DEM

平原灌区通过输配水渠系输水，与自然流域水文汇流过程相反，且灌区的输配水渠系与排水沟网覆盖着整个灌区。灌区的用水特点是以灌域为单元进行管理，而灌域的划分主要根据输配水渠系来进行确定。前期单独的降低排水沟网还不能完全反映实际的灌区水文过程和特点，需要结合输配水渠系重新定义研究区子流域边界。因此在水文模型的构建过程中，需将研究区子流域按输配水渠系进行重新划分。平原灌区中输配水渠与天然分水岭有着相似的功能。基于此种考虑，在前期修改过的 DEM 上进行进一步处理，采用"高程增量叠加"算法，使其输配水渠系所在的高程增加，作为子流域的边界线。

3）研究区全流域边界的确定

山区、平原复合流域的地形地貌复杂，不能再简单地以灌域边界或行政边界来进行划分，合理确定研究区的边界是后期分布式水文模型准确计算水量平衡的基础。综合考虑山区产水量和平原区侧向补给量，将其分为平原区和山区流域。平原区边界的确定结合土地利用图和灌域边界进行确定，山区流域边界线按分水岭线进行划定，最后综合两部分的流域边界线确定研究区边界，划定出完整的全流域。

5.2 SWAT 模型在河套灌区流域适用性评价

5.2.1 参数敏感性分析

SWAT 模型的 3 个子模型在水文循环和污染物负荷的模拟过程中有大量的具有实际物理意义的参数参与。由于参数量巨大，取值范围广，且实际测量和获取相关物理意义的参数难度较大，因此，在模型运行过程中需首先找出与模拟过程非常密切的相关参数，通过调节参数的合理取值使得模型能准确模拟区域水文循环过程。为了保证 SWAT 模型的正常运行，大部分参数都设置了初始值。由于 SWAT 模型在最开始的设计和应用时，是根据特定流域气候、地形地貌、土壤类型进行初始化的，所以模型中很多的参数初始值不能表征其他流域的实际情况；同时，有些参数虽然取值范围非常大但是其在取值范围内变化时，对模型模拟结果影响很小，而有些参数稍微变动，就会使模拟结果剧烈变化。因此在模型的应用时需要对模型进行参数的敏感性分析和合理性评价，找出对模型模拟结果影响较大的参数。在模型率定校准过程中，敏感性分析能极大地提高率定效率。

SWAT 模型自 SWAT2005 版本后添加了敏感性分析模块，其采用的是 LH-OAT 方法。该方法结合了 One-factor-At-a-Time（OAT）分析法与 Latin Hypercube 采样技术，其优点是可以保证参数能在其取值范围内所有取值，且输出每一次参数改变的模拟结果，这既提高了模型计算效率又便于结果的分析。敏感性分析结果则采用一个无量纲的数代表敏感度，反映了模型参数的变化对模拟结果的影响程度（Lenhart et al, 2002; Wellen et al, 2014）。

1. 敏感性分析原理

拉丁超立方抽样法（Latin Hypercube，LH）属于分层抽样法。该方法将参数的取值
范围空间划分为 N 层，生成一组随机数；同时在每一层进行抽样，且只能抽取一次，每
层出现的概率为 1/n，然后模型利用多元线性回归和相关性统计进行分析模拟。OAT 是
将每组的随机组合数进行一次微小的改变，且每次只改变一个参数值，然后计算每改变
一个参数对模拟结果变化大小的影响。由于 LH-OAT 方法每运行一次只改变一个参数
值，因此模型模拟结果的变化可归因于该参数的变化，所以能准确判断一个参数是否敏
感，该方法极大地提高了模型的可用性。该方法的计算表达式如式（5-1）所示。

$$S_{i,j} = \left| \frac{100 \times \left(\dfrac{M(e_1,\cdots,e(1+f_i),\cdots,e_p) - M(e_1,\cdots,e_p)}{[M(e_1,\cdots,e(1+f_i),\cdots,e_p) + M(e_1,\cdots,e_p)]/2} \right)}{f_i} \right| \qquad （5\text{-}1）$$

式中，M 为函数；f_i 为参数 e_i 的变化比例；j 是采样点。参数计算一个循环需要运行 P+1
次，结果取每次循环的局部影响的平均值，整个 N 层计算过程需要运行 N×(P+1)次。

2. 敏感性参数排名

在前文的模型构建过程中，将研究区流域划分为 55 个子流域，以及 364 个水文响
应单元。以红圪卜扬水站作为流域的出流点，选择了对河套灌区流域径流影响较大的 14
个参数，利用 SWAT 模型自带敏感性分析模块筛选出对模拟结果较敏感的参数，参数的
意义及模拟初始值如表 5-5 所示。

表 5-5　红圪卜扬水站径流参数敏感性结果

敏感性排名	参数名称	描述	变化范围
1	Gwqmn.gw	浅层地下水径流系数（mm）	0~5000
2	Rchrg_dp.gw	深蓄水层渗透系数	
3	Esco.bsn	土壤蒸发补偿系数	0~1
4	Sol_z.sol	土壤深度（mm）	0~600
5	Gw_revap.gw	地下水再蒸发系数	0.02~0.2
6	Gw_delay.gw	地下水滞后系数（d）	0~100
7	Revapmn.gw	浅层地下水再蒸发系数	0.02~2
8	Alpha_bf.gw	基流 α 系数	0~1
9	CN2.mgt	SCS 径流曲线系数	35~98

结果表明，地下水的参数较地表水的参数敏感，Gwqmn.gw 是最敏感的一个，它影
响着浅层地下水的出流量。与地表水关系密切的 CN2 值则排在敏感性分析的第 9 位。
初步可以判定河套灌区流域的水量校准主要集中在地下水部分，地表径流贡献不大。

5.2.2　模型校准与验证及评价指标

参数的敏感性分析是高效率定校准和验证模型的前提。根据参数敏感性分析的结
果，结合各参数实际的物理意义，通过对比实测值和模拟值再进行参数取值范围内的变

化调整。模型的率定过程就是模拟值和实测值无限接近的过程，模型的验证则是率定后的模型对复杂的流域环境问题和机理过程的模拟和表述。

本研究利用决定系数（R^2）和纳什效率系数（NSE）评价和验证模型的适用性。R^2可以衡量均值的模拟效果，NSE 可以衡量极值的模拟效果。R^2 和 NSE 的共同性在于两个评价指标的取值范围均是在 0~1，其值越接近于 1 则模拟值和实测值的回归线拟合越好，相关性越高，且模拟值越接近实测值，反之则相关性越低，模拟值与实测值差距越大。然而两个指标有着各自的含义，不能单独使用。R^2 物理含义是表达模拟值和实测值回归线拟合的程度好坏，其值越接近于 1，模拟值和实测值变化趋势越一致；NSE 的物理含义是表达模拟值与实测值基于最小二乘法在 1：1 线之间的偏离程度，其值越接近于 1，模拟值越与实测值相同。因此，如果只有 R^2 作为评价指标，存在一种情况是模拟值与实测值回归线的斜率和截距分别为 1 和 0，R^2 值接近于 1，但模拟结果可能整体偏大或偏小，在曲线图中模拟值可能整体向实测值的上方或下方进行偏移。R^2 和 NSE 的计算公式如下：

$$R^2 = \left\{ \frac{\sum_{i=1}^{n}(Q_O - \bar{Q}_O)(Q_s - \bar{Q}_s)}{\left[\sum_{i=1}^{n}(Q_O - \bar{Q}_O)^2\right]^{0.5}\left[\sum_{i=1}^{n}(Q_s - \bar{Q}_s)^2\right]^{0.5}} \right\} \tag{5-2}$$

$$NSE = 1 - \frac{\sum_{i=1}^{n}(Q_O - Q_s)^2}{\sum_{i=1}^{n}(Q_O - \bar{Q}_O)^2} \tag{5-3}$$

式中，Q_O 和 Q_s 分别是观测数据和模拟数据；$\bar{Q}_O$ 和 $\bar{Q}_s$ 分别是观测数据的平均值和模拟数据的平均值；n 是数据的个数。

1. 模型校准方法

SWAT 模型中校准模块包括两部分，一部分是手动校准模块，一部分是自动校准模块。手动校准采用的基本方法为试错法，通过人工调整参数值，代入模型进行模拟，将模拟结果和实测值进行对比并计算评价指标值，如果达到评价值标准，则结束校准，确定最终参数取值。自动校准模块中 SWAT 自带的是 Shuffled Complex Evolution（SCE-UA）算法，虽然该算法已被成功运用在水文和水质上的校准，但其应用较为局限，对于大流域和长时间序列收敛速度较慢（Linde et al，2008）。表 5-6 列出了手动校准和自动校准的优缺点。

表 5-6　SWAT 模型两种校准方法的优缺点

方法	优点	缺点
人工校准	可以结合流域实际进行参数的取值，且每次参数调整后有详细的模拟结果报告。	模拟过程中需要大量的试错运行，且需对参数的物理意义有清晰的认识。
自动校准	不需要考虑参数的选取，且能进行大量次数的模拟，次数越多模拟结果精度越高。	对计算机硬件要求高，且中途遇错会终止运行。

　　根据本研究的需要，在模型的率定校准和验证过程中，采用人工校准和自动校准相结合的方法，克服两种方法的缺点。

　　率定过程中先用人工校准的方法对模型进行粗调，在参数敏感性分析的基础上，粗调相应的参数，使得模拟值与实测值的相对偏差|Re|<30%。经过粗调后的参数，取值范围得到相应的缩小，再将粗调后的参数范围输入到后期的自动校准中，可大大提高算法的收敛速度，提高自动校准中的运算效率。

　　本章的自动校准采用的是 SWAT 官网提供的 SWAT-CUP 软件，该软件是由瑞士联邦水科学与技术研究所（EAWAG）针对 SWAT 模型的参数率定校准过程研发的独立免费软件。该软件提供了 5 种算法，本文选取 SUFI-2（Sequential Uncertainty Fitting Version 2）方法进行自动校准（Dechmi et al，2012）。校准验证流程如图 5-4 所示。

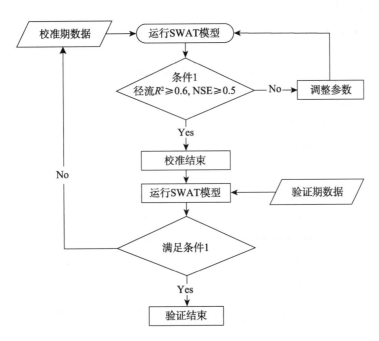

图 5-4　校准和验证流程图

　　径流的校准过程中，参数的选择一般有以下经验可参考：

　　校准地表径流：可先调整 CN2 值，如果达不到要求，则再调整 SOL_AWC 或 ESCO 两个参数。

　　校准地下径流：如果模拟基流值太高，则增加 GW_REVAP 值，或减小 REVAPMN 值，或增加 GWQMN 值。

　　若地下水补给量大于或等于所需要的基流，则减小 GW_REVAP 值，或增加 REVAPMN 值，或减小 GWQMN 值。

　　流量过程线校准：如果峰值看着合理，退水期降得太快，则检查河道水力传导率 CH_K 和基流 α 系数。

营养物的校准：首先应该检查土壤属性库中氮、磷初始浓度值，其次检查管理措施中施肥量和施肥时间的正确性。参数值选择调整：氮渗透系数 NPERCO（.bsn）、磷渗透系数 PPERCO（.bsn）、土壤磷分配系数 PSP（.bsn）以及 QUAL2E 文档中与营养盐相关的参数。

2. 参数率定结果

模型的率定是在一定的参数取值范围内调试参数以使模拟值和实测值合理接近的过程。本研究首先手动对影响径流量的参数进行校验，由于研究中收集到的红圪卜实测流量数据时间是 2003~2013 年，因此，本研究以 2003~2009 年作为率定期，2010~2013 年为模拟验证期。

3. 手动参数校准

选取敏感性排名前 9 位的参数分别对模型进行率定，结果如表 5-7 所示。

表 5-7　手动参数率定结果

序号	参数名称	率定值	范围
1	Gwqmn.gw	560mm[a] 90mm[b]	300~600mm 5~100mm
2	Rchrg_dp.gw	0.05	0.01~0.50
3	Esco.bsn	0.95	0.81~0.95
4	Sol_z.sol	1000mm[c] 1400mm[d]	—
5	Gw_revap.gw	0.02	0.02~0.12
6	Gw_delay.gw	21days	9~23days
7	Revapmn.gw	300mm	0~304mm
8	Alpha_bf.gw	0.06	0.01~0.50
9	Cn2.mgt	35	35~98

注：a、b 分别表示无灌溉土地和有灌溉土地，c、d 分别表示第一层土壤和第二层土壤。

4. 自动参数校准

在手动校准的基础上采用 SWAT-CUP 软件的自动校准工具对模型的径流量、污染物负荷量进行进一步的校准。通过实际物理过程的分析，流域内营养物质的运移输出与径流量和土壤侵蚀有着密切的关系，因此在 TN、TP 的模拟率定过程中，增加了一些与泥沙相关的参数。虽然该地区缺少相关的泥沙检测资料，但 SWAT 模型的另一个优点就是在缺资料地区也能较好地应用。本次率定将整个流域分为了两部分，一是北部山区，另一部分是灌区平原。各部分内各土地利用单元取值各不相同，极大提高了模型模拟的准确性。利用 SWAT-CUP 中三种赋值方法：增加一定数值（a）、新值替代旧值（v）、数值相对变化（r）对模型参数进行自动率定和校准（Dechmi et al，2012），得到的参数率定值如表 5-8 所示。表 5-9 列出了模型中所涉及的各参数名称及物理意义。

表 5-8　自动参数值得选取及率定

参数名称	单位	北部山区	灌区平原
		AGRL/PAST/BARR	CORN/SUNF/SWHT/URMD
CN2	—	53/45/35	50/68/89/46
ESCO	—	0.68/0.67/0.72	0.71/0.71/0.72/0.76
EPCO	—	0.23/0.45/0.40	0.23/0.07/0.35/0.19
CANMX	—	37/35/30	42/35/34/10
SOL_AWC	mm/mm	0.09~0.11	0.13~0.71
ALPHA_BF	days	0.04	0.31
CH_K2	mm/h	1.5	3.1
GWQMN	mm	207	96
GW_DELAY	days	22	27
REVAPMN	mm	200	165
GW_REVAP	—	0.03	0.04
RCHRG_DP	—	0.01~0.5	0.01~0.2
SLOPE	m/m	0.2/0.2/0.01	0.01/0.01/0.01/0.1
SLSUBBSN	m	150	
CDN	—	3	
SDNCO	—	0.85	
NPERCO	—	0.7	
PPERCO	—	10	
PHOSKD	—	150	
PSP	—	0.7	

表 5-9　模型部分参数物理意义

参数名称	描述及取值意义
CN2	SCS 径流曲线数
ESCO	土壤蒸发补偿系数，取值范围 0.01~1。其值越接近于 0.01，下层蒸发量越大
EPCO	植物吸收补偿系数，取值范围 0.01~1。其值越接近于 1，模型允许植物从更低的土壤层吸收水分
CANMX	最大植物截留量
Sol_Z	最大土层深度
SOL_AWC	土壤可利用水量
ALPHA_BF	基流 α 因子，取值范围：0.1~1。当其值在 0.1~0.3 变化时，回归流响应较慢；当其值在 0.9~1.0 变化时，回归流响应较快
CH_K2	主河道有效水力传导系数，其值越小，河床流失率越低
GWQMN	浅层地下水发生阈值，其值越低说明地下水流越容易发生
GW_DELAY	地下水延迟系数
REVAPMN	浅层地下水越流系数，其值越低说明浅层含水层的水越容易向不饱和带运移

续表

参数名称	描述及取值意义
GW_REVAP	地下水再蒸发系数，取值范围 0.02~0.2。值越大，浅层含水层中的水向根系层运移的蒸发量越大，其蒸发量可以达到潜在蒸发量
RCHRG_DP	深层含水层渗透系数，取值范围 0.0~1.0
SLOPE	坡度
SLSUBBSN	平均坡度长度
CDN	反硝化指数速率系数，取值范围 0.0~3.0。值越大说明反硝化速率越高
SDNCO	反硝化临界含水量。如果土壤的田间含水量大于该值，反硝化作用开始发生
NPERCO	硝酸盐渗透系数，取值范围 0.01~1.0。如果其值越接近于 0，径流中硝酸盐的浓度越接近于 0；其值越接近于 1，地表径流中硝酸盐的浓度越接近下渗浓度
PPERCO	磷渗透系数，取值范围 10~17.5。磷下渗系数取决于土表层 10mm 中溶解态磷的浓度
PHOSKD	土壤中磷的分配系数。与土表层 10mm 中溶解态磷的浓度有关
PSP	磷有效性指数

5.2.3　模拟率定期和验证期效果评价

1. 月径流模拟结果评价

校准期模型模拟效果如图 5-5 所示，校准期 R^2 和 NSE 的值分别为 0.82、0.78。验证期如图 5-6 所示，模型的 R^2 和 NSE 值分别为 0.80 和 0.77。2 个评价指标结果显示模型经校准后达到模拟精度要求，可以认为 SWAT 模型在河套灌区流域水文部分的适用性较好，能为后期非点源污染模拟的准确性奠定基础。

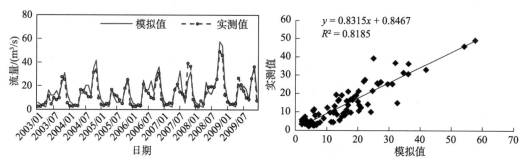

图 5-5　径流模拟率定期结果

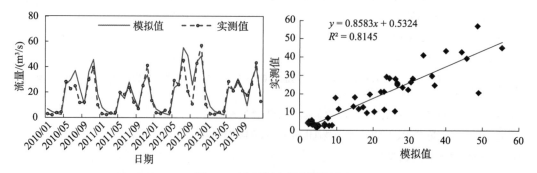

图 5-6　径流模拟验证期结果

2. 总氮（TN）、总磷（TP）的评价指标及模拟结果

本文总氮、总磷数据为室内测定值，从 2002 年开始已经有月尺度氮磷监测数据。由于实验条件限制，团队数据能检测的月份从每年的 4 月开始至每年的 10 月，近年来会补测冬季 1 月的氮磷污染物。研究中选择数据时间跨度为 2006~2013 年，TN、TP 数据为水体中的浓度值。为了能直接与 SWAT 模型输出值进行比较，需将其浓度值转化为监测断面的输出量，其公式如下：

$$M = \rho \cdot Q \times 10^{-3} \tag{5-4}$$

式中，M 为断面氮、磷的输出总量（kg）；ρ 为实测的氮或磷月平均浓度（mg/L）；Q 为监测断面月平均径流量（m^3）。

而在 SWAT 里，没有直接对应的总氮和总磷输出量，因此将模型输出的形态氮或磷元素加和作为总负荷，其中氮元素包括有机氮、硝酸盐总量、亚硝酸盐总量、氨氮总量，磷元素包括有机磷总量、矿物质磷总量。公式如下：

$$TN\_OUT = ORGN\_OUT + NO_3\_OUT + NO_2\_OUT + NH_4\_OUT \tag{5-5}$$

$$TP\_OUT = ORGP\_OUT + MINP\_OUT \tag{5-6}$$

利用断面计算的实测值与 TN_OUT 和 TP_OUT 对比进行模型的率定与验证。将 2006 年作为模型预热期，2007~2010 年作为模型率定期，2011~2013 年作为模型验证期。因为数据量的限制，在氮磷评价指标体系中加入了相对偏差（PBIAS），能进一步评价模拟结果的可靠程度。总氮在率定期内 NSE 和 R^2 值分别为 0.63 和 0.67，验证期 NSE 和 R^2 值为 0.48 和 0.50，相对偏差在率定期和验证期内不超过 10%，说明总氮模拟结果良好可靠。总磷率定期内 NSE 和 R^2 值分别为 0.64 和 0.66，验证期 NSE 和 R^2 值为 0.42 和 0.51，相对偏差在率定期和验证期内没超过 40%，同样也说明模拟结果可信可靠，率定结果如表 5-10 所示。

表 5-10　模型总氮和总磷的率定结果

评价指标	总氮（TN）		总磷（TP）	
	率定期	验证期	率定期	验证期
NSE	0.63	0.48	0.64	0.42
R^2	0.67	0.50	0.66	0.51
PBIAS/%	9.53	2.38	−27.02	36.65

根据模型月模拟结果（图 5-7，图 5-8），分析其时间变化规律。降水–径流过程是流域非点源污染发生的驱动因素，河套灌区流域雨量主要集中在 6~9 月，占全年降水量的80%以上。可以看到，氮负荷的峰值变化与径流变化趋势类似，年内均有两个峰值，一个是作物生长期内的峰值，一个是秋浇时的峰值，而这两个时间段的径流量主要来源于土壤径流和地下水，可以说明氮的流失与土壤壤中流和地下水的关系较为密切。磷的峰值变化与径流过程和氮流失特征有较大的差异，其峰值出现主要在 6~8 月，而这 3 个月是降雨的主要发生月，说明磷的运移主要是随着地表径流发生的，与降雨有着密切的关系。

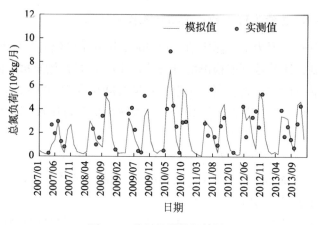

图 5-7　　总氮的月模拟结果

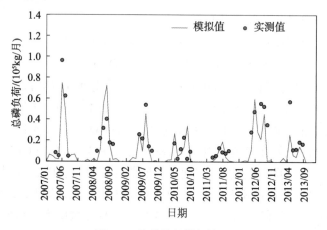

图 5-8　　总磷的月模拟结果

3. 不确定性来源分析

在模型率定和校准过程中存在较多的不确定性因子，可直接影响着模型模拟的精度。如模型概化过程中的不确定，空间数据上的不确定和流域参数的不确定。模型概化过程中的不确定性主要表现在以下几个方面。

（1）流域概化中阈值的选取。不同的阈值选择，相应子流域划分的个数不同，相关研究表明子流域的个数对径流量和污染物负荷量有一定的影响。其次是土地利用中的重分类，也属于流域概化的一部分，不同的土地利用特征产流量不同，基于研究目的和后期统一管理，研究中对面积占比较小的土地利用进行了重分类，将小类合并为大类，面积较小的则忽略，势必增加了模型在模拟流域水文过程中的不确定性。

（2）模型输入数据的不确定性。本研究中，由于气象站点个数和资料序列的限制，空间气象数据对模拟结果存在不确定性。例如，五原站缺少日照时数数据，即缺少辐射数据；大余太和前期站降雨资料从 2007 年起，缺少的数据依靠天气发生器进行补足，因此模拟结果也存在不确定性。

（3）模型参数率定的不确定性。模型在参数率定过程中，有一部分参数可以通过实测来获得，一部分参数依靠经验公式来获得。如径流曲线 SCS 中的 CN2 值、土壤蒸发补偿系数 ESCO 等都是经验参数，在参数值的选取上则依靠实际情况进行取值，这也对模型模拟结果的输出存在不确定性的影响。

5.3　河套灌区流域径流和非点源污染的影响分析

依据 SWAT 模型流域划分的结果，统计可知灌区平原的面积占总流域面积的一半以上，流域出口的总水量绝大部分来自平原区农田退水，平原内不适当的土地利用方式和灌溉管理措施会直接导致土壤侵蚀和过量的氮、磷流失，从而形成大面积的非点源污染。因而需要进一步讨论灌区平原内人为活动中的作物种植结构、灌溉和施肥方式对流域内水文循环过程和污染物迁移规律及负荷量的影响（Kannan et al，2011）。

5.3.1　径流受灌区管理制度的影响分析

1. 模型中灌溉制度的概化

SWAT 模型中允许模拟复杂的作物管理方式，分析讨论管理措施的影响，首先需要合理准确地概化到具体的水文响应单元，才能评估流域农业生产对流域非点源污染的影响（Kannan et al，2011）。SWAT 模型中农业管理模块包括的农业措施主要有耕地、播种、灌溉、施肥、收割等。本研究对林地、草地、旱田、水域这些土地利用类型及其管理信息采用模型缺省值，即不做任何修改。对水田地等有作物种植的区域制定详细的农业管理措施。在研究工作中，为了了解河套灌区平原区各作物的种植和施肥情况，于 2012年进行了一次面上实地调查，调查对象主要为当地的农户，走访的地区主要有临河区、五原县和乌拉特前期。

流域内的农作物种类较多，研究中选取主要农作物进行分析。分析对象以粮食经济类作物为主，包括春季的春小麦，夏季的玉米、葵花和番茄。调查项目包括各作物施肥量、施肥次数、作物产量、灌溉水量及时间。

2. 影响径流量的因素分析

河套灌区水资源来源绝大部分是平原区的灌溉，而平原区的水文循环过程是以灌溉-蒸发-下渗的方式为主，因此，灌区流域的水文过程与灌区内灌溉水量和灌溉时间有着密切的联系（Zheng et al，2010）。对 2003~2013 年的月径流和降雨量、灌溉量进行对比分析，由降雨和灌溉水量与径流量的时间变化趋势图（图 5-9）可见，径流的峰值与年内的月降水量的变化趋势不同，径流峰值的高低与灌溉水量及时间存在一定的联系。夏季径流峰值出现在每年的 5 月，5 月是每年河套灌区春灌的开始时间，秋季的流量过程线峰值发生在 10 月中旬到 11 月上旬，与河套灌区秋浇的灌溉时间相一致。降雨量的峰值在径流里没有体现，从侧面反映了灌区流域水文循环模式不以地表径流为主。计算流域内的水量平衡时，首先考虑平原区的农业管理措施（灌溉水量及时间），其次是降雨径流。

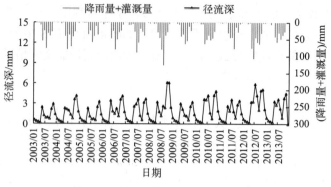

图 5-9　降雨、灌溉与径流的对比图

3. 山区径流对总径流的影响

流域出口红圪卜扬水站的径流量的变化与平原区灌溉措施密切相关,这是由河套灌区平原水文循环特征决定的。灌溉水经由灌溉渠道进入农田,后下渗至地下水再补给排干沟,最后经总排干沟汇入乌梁素海。灌溉水量巨大,因此决定了径流总的变化趋势与平原区灌溉管理措施相一致(Sang et al, 2010; Liu et al, 2010; Liu et al, 2013)。虽然如此,但北部山区径流的补给也不能忽视,从变化趋势的曲线上看,在作物生长期内非灌溉时期,即每年 6~8 月的雨季,其径流量还有小峰值出现,因此,山区径流对总径流的贡献占有一定的比例。

对于山区–平原区复合地貌流域,流域内的水量主要来源于两个部分,一个是平原区灌溉退水,一个是山区的径流补给。总排干的退水也主要来源于这两部分。根据模型模拟结果,通过核算各子流域的出流量,统计出总排干退水各部分的占比及变化趋势,如图 5-10 所示。统计分析河套灌区总排干的排水量,大部分来自于平原灌区的灌溉退水,另一部分则来自山洪的流入和山区的侧向补给。山洪的补给中大部分的贡献来自每年的雨季,多年峰值均出现在 7 月、8 月。分析 2007 年、2009 年和 2012 年的流量过程线,8 月径流量的峰值主要贡献来自山区径流的补给。通过计算可得山洪的径流量占全年总径流量的 28.4%。

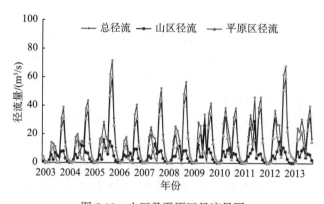

图 5-10　山区及平原区径流量图

5.3.2　氮磷污染物的来源分析

1. 空间位置上的变化

河套灌区流域的污染源主要有工业和生活点源、农业施肥、畜禽养殖和农村生活污染。农业施肥导致的污染需要特别重视，认清流域内主要污染源，对流域生态环境治理具有重要的指导意义（张银辉和罗毅，2009；Wu et al，2016；Lu et al，2013；Getnet et al，2014；Marco and Orlandini et al，2015；Schmidt and Zemadim，2015；Dai et al，2016）。

除了分析氮磷流失在时间序列上的变化趋势，本节进一步分析了氮磷发生的来源，以子流域为单位，通过统计模拟期内各污染源产污量的年平均值，分析了非点源污染在空间上的变化规律。

图 5-11 显示总氮在空间上的负荷变化，氮元素的输出主要来源于平原区流域中部以小麦地为主的子流域，其输出量在 4.5~9.0kg/hm^2，平均值为 5.6kg/hm^2；其次东部流域以葵花地为主的子流域，其输出量在 1.5~4.5kg/hm^2，平均值为 2.3kg/hm^2；再次是中北部以玉米地为主的子流域，输出量在 0.5~1.5kg/hm^2，平均值为 1.3kg/hm^2；北部山区的输出量最低，其值范围为 0.0~0.5kg/hm^2。进一步反映了氮的来源主要是平原区的施肥，大量灌溉水量加剧了土壤侵蚀，增加了氮的流失负荷量。

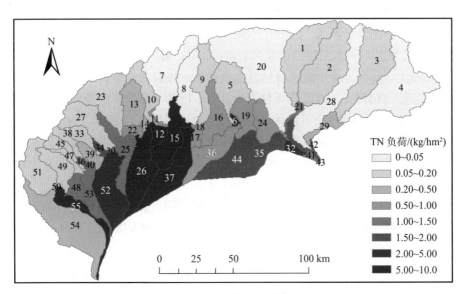

图 5-11　氮流失空间分布图

图 5-12 是磷空间上的负荷变化，磷元素的输出主要来源于葵花为主的子流域，其输出量在 0.5~1.1kg/hm^2，平均值为 0.86kg/hm^2；其次是小麦地和玉米地为主的子流域，其输出量在 0.1~0.5kg/hm^2，平均值为 0.25kg/hm^2；再次是东北部山区小流域，输出量在 0.05~0.1kg/hm^2，平均值为 0.75kg/hm^2；北部山区的输出量最低，其值范围为 0.0~0.05kg/hm^2。同时说明磷的流失同样主要来自平原区的施肥，但东北部的山区流失对磷负荷也有一定的贡献。

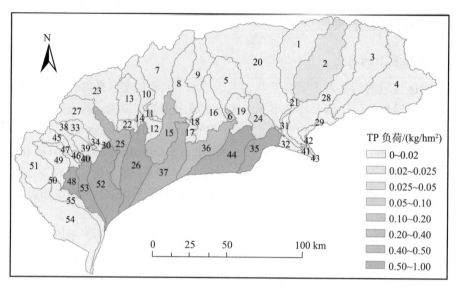

图 5-12　磷流失空间分布图

2. 不同水文路径的污染物贡献率（以总氮为例）

由于磷多数吸附在土壤颗粒上，所以主要流失方式以土壤侵蚀为主。由于缺少泥沙数据，且磷的溶解态含量不大，因此在不同水文路径中的磷负荷贡献暂不考虑，以总氮为例，分析河套灌区不同水文路径中氮的贡献率。河套灌区总径流主要来源于 3 个部分，地下水占比最大，其次是壤中流，最后是地表径流。依据前文分析，总氮的流失规律与径流的变化趋势密切相关，因此选择总氮为例，分析其年排放总负荷和强度。根据模型的输出结果，统计了不同路径下各污染源的贡献量，如表 5-11 所示。从表中可以看出，地下径流部分的总氮是主要贡献部分，地表径流的贡献率略低于壤中流部分。地下部分的总氮负荷量占总负荷量的 90.6%~94.6%，同时能说明氮的迁移主要是以水为载体，地表径流贡献不大。总氮负荷从 2007 年至 2013 年，年均排放量 2306760.45kg/a。最大负荷量为 2010 年的 3305955.40kg/a。模型的输出结果说明河套灌区的化肥使用量巨大，每年造成的氮排放量也很大，对下游生态环境的恶化有着直接的影响。

表 5-11　各部分总氮输出量

年份	地表径流部分/kg	壤中流部分/kg	地下径流部分/kg	年总量/kg
2007	51652.47	73448.72	1206370.50	1331471.70
2008	68406.48	80934.68	2008110.44	2157451.61
2009	60144.20	74075.39	1783767.61	1917987.21
2010	134197.92	99831.22	3071926.25	3305955.40
2011	55372.15	67091.02	2109677.98	2232141.16
2012	86221.87	69144.94	2569132.49	2724499.31
2013	64285.71	68538.88	2344992.15	2477816.76

图 5-13 是氮的排放强度，从强度上看最大的还是地下水部分，其次是地表水部分，最后是壤中流部分。2007~2013 年，氮的排放强度呈逐渐增大的趋势，尤其是地下水部分，最高强度在 2013 年达到了 0.131kg/hm²。从氮的排放总负荷和强度两方面分析，治理河套灌区氮的排放需要从地下水这部分开始，减少氮的淋滤作用，防止其随表层地下水流失。

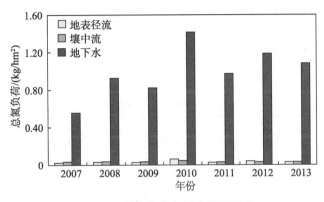

图 5-13   总氮年均各部分排放强度

3. 自然因子及人为因子相关性分析

为了分析氮磷的流失与自然因子和人为因子的关系，表 5-12 将自然因子（降水）和人为因子（灌溉）与总氮、总磷进行了相关性分析，从表中结果可以看出，总氮与径流和灌溉的相关性较大，分别达到 0.82 和 0.61；总磷与降水的相关性极高，达 0.89。进一步证明了前面分析的正确性，氮的流失与人为因子（灌溉）、径流密切相关，磷的流失与降水密切相关，揭示了氮、磷流失的特点（Liuzzo et al，2010；Ivanov et al，2004；Wu and Johnston，2007）。

表 5-12   自然因子和人为因子与总氮、总磷的相关性分析

自然和农田因子	降水	灌溉	径流	总氮	总磷
降水	1				
灌溉	0.29	1			
径流	0.17	0.42	1		
总氮	0.07	0.61	0.82	1	
总磷	0.89	0.17	0.16	0.02	1

5.3.3   不同施肥方式对污染物负荷的影响

1. 施肥方式的对比

施肥的种类主要分为基肥、种肥和追肥。基肥一般以有机肥为主，在播种前施用。种肥一般为速效氮肥和速效磷肥，在播种时随种子一同施入。追肥在农作物重要成长期追加施入，不同的农作物追肥的时间、数量和次数有所区别。在河套灌区农田区，氮磷

的流失与施肥的方式也有着密切的相关性，根据调查结果，将两种施肥方式均应用于模型当中，进而模拟氮的流失量，对比氮的排放量来分析两种施肥方式的合理性。

本节的肥料施用现状是根据当地农民实用调查结果得来的，另一种施肥方式则是当地小部分农民所采用的方式。本节只选择玉米和小麦两种主要作物进行情景分析（表 5-13）。设置两种情景，第一种是历史状况下每年肥料施用水平，对于玉米是氮肥 240kg/hm^2、磷肥 140kg/hm^2，对于小麦是氮肥 240kg/hm^2、磷肥 120kg/hm^2；第二种情景设置是分两次施肥，玉米是 5 月 2 日施加 25%的氮肥，8 月 5 日再施加剩余的 75%的氮肥，小麦是 3 月 25 日施加 75%的氮肥，5 月 20 日施加剩余的 25%，然后模拟总氮迁移的总量。

表 5-13　两种施肥方式的情景设置

情景分析		小麦		玉米	
		氮肥/(kg/hm^2)	磷肥/(kg/hm^2)	氮肥/(kg/hm^2)	磷肥/(kg/hm^2)
情景设置 1	种肥	240	120	240	140
	追肥	—	—	—	—
情景设置 2	种肥	180（75%）	120	60（25%）	140
	追肥	60（25%）	—	180（75%）	—

2. 总氮（TN）负荷的对比和分析

根据两种情景设置，对比分析 TN 负荷量的变化。由表 5-14 数据可以看出，情景设置 2 的施肥方式能明显削减 TN 负荷的量。通过计算两者的偏差值，发现削减百分比最高可为 13%。

除了 TN 负荷量的对比，还进一步分析了 TN 在各部分径流中的削减程度，分别计算了地表径流、壤中流和浅层地下水的两种情景设置下的 TN 负荷量。从表 5-15 数据可以看出，削减最大的还是浅层地下水的 TN 负荷量，其次是壤中流部分，地表径流的负荷量几乎没有变化。从而说明灌区平原内的农业管理措施对污染物在地表径流中的迁移没有明显影响，最显著的影响是浅层地下水部分。总结以上所有的分析，可以看出种肥+追肥的施肥方式好于单一的种肥施肥方式，前者能有效控制污染物的输出量，减缓污染物的流失量。

表 5-14　两种情景设置下的 TN 负荷量

年份	TN 负荷/(kg/a)		偏差	
	情景设置 1	情景设置 2	kg/a	%
2007	2169849	2159243	−10605.85	−0.49
2008	2761322	2627015	−134307.25	−4.86
2009	2053212	1870884	−182327.92	−8.88
2010	3107001	2687308	−419693.48	−13.51
2011	2290798	2125518	−165279.51	−7.21
2012	3052491	2803940	−248550.56	−8.14
2013	3352640	3182378	−170261.79	−5.08

表 5-15　两种情景设置下径流各部分中 TN 负荷量

年份	地表径流		壤中流		浅层地下水	
	情景设置 1	情景设置 2	情景设置 1	情景设置 2	情景设置 1	情景设置 2
2007	111559	111559	120599	120216	1484862	1474638
2008	131277	131281	115428	115112	2048855	1914861
2009	102715	102715	107947	107716	1515218	1333120
2010	273674	273674	154168	153468	2421658	2002663
2011	241752	241752	110323	110078	1758742	1593709
2012	218655	218683	144808	144494	2267956	2019691
2013	155995	155995	111921	111384	2875414	2705689

5.4　本 章 小 结

本研究基于 SWAT 模型对河套灌区流域进行了径流、氮磷污染负荷的模拟研究。通过率定验证后的模型，对流域内主要水体乌梁素海的水环境容量进行了计算和验证。研究中，通过野外调查取样、资料搜集和计算以及室内实验的指标测定，成功构建了河套灌区流域的分布式水文模型。

1）大型灌区分布式水文模型的构建

在摸清各子模型所需参数的前提下，以 SWAT 模型所需基本的空间数据和属性数据为基础，构建初始化了地势地貌复杂和人为活动剧烈的河套灌区流域分布式水文模型。以流域水量平衡为基础，提出了以修正系数的方法对模型的空间数据 DEM 进行预处理，联合"Burn-in"方法和"高层增量叠加算法"，合理划分了河套灌区流域的子流域边界，同时借助 ArcGIS 平台和土地利用图划定了流域外边界。

2）河套灌区径流量及氮、磷污染物的模拟评价

灌区内水文循环基本靠的是灌区内的灌排水系。通过搜集多年的径流实测资料及实验室测定的氮、磷浓度数据，对构建的 SWAT 模型进行了率定和验证。本章利用 2003~2013 年的逐月径流量，2007~2013 年的氮、磷数据，采用模型评价指标 R^2、NSE 和 PBIAS 对模型进行适用性评价。径流模拟评价指标率定期内 R^2 和 NSE 的值分别为 0.82、0.78，验证期的 R^2 和 NSE 值分别为 0.80 和 0.77。总氮模拟中，模型率定期内 NSE 和 R^2 值分别为 0.63 和 0.67，验证期 NSE 和 R^2 值为 0.48 和 0.50，相对偏差在率定期和验证期内不超过 10%；总磷模型过程中，模型率定期内 NSE 和 R^2 值分别为 0.64 和 0.66，验证期 NSE 和 R^2 值为 0.42 和 0.51，相对偏差在率定期和验证期内没超过 40%，说明模型模拟结果可信可行，能适用于河套灌区地貌复杂的流域。

3）河套灌区污染物负荷的模拟及影响因子分析

讨论了河套灌区人为活动（灌溉水量、灌溉时间、施肥量及施肥时间）对灌区内径流量和氮磷污染物的运移的影响，分析了灌溉量和灌溉时间对径流量的影响。通过模拟结果和实测径流的对比，确定灌溉量和灌溉时间是造成径流峰值的主要原因，5 月、6 月的径流峰值出现在种植作物前期的灌溉时间，10 月、11 月的径流峰值出现在河套灌区

秋浇时期，并分析了径流量来源。结果显示平原区浅层地下水是主要来源，同时利用相关性分析自然因子（降水）、人为因子（灌溉）与总氮和总磷的相关性，结果显示总氮与灌溉和地表径流的相关系数较大，均大于0.6；总磷只与降水相关性较高，相关系数为0.8。

分析了污染物空间分布特征，结果显示总氮贡献主要来源于灌区平原中部的小麦地，总磷贡献主要来源于东部的葵花地和东北部山地土壤流失。在营养物的流失方面，以总氮为例，分析了2007~2013年氮元素在地表径流、壤中流和浅层地下水的流失强度，计算出浅层地下水部分氮的流失强度最大为$0.131kg/hm^2$。

探讨了两种情景下的施肥方式：一是现状条件下的单一种肥施肥方式，另一种是种肥+追肥的施肥方式。以小麦和玉米为例，比较了两种情景下的总氮负荷量。结果发现种肥+追肥的施肥方式能有效削减氮的流失量，削减率达到13%，其中削减的主要部分为浅层地下水部分，地表径流部分几乎没有受到影响。

参 考 文 献

郭富强, 史海滨, 杨树青, 等. 2013. 河套灌区氮素流失分析及最佳施氮量的确定. 土壤通报, 44(6): 1477–1482

郭洁. 2011. 乌梁素海生态修复措施及试验研究. 西安: 西安理工大学, 21

郝韶楠, 李叙勇, 杜新忠, 等. 2015. 平原灌区农田养分非点源污染研究进展. 生态环境学报, 24(7): 1235–1244

李彬, 史海滨, 张建国, 等. 2014. 节水改造前后内蒙古河套灌区地下水水化学特征. 农业工程学报, 30(21): 99–110

李山羊, 郭华明, 黄诗峰, 等. 2016. 1973–2014年河套平原湿地变化研究. 资源科学, 38(1): 19–29

童成立, 张文菊, 汤阳, 等. 2005. 逐日太阳辐射的模拟计算. 中国农业气象, 26(3): 165–169

汪敬忠, 吴敬禄, 曾海鳌, 等. 2015. 内蒙古主要湖泊水资源及其变化分析. 干旱区研究, 32(1): 7–14

王学全, 高前兆, 卢琦, 等. 2006. 内蒙古河套灌区水盐平衡与干排水脱盐分析. 地理科学, 26(4): 4455–4460

韦玮, 崔丽娟, 李胜男, 等. 2012. 基于偏差平均值的乌梁素海湿地变化监测研究. 林业科学研究, 25(6): 719–725

吴用, 李畅游, 张成福, 等. 2016. 基于ArcGIS和SWAT的山区、平原区复合地貌流域划分方法研究. 干旱区地理, 39(2): 413–419

张银辉, 罗毅. 2009. 基于分布式水文学模型的内蒙古河套灌区水循环特征研究. 资源科学, 31(5): 763–771

赵锁志. 2013. 内蒙古乌梁素海湖水及底泥营养元素和重金属污染及其环境效应研究. 北京: 中国地质大学

赵晓瑜, 杨培岭, 任树梅, 等. 2014. 内蒙古河套灌区湖泊湿地生态环境需水量研究. 灌溉排水学报, 33(2): 126–129

周钧迪, 马锦, 宋密, 等. 2012. 河套灌区排水网络集水面积阈值研究. 水利科技与经济, 18(2): 25–27

左俊杰, 蔡永立. 2011. 平原河网地区汇水区的划分方法——以上海市为例. 水科学进展, 22(3): 337–343

Arnold J G, Srinivasan R, Muttiah R S. 1998. Large area hydrologic modelling and assessment. Part I: model development. Journal of American Water Resources Association, 34: 73–89

Dai J F, Cui Y L, Cai X L, et al. 2016. Influence of water management on the water cycle in a small watershed irrigation system based on a distributed hydrologic model. Agricultural Water Management, 174: 52–60

Dechmi F, Burguete J, Skhiri A. 2012. SWAT application in intensive irrigation systems: model modification, calibration and validation. Journal of Hydrology, 470: 227–238

Getnet M, Hengsdijk H, Ittersum M V. 2014. Disentangling the impacts of climate change, land use change and irrigation on the Central Rift Valley water system of Ethiopia. Agricultural Water Management, 137: 104–115

Ivanov V Y, Vivoni E R, Bras R L, et al. 2004. Preserving high-resolution surface and rainfall data in operational-scale basin hydrology: a fully-distributed physically-based approach. Journal of Hydrology, 298(1-4): 80–110

Jiang J Y, Li S Y, Hu J T, et al. 2014. A modeling approach to evaluating the impacts of policy-induced land management practices on non-point source pollution: a case study of the Liuxi River watershed, China. Agricultural Water Management, 131: 1–16

Kannan N, Jeong J, Srinivasan R. 2011. Hydrologic modeling of a canal-irrigated agricultural watershed with irrigation best management practices: case study. Journal of Hydrologic Engineering, 16(9): 746–757

Lenhart T, Eckhardt K, Fohrer N, et al. 2002. Comparison of two different approaches of sensitivity analysis. Physics and Chemistry of the Earth, 27: 645–654

Li Z J, Hu K L, He M R, et al. 2015. Evaluation of water and nitrogen use efficiencies in a double cropping system under different integrated management practices based on a model approach. Agricultural Water Management, 159: 19–34

Linde A H, Aerts J C J H, Hurkmans R T W L, et al. 2008. Comparing model performance of two rainfall-runoff models in the Rhine basin using different atmospheric forcing data sets. Hydrology and Earth System Sciences, 12: 943–957

Liu L, Luo Y, He C S, et al. 2010. Roles of the combined irrigation, drainage, and storage of the canal network in improving water reuse in the irrigation districts along the lower Yellow River, China. Journal of Hydrology, 391: 157–174

Liu R M, Zhang P P, Wang X J, et al. 2013. Assessment of effects of best management practices on agricultural non-point source pollution in Xiangxi River watershed. Agricultural Water Management, 117: 9–18

Liuzzo L, Noto L V, Loggia G L. 2010. Basin-scale water resources assessment in Oklahoma under synthetic climate change scenarios using a fully distributed hydrologic model. Journal of Hydrologic Engineering, 15(2): 107–122

Lu J, Gong D Q, Shen Y, et al. 2013. An inversed Bayesian modeling approach for estimating nitrogen export coefficients and uncertainty assessment in an agricultural watershed in eastern China. Agricultural Water Management, 116: 79–88

Marco N, Orlandini S. 2015. Evaluating the Arc-SWAT2009 in predicting runoff, sediment, and nutrient yields from a vineyard and an olive orchard in Central Italy. Agricultural Water Management, 153: 51–62

Panday S, Huyakorn P S. 2004. A fully coupled physically-based spatially-distributed model for evaluating surface subsurface flow. Advances in Water Resources, 27: 361–382

Rathjens H, Bieger K, Chaubey I, et al. 2016. Delineating floodplain and upland areas for hydrologic models: a comparison of methods. Hydrological Processes, 30(23): 4367–4383

Sang X F, Zhou Z H, Wang H, et al. 2010. Development of soil and water assessment tool model on human water use and application in the area of high human activities, Tianjin, China. Journal of Irrigation and Drainage Engineering-ASCE, 136(1): 23–30

Schmidt E, Zemadim B. 2015. Expanding sustainable land management in Ethiopia Scenarios for improved agricultural water management in the Blue Nile. Agricultural Water Management, 158: 166–178

Van Liew M W, Arnold J G, Garbrecht J D. 2003. Hydrologic simulation on agricultural watersheds choosing between two models. American Society of Agricultural Engineers, 46(6): 1539–1551

Wellen C, Arhonditsis G B, Long T Y, et al. 2014. Quantifying the uncertainty of nonpoint source attribution in distributed water quality models: a Bayesian assessment of SWATs sediment export predictions. Journal of Hydrology, 519: 3353–3368

Wu K S, Johnston C A. 2007. Hydrologic response to climatic variability in a great lakes watershed: A case study with the SWAT model. Journal of Hydrology, 337: 187–199

Wu Y, Li C Y, Zhang C F, et al. 2016. Evaluation of the applicability of the SWAT model in an arid piedmont plain oasis. Water Science and Technology, 73(6): 1341–1348

Zheng J, Li G Y, Han Z Z, et al. 2010. Hydrological cycle simulation of an irrigation district based on a SWAT model. Mathematical and Computer Modelling, 51: 1312–1318

第 6 章　乌梁素海生态环境需水及补水调水综合分析

6.1　生态环境需水及补水调水概述

6.1.1　生态环境需水量的概念、特点及组成

生态环境需水量是指为了维护特定区域生态系统平衡,保护生态系统服务功能正常发挥所需要的满足某一质量要求的水资源量。生态环境需水量是动态的水量,在生态系统不同的发育阶段生态环境需水量随时间变化。它是介于最大和最小生态需水量之间的一个动态平衡水量,当供给的水资源量超过最大生态环境需水量时就会发生洪涝灾害,危及生态系统健康和周围人民生命财产安全;当供给的水资源量低于最小生态环境需水量时生态系统就因供水不足而退化,服务功能无法正常发挥。另外生态需水还必须满足质的要求,即生态水应达到某一水质级别。

生态环境需水量组成与所在的生态系统以及其服务功能有关,对于乌梁素海而言,生态需水量主要包括维持生物生存栖息所需水量、调节水质(稀释污染物)所需水量、调蓄水量(补给蒸发、渗漏)所需水量、景观娱乐所需水量等。

6.1.2　生态环境需水量与生态系统健康关系分析

水是生态系统存在和发展的前提和基础(汪恕诚,2002),是生态系统服务功能正常发挥的保障和支撑。适宜的水量和良好的水质能保证生态系统各项服务功能正常发挥,使生态系统保持在正常的健康水平。当供应水资源量超过最大或低于最小生态需水量时会破坏生态系统甚至导致服务功能丧失。

6.2　乌梁素海水量分析

乌梁素海的补给水源有由排干系统输入的灌区农田退水、山洪、大气降水、地下水补给、黄河补水。乌梁素海水的损耗或支出主要包括通过乌毛计闸外排、水面蒸发、地下渗漏等。

6.2.1　总排干入乌梁素海水量

总排干由红圪卜扬水站每年排入乌梁素海的水量如图 6-1 所示,在统计期间(1992~2010 年)最大年排水量为 65482.08 万 m³,出现在 1995 年;最小排水量为 2005 年的

33422.43 万 m³；年平均入湖水量为 46197.12 万 m³。年排水量在 1995~2005 年呈下降趋势，近几年稳定在 48000 万 m³ 左右。

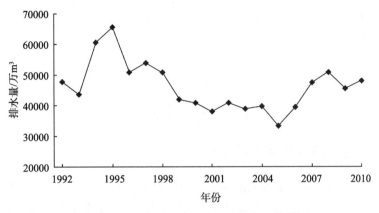

图 6-1　总排干入乌梁素海水量年变化图

6.2.2　八排干入乌梁素海水量

八排干年入乌梁素海水量（图 6-2）均值为 4832.36 万 m³，最大排水量出现在 2008 年，为 6452.9 万 m³，最小排水量为 2639.2 万 m³，出现在 2003 年。

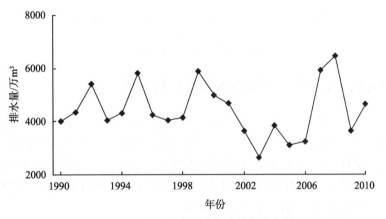

图 6-2　八排干入乌梁素海水量年变化图

6.2.3　九排干入乌梁素海水量

九排干年入乌梁素海水量（图 6-3）均值为 2446.05 万 m³，最大排水量出现在 2010 年，为 3325.1 万 m³，最小排水量为 1376.3 万 m³，出现在 1994 年。1990~1994 年稳定在 1500 万 m³ 左右，1996~2001 年稳定在 3000 万 m³ 左右，2001~2007 年变化幅度较大，2008 年以后趋于 3000 万 m³。

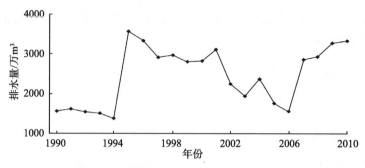

图 6-3　九排干入乌梁素海水量年变化图

6.2.4　新安镇扬水站入乌梁素海水量

由新安镇扬水站排入乌梁素海的主要是农田退水，在每年的 5~11 月春灌秋浇期间向乌梁素海排水，其水量较小，年均 260.72 万 m³，最大排水年为 2007 年，排水量为453.92 万 m³，1990~2008 年排水量如图 6-4 所示。

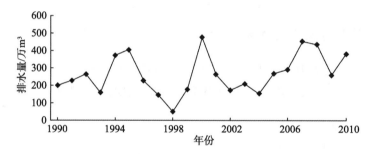

图 6-4　新安扬水站入乌梁素海水量年变化图

6.2.5　塔布渠、长济渠、通济渠入乌梁素海水量

塔布渠、长济渠和通济渠主要是向乌梁素海输送黄河水，在每年的凌汛期为了减轻黄河凌汛压力，在流域统一调度下向乌梁素海相机输水，另外，自 2008 年乌梁素海出现"黄苔"事件后，为了缓解乌梁素海水质恶化状况，在非汛期引黄向乌梁素海补给生态水。塔布渠、长济渠和通济渠年均向乌梁素海输送水量分别为：2170.37 万 m³、2144.88 万 m³ 和 944.86 万 m³。如图 6-5 所示。

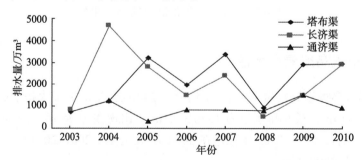

图 6-5　塔布渠、长济渠和通济渠入乌梁素海水量年变化图

6.2.6　乌毛计闸年排出水量

乌梁素海直接的外排水是经乌毛计闸排向黄河，排水量与入水量密切相关，同时，维持乌梁素海 1018.5m 的湖面高程。年均排水量 13985.5 万 m³。如图 6-6 所示。

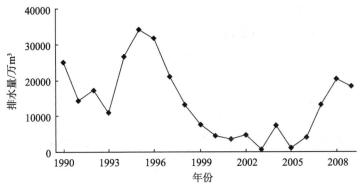

图 6-6　乌毛计闸年排水量年变化图

乌毛计闸年排出水量与排干排入湖的水量具有明显一致的变化趋势（图 6-7），二者之间具有显著相关性，对多年进出水量进行分析得出：

$$Q_{乌} = 1.137Q_{排干} - 39048.21 \tag{6-1}$$

式中，$Q_{乌}$ 表示乌毛计闸年排出水量（万 m³）；$Q_{排干}$ 表示排干年排入水量（万 m³）。

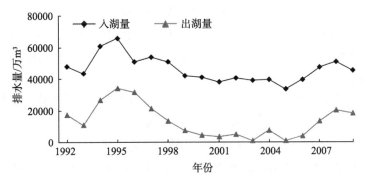

图 6-7　乌梁素海年排入、排出总水量变化图

6.2.7　乌梁素海蒸发量

湖泊水面蒸发是湖水由一种状态转变为另一状态的运动过程，是不同水域环境的湖水与大气系统进行水、热动力交换的综合结果，它与湖泊的物理、化学和生物过程变化及能量转换有密切的关系（Brutsaert，1996）。水面蒸发作为水循环过程中一个重要环节，是湖泊水量损失的重要组成部分，又是湖泊水量平衡、热量平衡中关键组成因素。要保护湖泊环境和合理利用湖泊资源就必须研究湖泊水面蒸发，掌握湖泊蒸发耗水规律，为实现湖泊合理调水引水，确保湖泊生态系统服务功能正常发挥奠定基础。

1. 蒸发计算方法概述

湖泊水面蒸发确定常用的方法有现场实测和经验公式计算，直接实测比较困难，常用以下方法计算（Sartori，2000；Smith，1994；Shah，1992；Szeica，1983；Seginer，1971）。

1）根据蒸发器观测资料计算

湖面的蒸发量 E 可依据蒸发器的观测资料按下式计算：

$$E = KE'\qquad(6\text{-}2)$$

式中，E' 表示蒸发皿或蒸发池中的蒸发量（mm）；K 表示经验系数。

由于受地理环境、气候、季节、所使用的仪器和观测水平等因素的影响，观测资料时间序列越长，蒸发折算系数越相对稳定。

考虑不同观测仪器和局地气候条件影响，对式（6-2）进行改进得：

$$E = K'\frac{e_0 - e_z}{e_0{}' - e_z}E'\qquad(6\text{-}3)$$

式中，K' 表示折算系数，取决于蒸发器形式；e_0 表示湖泊水面温度下的饱和水汽压（hPa）；e_z 表示高度 z 处的饱和水汽压（hPa）；$e_0{}'$ 表示蒸发器温度下的饱和水汽压（hPa）。

2）水量平衡法

水量平衡法估算湖面蒸发量是以物质守恒定律为基础，计算公式为：

$$E = P - \Delta S + \Delta Q_1 + \Delta Q_2\qquad(6\text{-}4)$$

式中，P 表示湖面降水量（m³）；ΔS 表示湖泊蓄水量变化（m³）；ΔQ_1 表示湖泊地表入流量和出流量之差（m³）；ΔQ_2 表示湖泊地下入流量和出流量之差（m³）。

3）热量平衡法

由蒸发机理可知，水汽化蒸发要消耗一定热量，因此可利用热量平衡方程计算湖泊蒸发时所消耗的能量来确定其蒸发量，计算公式为：

$$E = \left(R + P - \Delta B_T + \Delta B_1 + \Delta B_2 + H_P\right)/L\qquad(6\text{-}5)$$

式中，R 表示辐射平衡（W/m²）；P 表示感热通量（W/m²）；ΔB_T 表示湖泊在平衡期内热量的增加（J）；ΔB_1 表示地表水热量输入输出之差（J）；ΔB_2 表示地下水热量输入输出之差（J）；H_P 表示由于降水温度与湖泊温度之差所产生的热量输入（J）；L 表示汽化潜热，取 2.4MJ/kg。

4）空气动力学方法

空气动力学方法是利用乱流交换公式来计算水汽转移量，它受湖面与大气间温度差、湿度梯度和湖面风速廓线的影响，适用于短时段蒸发量的计算，公式如下：

$$E = \frac{-K\rho_a\left(h_2 - h_1\right)\left(u_4 - u_3\right)}{\ln\left(Z_2/Z_1\right)\ln\left(Z_4/Z_3\right)}\qquad(6\text{-}6)$$

式中，K 表示范-卡曼常数，取值 0.43；ρ_a 表示空气密度（g/m³）；h_1、h_2 分别表示蒸

发面上 Z_1、Z_2 高度处的空气比湿；u_3、u_4 分别表示蒸发面上 Z_3、Z_4 高度处的风速（m/s）。

5）空气动力学与热量平衡组合公式法（彭曼公式）

彭曼（1956）根据能量平衡方程和空气动力学的水汽输送方程建立了著名的彭曼公式：

$$E = \frac{(\Delta/\gamma)R + E_a}{\Delta/\gamma + 1} \tag{6-7}$$

$$E_a = CW(e_a - e_z) \tag{6-8}$$

式中，R 表示湖面上辐射平衡（W/m^2）；Δ/γ 表示参数；E_a 表示干燥力；C 表示经验常数；W 表示风速（m/s）；e_a 表示水面空气水汽压（hPa）；e_z 表示高度 z 处的空气水汽压（hPa）。E_a 表示大气的干燥程度，是水分子在水–大气间运动的驱动力量，为湖面蒸发动力因素。

6）经验公式法

用于蒸发计算的经验公式一般有 3 种形式，这些公式大多以道尔顿蒸发定律为基础，综合了对蒸发影响显著的空气温度、湿度和风等因素。

（1）经验二项式：

$$E = (a + bW)(e_0 - e_z) \tag{6-9}$$

（2）单项式：

$$E = CW(e_0 - e_z) \tag{6-10}$$

（3）指数式

$$E = a(e_0 - e_z)^b \tag{6-11}$$

式中，W 表示风速（m/s）；e_0 表示湖泊水面温度下的饱和水汽压（hPa）；e_z 表示观测高度 z 处的水汽压（hPa）；a、b、C 为经验系数，与所在区域气候特征与蒸发面的大小有关。

2. 乌梁素海蒸发量试验材料与方法

以能量守恒定理和空气动力学理论为基础，结合试验确定乌梁素海蒸发量。根据乌梁素海所处区域气候特征和乌梁素海水浅、草多、沼泽化的特点，将湖面划分为明水区、芦苇区和沼泽区 3 个不同区域，对各区的蒸发量分别进行讨论，然后求总和即得总蒸发量。计算公式为：

$$E = \sum_{i=1}^{n}(K_i S_i) \cdot E_0 \tag{6-12}$$

式中，S_i 表示区域 i 的水域面积（km^2）；K_i 表示区域 i 蒸发 E_p 与明水区水面蒸发 E_0 之比。

明水区蒸发测定基于能量守恒方程：

$$R_n - L_e E - H = \frac{\partial W}{\partial t} \tag{6-13}$$

式中，R_n 表示水面净辐射（W/m²）；L_e 表示汽化潜热，取 2.4MJ/kg；E 表示蒸发速率（kg/m²）；H 表示感热通量（W/m²）；$\partial W/\partial t$ 表示单位时间内湖泊水体储存能量变化。

由于乌梁素海为浅水湖泊，$\partial W/\partial t$ 可忽略不计，即取 $\partial W/\partial t = 0$。因此，式（6-13）可简化为：

$$R_n - L_e E - H = 0 \qquad (6\text{-}14)$$

$$E = \frac{R_n - H}{L_e} \qquad (6\text{-}15)$$

试验地点选在乌梁素海湖区明水区域，中心坐标为 40°59′N、108°51′E，该点水面开阔，平均水深为 1.25m，水流速度平缓，离成片芦苇最近距离 725m，水中没有藻类及大型水草生长。在该点安装小型便携式自动气象站，附属仪器包括环境温度表、环境湿度表、水温表、净辐射表、热通量板、风速仪和全自动数据记录仪。所有仪器安装在专用支架上，支架由不锈钢材料焊接而成，为防止支架在水中倾斜，支架四角深入泥中，底部焊有钢筋网，网上压石块以固定支架。所有指标数据自动采集并储存于全自动记录仪中。数据采集频率为 30min 一次。

2010 年 7 月 TM 遥感影像用 ENVI4.7 软件解译，采用监督分类（训练法分类）的最大似然法对湖泊湿地类型进行分类，将分类结果的精度用 Kappa 系数和总体精度（Overall Accuracy）2 个参数进行评价，经分类后处理，利用 Majority/Minority 分析去除了面积很小的图斑，最后把分类结果矢量化。结果如图 6-8 所示。由矢量化结果，乌梁素海总面积为 355.217km²，其中明水区面积为 134.305km²，芦苇区面积为 182.478km²，沼泽区面积为 38.434km²。该面积较相关资料偏大（曹杨，2010），其原因一方面是本次估算将乌梁素海北部小海子区域纳入计算范围；另一方面，7 月正值雨季，乌梁素海湖周围存在部分季节性泛滥区，该部分面积亦纳入总面积。

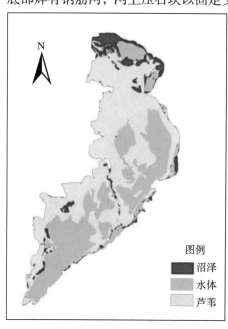

图例
沼泽
水体
芦苇

图 6-8　乌梁素海分区面积遥感解译图

3. 乌梁素海明水区蒸发量

1）环境温度

湖面环境温度在一天之内呈波浪形规律变化，一天内最高气温一般出现在 16 时左右，之后温度逐渐降低，在 6 时左右达到一天内最低温度，然后温度逐渐上升。与陆地大气环境最高气温出现在 14 时、最低气温出现在 4 时相比，湖面环境温度变化具有明显的滞后性。这是因为水具有比陆地更大的热容量，在受太阳照射时水体能储存更多的能量，升温缓慢；当大气温度降低时，储存于水中的能量缓慢释放，从而延缓湖面温度降低速度。

2）环境湿度

湖面环境湿度（呈波谷形变化，一天内最小值出现在 16 时左右，而此时湖面环境温度达到最大值；湖面环境湿度最大值出现在 4~6 时左右，即湖面环境温度最低时。湖面湿度变化和温度变化正好相反，这也说明太阳辐射是水分蒸发的能源和主要影响因素。

3）净辐射

净辐射受太阳辐射和湖泊水面反射等因素影响。当接受太阳辐射时，一部分热量被湖泊水体储存，一部分被反射出去。从 7 时左右日出开始，太阳辐射逐渐增强，13 时左右达到最高值，然后逐渐下降，在 15 时达到最低值，然后再逐渐增强，在 17 时出现一个小高峰，之后逐渐降低达到平缓状态。日出后太阳辐射逐渐增强且远大于湖面反射能量，同时由于该阶段环境大气温度高于水体温度，水体以储存能量为主；到 13 时左右太阳辐射逐渐减弱，而湖泊水体反射因滞后效应并没有随太阳辐射快速减弱，造成净辐射量逐渐降低，并在 15 时达到白天最低点；15 时左右开始，大气环境温度迅速降低，而由于水具有较大热容量，此时湖水温度降低速度比大气慢，水体能量储存速率减缓而释放速率相对上升，该阶段能量储存速率依旧大于释放速率，到 17 时左右储存速率和释放速率达平衡点，此时净辐射达白天第二高峰值；17 时以后随着太阳辐射减弱，净辐射量降低；19 时以后日落至次日 7 时左右日出，该段时间内，太阳辐射能量为零，湖泊水体白天储存的能量向环境中释放，该阶段净辐射量为负。

4）热通量

热通量是指单位面积、单位时间的热输送量，具有方向性，是反映水–大气热收支平衡状况的通量。热通量主要受太阳辐射影响，日出后随太阳辐射增强而增加，在 14 时左右太阳辐射最强时达最大值，之后逐渐降低；日落后至次日日出前，能量由湖泊水体向环境中释放，热通量为负值。

5）风速

风速影响湖泊水面上大气流动，从而间接地影响蒸发。风速主要受局地大气环流影响，变化规律不明显，在监测期内最大瞬时风速达 9.0m/s。

6）蒸发量

蒸发量受净辐射、热通量、温度、湿度和风速等因素的综合影响，瞬时蒸发量在 13 时左右出现最高值，并在 17 时出现第二小高峰，变化规律与净辐射相同。

7）湖面蒸发量与陆地气象站蒸发相关性分析

由于湖面蒸发观测难度较大，而陆地蒸发相对来说较易获取，因此我们探讨湖面蒸发与陆地蒸发之间的关系，以求用陆地蒸发量（E601 型蒸发器）来推测湖面蒸发量。蒸发量年内呈单峰变化趋势，每年的 2 月开始蒸发量逐渐升高，5~7 月达蒸发量高峰期，8 月开始，蒸发量逐渐降低。

湖面蒸发与陆地蒸发变化规律具有明显一致性，且湖面蒸发不小于陆地蒸发量（图 6-9）。对二者进行相关性分析，发现存在明显的线性关系（图 6-10），二者关系表达式为：

$$Y = 1.491 + 1.015X \quad 相关系数=0.9489 \qquad （6-16）$$

式中，Y 表示湖面蒸发量（mm）；X 表示陆地蒸发量（mm）。

利用式（6-16）模拟 9 月蒸发量，并与水面实测值进行比较，结果如表 6-1 和图 6-11 所示。由表 6-1 可以看出，实测值与模拟值相对误差绝对值平均为 9.88%，相对误差绝对值最大为 44.90%；其中相对误差不超过 ±10% 的有 19 个，占样本总数的 63.33%，表明该经验公式具有较高的精确度。

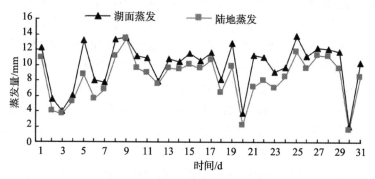

图 6-9　湖面蒸发与陆地蒸发变化图

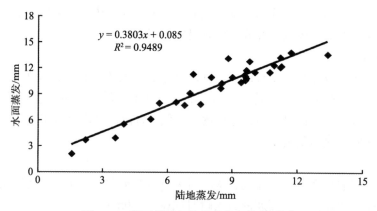

图 6-10　湖面蒸发与陆地蒸发相关关系图

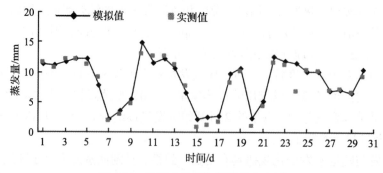

图 6-11　实测蒸发值与模拟值分布图

表 6-1　蒸发实测值与模拟结果对比

编号	模拟值	实测值	相对误差/%	相对误差绝对值/%
1	11.29	11.59	−2.67	2.67
2	11.22	10.60	5.52	5.52
3	6.86	6.38	7.05	7.05
4	11.76	12.07	−2.62	2.62
5	12.25	12.11	1.11	1.11
6	12.25	11.21	8.49	8.49
7	10.10	11.13	−10.15	10.15
8	7.74	9.01	−16.36	16.36
9	2.05	1.69	17.68	17.68
10	3.54	2.83	20.24	20.24
11	5.41	4.94	8.68	8.68
12	14.85	12.92	12.99	12.99
13	11.52	12.62	−9.57	9.57
14	12.25	12.53	−2.24	2.24
15	7.14	7.66	−7.24	7.24
16	10.65	11.20	−5.15	5.15
17	6.63	7.62	−15.04	15.04
18	9.79	8.64	11.77	11.77
19	10.61	10.07	5.03	5.03
20	5.06	4.54	10.30	10.30
21	12.54	11.54	7.97	7.97
22	11.88	11.13	6.28	6.28
23	10.16	10.58	−4.19	4.19
24	2.74	1.51	44.90	44.90
25	6.60	6.91	−4.78	4.78
26	10.48	9.18	12.40	12.40
27	11.52	10.80	6.27	6.27
28	9.91	10.52	−6.16	6.16
29	2.15	2.56	−19.35	19.35
30	2.47	2.37	4.23	4.23

4. 湖面蒸发与水文气象单要素关系

1）环境温度

环境温度受太阳辐射的影响，而太阳辐射是水分蒸发的能量源泉，太阳辐射的强弱直接影响气温的高低从而影响蒸发。当湖面吸收太阳辐射能量后，水分子运动速度加快，

从水面溢出的可能性增大,所以蒸发量随温度的升高而增加,且具有较好的线性关系(图6-12),关系公式为:

$$E = 0.4586T - 2.6722 \qquad 相关系数=0.8802 \qquad (6-17)$$

式中,E 表示月平均日蒸发量(mm);T 表示月平均气温(℃)。

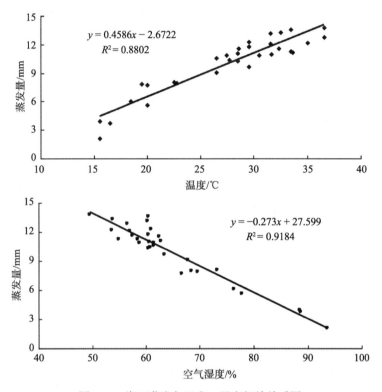

图 6-12　湖面蒸发与温度、湿度相关关系图

2)环境湿度

在一定温度下空气中所含水汽的量有一定限度,湿度与温度有直接关系,并通过饱和差间接影响蒸发,蒸发量与环境湿度具有较好的相关性(图6-12),其关系表达式为:

$$E = 27.599 - 0.273RH \qquad 相关系数=0.9184 \qquad (6-18)$$

式中,E 表示月平均日蒸发量(mm);RH 表示环境湿度(%)。

3)水汽压差

道尔顿(Dalton)在 1802 年就证实了水汽压差与水面蒸发量呈正比关系(闵骞,2005)。水汽压差越大,水分子越易逸出水面,蒸发量也越大。乌梁素海水面蒸发与水汽压差的相关关系如图 6-13 所示,二者关系表达式为:

$$E = 0.085 + 0.3803\Delta e \qquad 相关系数=0.9389 \qquad (6-19)$$

式中,E 表示月平均日蒸发量(mm);Δe 表示水汽压差(hPa)。

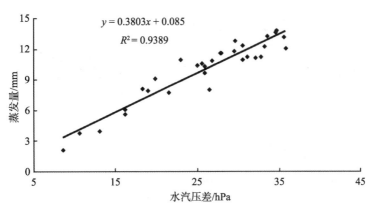

$$y = 0.3803x + 0.085$$
$$R^2 = 0.9389$$

图 6-13　湖面蒸发与水汽压差相关关系图

4）风速

风本身不能直接影响蒸发量。当风吹过水面时，加剧了近水空气界面的乱流扩散作用，水面上空大量水汽被风吹走，空气中水汽不易达到饱和，增加了水分子的逸出量。一般情况下，蒸发量与风速成正比关系。但风速对蒸发的影响有一定限度，当风速超过某一极限速度时，水分子能直接被风吹走，风速再加大也不会影响蒸发强度。蒸发量并非随着风速的增大而线性增加。由道尔顿蒸发模型 $E = \Delta e(fW)$ 可见，风速对蒸发量的影响受水汽压支配。可采用 Δe 分级把相应风速分组，然后再计算风速与蒸发量相关关系。其相关关系式为：

$$E = -1.66 + 0.63W + 0.40\Delta e \qquad 相关系数=0.9503 \qquad （6-20）$$

式中，E 表示月平均日蒸发量（mm）；W 表示 1.50m 处的风速（m/s）；Δe 表示水汽压差（hPa）。W、Δe 与 E 的偏相关系数分别为 0.64 和 0.96，偏相关系数反映了蒸发量与风速和水汽压差的相关性质，是相关性质本质的反映。

5）太阳辐射

太阳辐射是水面蒸发的能量源，它影响着环境温度、环境湿度等因素，间接影响蒸发量。对于浅水湖泊明水水域，太阳辐射热量基本用于蒸发，其相关关系如图 6-14 所示，其关系表达式为：

$$E = -2.7708 + 0.018Q \qquad 相关系数=0.8937 \qquad （6-21）$$

式中，E 表示月平均日蒸发量（mm）；Q 表示太阳总辐射（J/cm^2）。

湖面蒸发受水文气象多个因素共同影响，在分析水文气象单要素基础上，用逐步回归的方法探讨水文气象多要素与水面蒸发的关系。首先进行影响因子筛选，将对蒸发影响不显著、贡献较小的因子筛选掉，保留影响显著、贡献大的因子。在多元线性回归分析中，多元回归方程采用因素越多，则回归平方和越大，残差平方和越小，总体误差越大，方程精度越低，而使方程稳定性越差。逐步回归方法可克服这些缺点，找到相对"最优"回归方程。

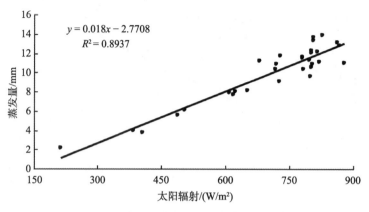

图 6-14　湖面蒸发与太阳辐射相关关系图

对 E 与 T、RH、W、Δe、Q 做因素筛选分析，当选入剔除检验临界值 F=6.93，显著水平 $\alpha = 0.01$，得回归方程为：

$$E = -1.14 + 0.41W + 0.28\Delta e + 0.040T + 0.0031Q \tag{6-22}$$

复相关系数为 0.9506。偏相关系数从大到小排列为 $\Delta e(r = 0.65)$、$W(r = 0.40)$、$T(r = 0.38)$、$Q(r = 0.32)$。同时，当显著性水平 α 依次从 0.25、0.10、0.05、0.01 逐渐提高时，入选因子始终是 Δe、W、T 和 Q，这说明这 4 个因素是影响明水区蒸发量的主要因素。

对上述线性回归模型，进行精度分析和检验，以确定其在实际中的应用价值。将各因素实测值代入公式中，计算出蒸发量，再与实测蒸发量比较。检验内容包括：相对误差的绝对最大值、相对误差不超过 ±10% 个数占样本总数的百分比，相对误差的绝对值平均。计算结果如表 6-2 所示。

从表中可以看出，式（6-22）相关系数达 95.06%，相对误差绝对值平均为 8.8%，相对误差不超过 ±10% 个数占样本总数的 70.1%，公式精度最高；其次是式（6-20）和式（6-19），二者相对误差绝对值平均也均小于 10%，相关系数分别为 95.03% 和 93.89%，达到了公式应用精度的要求。公式（6-22）是较理想的公式。

表 6-2　各公式精度检验结果

公式序号	相关系数	相对误差绝对最大值	相对误差不超过±10%占总数百分比	相对误差绝对值平均
（6-17）	0.8802	53.8	43.8	38.9
（6-18）	0.9184	46.4	40.6	39.1
（6-19）	0.9389	35.4	56.2	9.8
（6-20）	0.9503	42.8	71.9	9.1
（6-21）	0.8937	97	37.9	40.2
（6-22）	0.9506	35	70.1	8.8

5. 乌梁素海芦苇区腾发量

乌梁素海是我国北方干旱区典型的浅水草型湖泊，在湖区的北部、西岸和湖区中部生长着大量的人工和天然芦苇。这些芦苇的存在，对湖区蒸发产生不可忽略的影响。有芦苇生长区域的腾发量主要包括芦苇蒸腾量和棵间水面蒸发量两部分。它不仅表示蒸发耗水量，还可作为评价湖区水生植物生产能力的一种基本标志。

1）芦苇区腾发环境与陆上环境比较

在芦苇生长茂盛的 6~8 月，芦苇区气温一般都高于岸上（图 6-15），而在日变化中由于湖泊对气温有调节作用，所以白天中午陆上气温比芦苇区气温升温快，此时，芦苇区气温低于陆上气温。

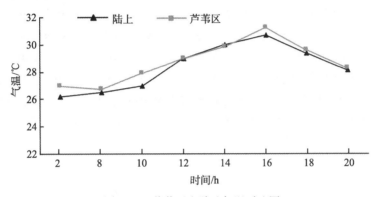

图 6-15　芦苇区和陆地气温对比图

芦苇区空气湿度大于陆地空气湿度（图 6-16），在白天甚至可大于湖面上空气湿度。

由于水生植物区粗糙的水草表面，使近水草面的风速明显小于湖泊明水区域的风速。在芦苇生长旺盛的季节，芦苇区上空风速小于陆地风速，而在芦苇开始发芽生长的 4 月和 5 月，芦苇区表面阻力小，此时月平均风速高于陆上气象站风速。

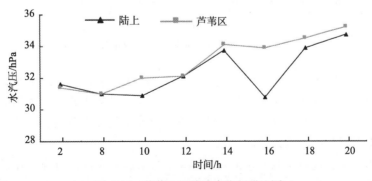

图 6-16　芦苇区和陆地水汽压对比图

芦苇区表层水温一般高于明水区水温，尤其是在白天日照强烈时更为明显，这是因为水草对湖水的混合有抑制作用，使热量垂直交换减弱，储存热量主要集中在表层。

芦苇区太阳辐射的反射率为 0.20~0.29，而明水区水面的反射率为 0.10~0.13，并且反射率随植物密度和颜色不同而变化。

总之，在芦苇生长茂盛期，芦苇区的表层水温高、湿度大、风速小、反射率大。

部分或全部覆盖着水生植物的水面，腾发量可应用水量平衡法、乱流扩散法及空气动力学等方法确定，但这些方法复杂操作起来比较困难。笔者采用器测法测定芦苇的腾发量。在总排干入乌梁素海口北岸边设置口径面积为 3000cm^2、深度为 1.5m 的蒸发器 3个，内种植芦苇，水深为 30~40cm，用测针每日定时观测水位，根据水位观测数据，用水量平衡法计算出逐日蒸发量，同时观测水面蒸发器的蒸发量和降水量。芦苇蒸发器中水位变化是由芦苇的蒸腾量、棵间水面蒸发量、芦苇体内储存水分的变化及水面下芦苇总体积的变化所决定。据有关资料，最后两项因素所占比例不大，可予以忽略。将芦苇蒸发器实测的蒸发量看作为水生植物的蒸腾量与棵间水面蒸发量之和，即腾发量。

在生长期，芦苇植株高大，总叶面积较大，由根和茎吸收的水分，通过茎、叶气孔和角质层进行水汽扩散的速率较快，此时腾发量一般大于明水水面蒸发量。芦苇月均日腾发量 E_c 与明水区蒸发量 E_0 比值 Kp 的观测结果如图 6-17 所示。从图中可以看出在生长期 4 月中下旬至 10 月，Kp 值都大于 1，均值为 1.43，在生长最旺盛的 8 月，Kp 值最大为 1.83。芦苇主要靠气孔蒸腾，气孔是蒸腾水逸出的门户，而气孔在有光时张开，暗中关闭，阴雨天叶片气孔未开，甚至关闭，只有角质层蒸腾，因此，夜间和阴雨天蒸腾较小。

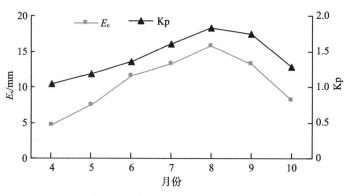

图 6-17　芦苇区腾发量 E_c 及 Kp 值

芦苇腾发量受"水、土、植物、大气"连续系统中各方面因素的影响，其影响因素大致可分为外界环境因素和植物本身生长特征两大类，外界因素包括太阳辐射、大气温度、空气饱和差、风速等，植物体本身特征包括所处生长发育阶段、叶面积等。本节着重探讨外环境因素与芦苇腾发量的关系。

空气饱和差是影响芦苇腾发量的主要因素，芦苇蒸腾时汽化过程在叶子细胞间隙中发生，形成水汽，借助气孔和角质层扩散，而扩散过程受空气中水汽压梯度和势差的影响。通常情况下，叶表面和棵间近水面的水汽压接近饱和，故总腾发量主要受空气饱和差影响。

叶面气孔控制着芦苇蒸腾量，而气孔的开关闭合大小主要受气温影响；同时，气温还间接影响水汽扩散速率。

叶面积是指单位面积样方上面植物叶子面积总和。据相关研究表明，腾发量随叶面积增大而增大。

由上述芦苇腾发量影响因素分析，结合 4~10 月的实测资料，分析得出芦苇腾发量与空气饱和差、气温、叶面积之间的相关系数分别为 0.9506、0.9558 和 0.8513。腾发量与空气饱和差及叶面积的相关系数都超过了 0.95，利用 SPSS 软件对实测数据进行处理得芦苇腾发量经验公式：

$$E_c = 0.661D_{1.50}(1 + 0.226S) \tag{6-23}$$

式中，E_c 表示芦苇蒸发器实测腾发量（mm/d）；$D_{1.50}$ 表示 1.50m 处空气饱和差（hPa）；S 表示单位面积样方中叶总面积（m^2）。

用实测资料检验式（6-20），能取得比较满意结果。但因资料序列较短，公式精度有待获取长期监测资料后作进一步验证和修正。

6. 乌梁素海沼泽区腾发量

近些年来，由于受日趋严重的富营养化影响，乌梁素海沼泽化进程加快。在乌梁素海湖区北部、湖东岸，芦苇区边缘存在大量斑块状或条带状沼泽区域，其共同特点是水较浅，一般不超过 1.0m；龙须眼子菜群落、以蓝绿藻类为优势种的浮游植物和轮藻群落大量繁殖，在生长旺盛时期密布整个水体，构成严密的"水下森林"。这些植物在水面上形成一层覆盖膜，造成该水域反射率大于明水水面反射率，白天增温慢，水面温度低于明水面温度；另外因其叶面积小，密布水面，棵间水面面积小，相应的棵间水面蒸发小，主要靠叶面气孔蒸腾，所以白天腾发量并不大。在夜间，叶面气孔关闭，腾发量亦明显小于明水面蒸发量。该区域月均日腾发量 E_c、腾发量与明水区蒸发量比值 Kp 观测结果如图 6-18 所示。从图中可以看出，在观测期内沼泽区腾发量与明水区域蒸发量比值 Kp 均小于 1，最小值为 0.80，平均值为 0.89。4 月下旬浮游植物刚开始返青生长至 5 月底 6 月初密布整个水面，7 月、8 月生长最为茂盛，Kp 值逐渐降低，9 月开始随着浮游植物枯萎，沉至水底，蒸腾作用逐渐减弱，Kp 值上升，腾发量逐渐接近明水区蒸发量。

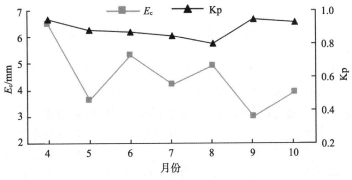

图 6-18　沼泽区腾发量 E_c 及 Kp 值

7. 乌梁素海结冰期蒸发量

乌梁素海湖水于每年的 10 月底~11 月初结冰,翌年 3 月底~4 月初解冻,结冰期为 5 个月。为了计算方便,以 11 月~翌年 3 月为为期 5 个月的冰封期。在冰封期,整个湖面可粗略认为蒸发量一致。由于缺少结冰期湖面蒸发的相关资料,本节笔者以乌梁素海所在的乌拉特前旗 1984~2010 年 27 年间结冰期月蒸发量的平均值来近似代表结冰期的湖面蒸发量。结冰期内,在当地的月平均气温最低的 1 月和 12 月蒸发量最低,3 月随着气温回升,蒸发量也较高;1~3 月和 11 月、12 月的月平均蒸发量分别为 33.04mm、58.67mm、142.51mm、70.80mm 和 35.68mm。

8. 乌梁素海湖面蒸发总量估算

根据本章以上各节的讨论,乌梁素海的蒸发总量计算公式为:

$$E_{总} = E_{结冰期} + E_{非冰期} = E_{结冰期} + \sum_{i=1}^{n}(K_i S_i) \cdot E_0 \tag{6-24}$$

将以上数值代入式(6-24),计算得乌梁素海年总蒸发量为 58900 万 m³。估算结果较相关资料(金相灿,1995)偏大,其原因首先是本次估算使用的总面积偏大;其次,北部小海子芦苇区、人工芦苇区存在部分常年无水区域,而采样本章计算方法会导致该部分芦苇区腾发量计算值比实际值偏大;还有在本次估算中季节性泛滥区蒸发量计算时段为全年。

6.2.8 其他水量

乌梁素海的洪水量主要来自湖北岸和东岸的山谷,地下水补给主要是东岸泉水补给,渗漏主要是湖区地下渗漏。按河套灌区管理局提供的资料,洪水量每年约 5200 万 m³,地下水补给量为 1750 万 m³,渗漏量为 5800 万 m³,降水量为 6600 万 m³。

6.2.9 乌梁素海水平衡

通过以上水量分析,得出乌梁素海年均入湖水量为 74903.19 万 m³,年均出湖水量 78685.5 万 m³,出入湖水量之差为 3782.31 万 m³,相对偏差 4.81%。这个偏差可能是地下水补给、洪水、降雨估测偏小,抑或是蒸发量、渗漏量估算偏大造成的。

6.3 生态环境需水量计算方法

生态环境需水量的多少与人类所期望的生态系统服务功能目标有关,期望值越高,所需水量越多。本节探讨的是基于不同保护目标下的最小生态需水量,主要从三个目标层次来估算。第一层次也是最低目标,水量平衡时,即保持湖泊水面不退化或者说保持现有湖泊面积时的最小需水量;第二层次,保持水质平衡,即现有水质不发生恶化所需水量;第三层次,水质改善,即将现在已经恶化的水质,从 V 类改善到满足其功能需求的 IV 类水或更高水质类别时所需水量。乌梁素海生态环境需水量来源包括排干系统来水和引黄河水。

6.3.1　水量平衡需水量

水量平衡时的生态需水量(Q_{eco1})等于出入湖水量之差：

$$Q_{eco1} = Q_{out} - Q_{in} \tag{6-25}$$

$$Q_{out} = O + D + E \tag{6-26}$$

$$Q_{in} = A + F + G + R \tag{6-27}$$

式中，Q_{out} 表示出湖量（万 m³）；Q_{in} 表示入湖量（万 m³）；O 表示乌毛计排出水量（万 m³）；D 表示渗漏量（万 m³）；E 表示蒸发量（万 m³）；A 表示排干入湖量（万 m³）；F 表示洪水量（万 m³）；G 表示地下水的补给量（万 m³）；R 表示降水量（万 m³）。

6.3.2　水质平衡需水量

保持现有水质不发生改变的生态需水量即将由排干水带入的高浓度溶质的水稀释到现有水质水平时所需要的稀释水量。

$$Q_{eco2} \cdot C_{eco} = (Q_{out} + Q_{eco2}) \cdot C_{out} - Q_{in} \cdot C_{in} \tag{6-28}$$

$$Q_{in} \cdot C_{in} = R \cdot C_r + F \cdot C_f + A \cdot C_a + G \cdot C_g \tag{6-29}$$

$$Q_{out} \cdot C_{out} = O \cdot C_0 + D \cdot C_d + H \cdot C_h \tag{6-30}$$

式中，C_{out}、C_{in}、C_{eco} 分别表示输出、输入和生态用水的浓度；C_r、C_f、C_a、C_g 分别表示降水、洪水、排干水、地下水物质浓度；H 表示芦苇收获量。

由于输出水体的浓度等于湖泊水体的浓度，因此可将上式简化为：

$$Q_{out} \cdot C_{out} = (O + D) \cdot C + H \cdot C_h \tag{6-31}$$

$$Q_{eco2} = (A \cdot C_a - O \cdot C - Q_{ck}) / (C - C_{eco}) \tag{6-32}$$

6.3.3　水质改善需水量

水质改善时的生态需水量是指引入一定量的相对纯净的水，对现有水体进行稀释净化，使其达到某一水质等级时所需要的水量。此时的需水量既与要求达到的水质等级有关，还与达到相应水质等级所要求的时间有关，所要求的水质等级越高所需时间越短，生态需水量越大。其计算公式为：

一年污染物质输出量

$$Q(C_0 - C_1) = (Q_{out} + Q_{eco3}) \cdot C_{out} - (Q_{eco3} \cdot C_{eco} + Q_{in} \cdot C_{in}) \tag{6-33}$$

将式（6-29）和式（6-30）代入得：

$$Q(C_0 - C_{01}) = O \cdot C_{01} + D \cdot C_{01} + H \cdot C_k + Q_{eco3} \cdot C_{out} - (Q_{eco3} \cdot C_{eco} + R \cdot C_r + F \cdot C_f + A \cdot C_a + G \cdot C_g) \tag{6-34}$$

由式（6-34）得出：

$$C_{01} = (Q_{eco3} \cdot C_{eco} + R \cdot C_r + F \cdot C_f + A \cdot C_a + G \cdot C_g - H \cdot C_h - Q_{eco3} \cdot C_{out} + Q \cdot C_0) / (Q + O + D) \tag{6-35}$$

简化得：

$$C_{01} = k_1 + k_2 \cdot C_0$$

$$k_1 = \left(Q_{\text{eco3}} \cdot C_{\text{eco}} + R \cdot C_r + F \cdot C_f + A \cdot C_a + G \cdot C_g - H \cdot C_h - Q_{\text{eco3}} \cdot C_{\text{out}}\right)/(Q+O+D) \quad （6\text{-}36）$$

$$k_2 = Q \big/ (Q+O+D) \quad （6\text{-}37）$$

依次类推，第二年年末湖泊水体污染物浓度为：

$$C_{02} = k_1 + k_2 C_{01} = k_1 + k_1 \cdot k_2 + k_2^2 \cdot C_{01} = k_1 \cdot (1 + k_2) + k_2^2 \cdot C_0 \quad （6\text{-}38）$$

$$C_{0r} = k_1 \left(1 + k_2 + \cdots + k_2^{(r-1)}\right) + k_2^r \cdot C_0 \quad （6\text{-}39）$$

第 r 年年末水中污染物浓度为

$$C_r = k_1 \cdot \left(1 + k_2 + \cdots + k_2^{(r-1)}\right) + k_2^r \cdot C_0 \quad （6\text{-}40）$$

又水质 r 年末达标，即

$$C_r = C_{\text{st}} = k_1 \cdot \left(1 + k_2 + \cdots + k_2^{(r-1)}\right) + k_2^r \cdot C_0 \quad （6\text{-}41）$$

求解该方程即得 Q_{eco3}。

6.4 乌梁素海生态需水量估算

乌梁素海湖中总磷均值为 0.2mg/L，盐分均值为 2.10mg/L；排干水中总磷含量 0.32 mg/L，盐分为 3.00mg/L；生态用水引自黄河，其在入湖前断面监测总磷为 0.05mg/L，盐分为 0.5mg/L；雨水和地下水水质参考 Liu 等（2001）的数据，即总磷为 0.18mg/L，盐分为 0.07mg/L。芦苇收割量按常年平均值 9×10^4t 计，芦苇中盐分和含磷量参考 Duan 等（2004；即盐分 0.5%，含磷 0.2%）。具体如表 6-3 所示。

表 6-3　总磷和盐分含量

	排干水	湖水	黄河	芦苇
总磷/(mg/L)	0.32	0.20	0.05	0.2%（质量比）
盐分/(g/L)	3.00	2.10	0.58	0.5%（质量比）

将以上数值代入上述公式中得到水量平衡时需补充水量为 3782.31 万 m^3，在现有排干水量条件下，乌梁素海水量平衡时，生态需水量为 3782.31 万 m^3；在目前排干排水量和水质条件下盐分平衡时生态需水量为 15019 万 m^3，总磷平衡时生态需水量为 162877 万 m^3；盐分和总磷 1 年达地表水环境质量标准（GB 3838-2002）IV 类水标准的生态需水量分别为 57100 万 m^3 和 186930 万 m^3，盐分和总磷 10 年达地表水环境质量标准（GB 3838-2002）IV 类水标准的生态需水量分别为 48550 万 m^3 和 155900 万 m^3。水量平衡时生态需水量可选黄河水和排干水，水质平衡和水质改善时生态需水量需从黄河引水。

在西北干旱地区，水资源是维系生态环境健康的重要制约因素。乌梁素海生态环境恶化不仅影响到其自身及周边地区的生态系统健康和社会经济发展，而且直接威胁到黄河水环境的安全。针对目前乌梁素海存在的沼泽化、水质恶化等问题，要对其实施综合生态治理，提供合理的质和量的生态用水是重要的手段之一。另外在凌汛期，宁蒙河段对黄河产生较大威胁。黄河宁蒙段河势是由高纬度流向低纬度，冬季结冰时受气温影响由低纬度逆源而上延伸到高纬度；而开河时正好相反，上游河段先消融，大量冰块随水流向尚未融化的下游河段，形成冰坝导致下游河段拥堵，槽蓄水量增加，水位上升，威胁堤坝安全。结冰期，槽蓄水量随冰盖增长而增加，消融时随冰盖逐渐减少，在开河时槽蓄水量集中释放造成桃汛。根据黄河水量调节原则，冰封前上游水库放水增加冰盖以增加冰期过流能力；封河期均匀过流；开河期限制上游出库流量，同时适当分洪。因此，在凌汛期向乌梁素海生态补水可谓"除害兴利"一举两得。

6.5　优化调水补水模型

黄河多年平均径流量为 580 亿 m³，可利用水资源量为 370 亿 m³，根据国务院批准的《黄河流域综合规划（2012~2030 年）》中黄河水资源分配量方案，内蒙古自治区多年分水指标为 58.6 亿 m³，相应河套灌区分水指标为 40 亿 m³，河套灌区近几年实际引黄水量约 48 亿 m³。由于黄河水资源多目标性和复杂性，生态调水补水模型既要考虑湖泊本身特征和服务功能指标要求，还要兼顾全流域统一调度，满足防洪减灾和资源利用目标。

6.5.1　乌梁素海调水补水模型

①水量平衡方程：

$$\Delta Q = (O + D + E) - (A + F + G + R) \tag{6-42}$$

式中，ΔQ 表示乌梁素海蓄水量变化（万 m³）。

②水质平衡方程：

$$\Delta C = \frac{(R \cdot C_r + F \cdot C_f + A \cdot C_a + G \cdot C) - (O \cdot C_0 + D \cdot C_d + H \cdot C_h)}{Q} - k \cdot C \tag{6-43}$$

式中，ΔC 表示水质浓度的变化；C 表示湖中浓度；k 表示污染物降解系数。

控制目标：

①乌梁素海水量控制目标：

$$|\Delta Q| \leqslant Q_{max} - Q_{min} \tag{6-44}$$

$$Q_{min} \leqslant Q \leqslant Q_{max} \tag{6-45}$$

式中，Q_{max} 表示乌梁素海允许最大蓄水量；Q_{min} 表示乌梁素海最小蓄水量。

②乌梁素海水质控制目标：

$$C \leqslant C_{sta} \tag{6-46}$$

③在调水补水时段黄河可供水量：

$$Q_{补调水} \leqslant Q_{可供} \tag{6-47}$$

式中，$Q_{补调水}$、$Q_{可供}$ 分别指乌梁素海调水补水量和黄河在该时段可供水量。

调水补水优化计算模型：

目标函数：$\mathrm{Min}(Q)$

约束条件：$|\Delta Q| \leqslant Q_{\max} - Q_{\min}$

$$Q_{\min} \leqslant Q \leqslant Q_{\max}$$

$$C \leqslant C_{\mathrm{sta}}$$

$$Q_{\text{补调水}} \leqslant Q_{\text{可供}}$$

6.5.2 调水补水方案

以目前的排灌系统来水状况，乌梁素海富营养化限制因子总磷 1 年和 10 年达地表水环境质量标准（GB 3838-2002）Ⅳ水标准的生态需水量分别为 186930 万 m³ 和 155900 万 m³，根据湖泊实际情况若直接从黄河引该数量的水会使乌梁素海面积扩大至目前的 2~3 倍，造成周围农田村庄被淹，成本较高，故没有实际意义。

结合乌梁素海生态需水量、水质和库容现状及黄河水资源状况，综合乌梁素海各项服务功能，拟定凌汛期相机向乌梁素海补水 4200 万 m³、24000 万 m³ 和 35000 万 m³，此时乌梁素海相应调蓄库容为 32200 万 m³、45000 万 m³ 和 60000 万 m³。

1）现状生态补水调水

（1）补水调水方案。自 2003 年以来，为改善乌梁素海水质，有关部门连续 8 年在凌汛期、黄河水位较高的时期和灌溉间歇期向乌梁素海补水，年均补水量 4200 万 m³ 左右，并有逐年提高趋势。凌汛期补水主要集中在 3 月中旬~4 月中旬，历时 20 多天，具体补水时间依黄河石嘴山段开河期流凌时间而定。

（2）运行方式。根据现状年均入湖排干水量 56000 万 m³ 左右的条件下和《巴彦淖尔市乌梁素海综合调控运行方案》相关规定，在灌区汛期，乌毛计闸下泄流量控制在 40m³/s 以下；非汛期根据乌梁素海水位，开启乌毛计闸向黄河排水；在黄河凌汛期或高水位时，关闭挡黄闸，禁止排水；当黄河三湖河口断面流量低于 40m³/s 时，对乌毛计闸下各排水单位实施限制。现状年在雨季来临之前的 6 月，乌梁素海向黄河排水按 5000 万 m³ 控制，预留部分库容滞蓄山洪；10 月在黄河封冻之前下泄 4200 万 m³，预留部分库容在凌汛期相机生态补水，兼顾防凌要求。现状条件下调水补水运行方案如表 6-4 所示。

表 6-4 现状条件下乌梁素海调度运用方式表 单位：×10⁴m³

	1 月	2 月	3 月	4 月	5 月	6 月	7 月
排干进水	964.9	691.1	913	1248.1	5618.8	4897.4	4206.1
凌期分水			2100	2100			
出湖						5000	

	8 月	9 月	10 月	11 月	12 月	合计
排干进水	2722.2	2339.2	7735.5	8732.1	2431.6	42500
凌期分水						4200
出湖			4200			9200

2）2015 水平年和 2020 水平年生态补水调水

（1）补水调水方案。根据《乌梁素海生态修复项目规划方案》将实施清淤和巩固堤坝工程，将乌梁素海建设成内蒙古最大的平原水库，乌梁素海最大库容量可以达到 94300 万 m³。2015 水平年和 2020 水平年每年 3 月中旬~4 月中旬的凌汛期可分别向乌梁素海调补黄河水 24000 万 m³ 和 35000 万 m³，乌梁素海相应调蓄库容为 45000 万 m³ 和 60000 万 m³。预计 2015 水平年和 2020 水平年排灌系统排水水质保持现有状况、排水量为 30000 万 m³ 条件下，凌汛期分别调补 24000 万 m³ 和 35000 万 m³ 黄河水，要使乌梁素海水质达到地表水环境质量标准（GB 3838-2002）Ⅳ类水标准，需要将排灌水在进入乌梁素海之前进行芦苇湿地自然净化，参考国内外有关研究（钱鸣飞等，2008），估算需要农田退水芦苇湿地处理系统的面积分别为 155km² 和 120 km²。

（2）运行方式。在乌梁素海北部小海子区域、总排干沿线和湖区西岸八九排入湖口附近建设相应水平年所需要的农田退水芦苇湿地处理系统 155km² 和 120 km²。水量调补运行方面，在相应水平年每年雨季来临之前的 6 月，在三湖河口流量小于 200m³/s 时开启乌毛计闸，控制下泄流量为 100m³/s，按照 5000 万 m³ 控制向黄河干流退水以预留部分库容滞蓄山洪；10 月在黄河封冻之前下泄部分水量，预留部分库容便于凌汛相机生态补水。2015 水平年和 2020 水平年水量调补运行方案如表 6-5、表 6-6 所示。

表 6-5　2015 水平年乌梁素海调度运用方式表　　　　单位：×10⁴m³

	1 月	2 月	3 月	4 月	5 月	6 月	7 月
排干进水	681.09	487.86	644.5	881.04	3966.2	3457	2969
凌期分水			10000	10000			
出湖						5000	
	8 月	9 月	10 月	11 月	12 月	合计	
排干进水	1921.5	1651.2	5460.4	6163.9	1716.4	30000	
凌期分水						20000	
出湖			20000			25000	

表 6-6　2020 水平年乌梁素海调度运用方式表　　　　单位：×10⁴m³

	1 月	2 月	3 月	4 月	5 月	6 月	7 月
排干进水	681.09	487.86	644.5	881.04	3966.2	3457	2969
凌期分水			15000	15000			
出湖						5000	
	8 月	9 月	10 月	11 月	12 月	合计	
排干进水	1921.5	1651.2	5460.4	6163.9	1716.4	30000	
凌期分水						30000	
出湖			30000			35000	

6.6　本章小结

应用试验方法测得了乌梁素海明水区域蒸发量和芦苇区及沼泽区的腾发量，建立了乌梁素海明水区蒸发与陆地 E601 型蒸发器蒸发量间折算的经验公式 $Y=1.491+1.015X$，芦苇区腾发量经验公式 $E_c=0.661D_{1.50}(1+0.226S)$；在生长季节，芦苇区腾发量大于明水区蒸发量，Kp 均值为 1.43；沼泽区腾发量小于明水区蒸发量，Kp 平均值为 0.89；结合遥感解译的面积，估算出乌梁素海年总蒸发量为 58900 万 m^3。

乌梁素海水平衡分析结果显示，乌梁素海年均流入与流出水量分别为 74903.19 万 m^3 和 78685.5 万 m^3，年出入湖水量相对偏差为 4.81%。分别从三个层面运用相应方法估算乌梁素海生态需水量，得出在现有排干来水情况下乌梁素海水量平衡时生态需水量为 3782.31 万 m^3；考虑盐分和总磷平衡时的生态需水量分别为 15019 万 m^3 和 162877 万 m^3；盐分和总磷 1 年达地表水环境质量Ⅳ类水标准的生态需水量分别为 57100 万 m^3 和 186930 万 m^3，盐分和总磷 10 年达地表水环境质量Ⅳ类水标准的生态需水量分别为 48550 万 m^3 和 155900 万 m^3。根据乌梁素海优化调水补水模型，结合湖泊实际状况和流域水资源分配，提出了现状条件、2015 水平年、2020 水平年分别可从黄河调水 4200 万 m^3、24000 万 m^3 和 35000 万 m^3 条件下乌梁素海水量调度方案和具体可行措施。

参 考 文 献

曹杨, 尚士友, 杨景荣, 等. 2010. 乌梁素海湿地时空动态演化. 地理科学进展, 29(3): 317–311

金相灿. 1995. 中国湖泊环境. 第二册. 北京: 海洋出版社, 496–501

闵骞. 道尔顿公式的应用研究. 水利水电科技进展, 2005, 25(1): 17–20

钱鸣飞, 李勇, 黄勇. 2008. 芦苇和香蒲人工湿地系统净化微污染河水效果比较. 工业用水与废水, 39(6): 55–58

Duan X N, Wang X K, Mu, Y J. 2005. Seasonal and diurnal variations in methane emissions from Wuliangsu Lake in arid regions of China. Atmospheric Environment, 39(25): 4479–4487

Liu S H, Yu X X, Yu Z M. 2001. Study on the precipitation chemical elements property of the water resource protection forest in the Miyun reservoir watershed. Chinese Journal of Applied Ecology, 12(5): 697–700

Penman H L. 1956. Evaporation-an introductory survey. Netherlands Journal of Agricultural Science, 4(1): 9–29

Sartori E. 2000. A critical review on equations employed for the calculation of the evaporation rate from free water surface. Solar Energy, 68(1): 77–89

Seginer I. 1971. Wind effect on the Evaporation rate. Journal of Applied Meteorology, 10(2): 215–220

Shah M M. 1992. Calculating evaporation from pool and tanks. Heating, Piping, Air conditioning, 64: 69–71

Smith C C, Lof G, Jones R. 1994. Measurement and analyze of evaporation from an inactive outdoor swimming pool. Solar Energy, 53: 3–8

Szeica G, McMonagle R C. 1983. The heat balance of urban swimming pools. Solar Energy, 30(3): 247–259

第7章 乌梁素海生态系统服务功能与生态系统健康评价

随着科技进步和全球经济的高速增长,人类正在史无前例地改变着地球的面貌,同时也导致了如资源耗竭、水土流失、土地荒漠化、臭氧层破坏、生物多样性减少和各种各样的环境污染等全球性的生态环境问题,这些问题已经严重影响到地球生命支持系统的稳定性和持续性,使得生态系统服务功能大为减弱。这引起人们对生态环境的关注,生态系统健康的研究也应运而生。生态系统健康研究丰富了现代生态学的研究内容,它将自然科学、社会科学和健康科学联系在一起,为全球生态环境问题的解决探索出了一条新的途径,为实现人与自然和谐相处以及健康、可持续发展带来了新的希望。

7.1 乌梁素海生态系统服务功能评价

7.1.1 湖泊生态系统概念

生态系统(ecosystem)指由生物群落与无机环境构成的统一整体(牛翠娟和孙儒泳,2002)。湖泊生态系统是以湖泊为中心,包括湖滨带在内的、由生物群落及其周围环境组成的相互影响、彼此依赖的动态的复合系统。

7.1.2 湖泊生态系统的组成结构

湖泊生态系统由非生物环境(或称之为非生命物质)、生产者、消费者和分解者四部分组成。

非生物环境包括参加物质循环的无机元素和化合物,联系生物和非生物成分的有机物质和气候及其他物理条件。

生产者指能利用无机物质通过光合作用制造食物的自养生物,包括所有绿色植物、蓝绿藻和少数化能合成细菌等。这些生物可以通过光合作用把水和二氧化碳等无机物合成为碳水化合物、蛋白质和脂肪等有机化合物,并把太阳辐射能转化为化学能,储存在合成有机物的分子键中。生产者通过光合作用不仅为本身的生存、生长和繁殖提供营养物质和能量,而且它所制造的有机物质也是消费者和分解者唯一的能量来源。生产者是生态系统中最基本和最关键的生物成分。太阳能只有通过生产者的光合作用才能源源不断地输入生态系统,然后再被其他生物所利用。

所谓消费者是针对生产者而言,即本身不能用无机物质制造有机物质,而是直接或间接地依赖于生产者所制造的有机物质，因此属于异养生物。

分解者是异养生物，它们分解动植物的残体、粪便和各种复杂的有机化合物，吸收某些分解产物，最终能将有机物分解为简单的无机物，而这些无机物参与物质循环后可被自养生物重新利用。分解者主要是细菌和真菌，也包括某些原生动物和蚯蚓、白蚁、秃鹫等大型腐食性动物。

分解者在生态系统中的基本功能是把动植物死亡后的残体分解为比较简单的化合物，最终分解为最简单的无机物并把它们释放到环境中去，供生产者重新吸收和利用。分解过程对于物质循环和能量流动具有非常重要的意义，所以分解者在任何生态系统中都是不可缺少的组成成分。

7.1.3　湖泊生态系统服务功能分析

湖泊生态系统为人类生存和发展提供了众多物质资源和生存条件。这些由自然系统的生态环境、生物和生态过程所产生的物质及其所维持的良好生活环境对人类的服务性能称为湖泊生态系统服务功能。它不仅是人类生存与发展的生态环境条件，也是经济社会发展的基础资源。根据湖泊生态系统提供服务的机制和效用，把湖泊生态系统的服务功能划分为供给功能、支撑功能、调节功能和景观功能四大类。

供给功能是指湖泊生态系统能为人类生存和发展提供各种产品，如鱼类、鸟兽等水禽产品，芦苇、蒲草等工业原料，以及用于工农业生产和生活的水资源等。

支撑功能指湖泊生态系统支撑其他各项服务功能的基础功能，主要指维护区域生物多样性和生态系统平衡。

调节功能指湖泊生态系统具有调节气候、维护区域碳平衡、调蓄洪水、调风固沙、净化水质等。

景观功能指湖泊生态系统为人类提供休闲娱乐场所和景观，陶冶情操，丰富人们的精神文化生活。

7.1.4　湖泊生态系统服务功能影响因子

湖泊生态系统服务功能能否正常发挥以及发挥的程度受多种自然条件和人为条件的影响。自然条件包括气象条件、区域水文地质、水质状况、水生态、生物多样性、景观格局等。人为因素包括两个方面，一方面是指人类活动对湖泊及周围区域改造所强加的人为意志对其服务功能产生的有益或有害影响，二是生态系统服务功能的发挥还取决于人类的满足感。

7.1.5　乌梁素海功能与定位

1. 乌梁素海是内蒙古河套灌区的排泄区

作为亚洲最大的一首制自流引水灌区和全国三个特大型灌区之一的内蒙古河套灌区灌排体系的重要组成部分，乌梁素海承纳了灌区所有灌溉退水、部分城镇生活污水和工业废水，年排入水量56000万m³左右，对于控制灌区水盐平衡、维持灌区水环境系统和区域粮食安全发挥着重要作用。

2. 乌梁素海是我国重要的生物多样性功能区

乌梁素海属于全球荒漠半荒漠地区极为少见的具有生物多样性和环保多功能性的大型草型湖泊，是地球同纬度最大的自然湿地，被列入国际重要湿地名录。目前湖区内有各种鸟类230多种600余万只，其中国家一级保护鸟类9种，二级保护鸟类36种，是全球十分著名的鸟类迁徙地和繁殖地，国际八大候鸟迁徙通道的重要节点，也是我国西北地区的疣鼻天鹅之乡。可以说，乌梁素海这块湿地的存在，对于保持我国湿地生物多样性、保护水生动植物资源和维护生态平衡，发挥着不可替代的作用。

3. 乌梁素海是区域水生态系统的缓冲区

乌梁素海湿地具有较强的降解污染和净化水质的功能，据中国、挪威、瑞典三国共同参与的"乌梁素海综合整治研究"成果显示，湿地内的芦苇、香蒲和各种沉水植物及浮游生物，对湖水的净化率达到50%~80%。进入乌梁素海的各种水源，经生物净化后再排入黄河，起到了净化和改善水质的关键作用，有效防止了黄河水体污染。湖区每年通过渗漏补给周边地下水，通过蒸腾作用向大气补水，对于涵养水源、增加河水、抵御西北地区荒漠化进程，调节我国西北、华北地区气候，特别是呼包和京津冀气候具有十分重要的作用。

4. 乌梁素海是黄河流域重要的调节库

乌梁素海是黄河凌汛期和当地局部暴雨洪水的唯一泄洪库，这些来水经乌梁素海缓冲消能后，泄入黄河，有效减轻了黄河和巴彦淖尔市的防洪防汛压力，对于维系黄河水系安全发挥着非常重要的作用，对于内蒙古河套灌区农业生产、水土保持、人民生命及财产安全也起着十分重要的保护作用。乌梁素海同时也是确保黄河内蒙古段枯水期不断流的重要水源补给库，能有效缓解黄河干流的用水紧张局面。

5. 乌梁素海是区域经济社会发展的重要载体

乌梁素海和巴彦淖尔水资源富集，可以依托国家一类陆路口岸甘其毛都，利用蒙古国铜、煤等资源落地加工，可以通过临侧铁路承接我国新疆以及蒙古国资源，毗邻呼包鄂金三角，可以提供相对充足的水资源，支持区域发展。另外，乌梁素海本身丰富的芦苇资源、水产资源、旅游资源，都是周边各族群众最基本的生产生活载体，对于保障区域经济社会发展具有极为重要的作用。

7.1.6　乌梁素海生态系统服务功能及其影响因子分析

1. 供给功能

主要指芦苇等原材料的供给、鱼类等水产品的供给和水资源的供给。乌梁素海渔业分为湖区自然生长和人工网箱养殖两类，主要以鲤、鲫、草鱼、鲢、乌鳢为主，是内蒙古自治区的第二大渔场，鱼年总产量达 $5×10^3$ t，其中黄河鲤占到近一半。乌梁素海是当地重要的芦苇生产基地，芦苇面积约占湖面的 1/2，主要分布在湖的中部、西岸和北部，年产芦苇约 $9×10^4$ t（干重），是当地造纸厂的主要原料基地。湖区内年产水草 $1×10^5$ t（干重），营养成分齐全，氨基酸配比合理，可制成优质草粉饲料或各种全价配合饲料。乌梁素海在黄河枯水期向黄河补水，能有效遏制黄河水质污染和下游断流。供给功能主要受三个方面因素的影响，包括湖泊的水质状况、水文特征和水生生物多样性。近年来由于乌梁素海水质污染严重，导致野生鱼类种类减少，产量不断降低；由于人工芦苇面积扩大和蔓延，芦苇产量升高。

2. 支撑功能

主要指对水生生物多样性的保护作用。乌梁素海是世界上著名的鸟类迁徙地和繁殖地，是国际上八大候鸟迁徙通道的重要节点。丰富的水草和得天独厚的湿地环境是鸟类觅食和栖息的绝佳境地。目前湖区内有各种鸟类 230 多种 600 多万只，其中被列入国家一级保护动物的有 9 种，国家二级保护动物 36 种。每年的 3~10 月大量的疣鼻天鹅在此栖息繁衍，因此乌梁素海又被誉为"塞外白洋淀"、草原上的"天鹅湖"。湖内共有鱼类 4 目 7 科 21 种，以鲤、鲫为主；有大型水生植物 11 种，属 6 科 6 属，其中以芦苇和龙须眼子菜、穗花狐尾藻为优势种。共有浮游植物 7 门 58 属，浮游动物 34 属 62 种，底栖动物 4 科 11 种。乌梁素海是亚洲重要的湿地系统生物多样性保护区，对于保护水生动植物资源，保持湿地生物多样性和维护区域生态平衡，发挥着不可替代的作用。支撑功能主要受水质状况、空间物理结构、水文特征等因子的影响。

3. 调节功能

主要指承泄灌区排水、调节水资源、防洪防汛、滞蓄凌峰、净化水质和调节气候的作用。乌梁素海是内蒙古河套灌区灌排网络的重要组成部分，它接纳了灌区 90% 以上的农田排水，年排盐 $1.2×10^6$ t，在控制灌区水盐平衡、抑制土壤盐渍化、维持灌区环境系统平衡和灌区可持续发展方面发挥着巨大作用。乌梁素海位于黄河内蒙古段中间，可以在洪峰期凌汛期蓄存水量，在河道枯水期向黄河补水。乌梁素海湿地具有较强的降解污染和净化水质的功能，湿地系统中的沼生、水生植物在减缓水流的同时，能够促进悬浮物沉降，吸收有毒物质净化水质。湿地土壤及生存于其中的多样的植物群落、微生物群落能够吸附、吸收和分解污染物，净化环境。乌梁素海强大的生物降解能力和一定的环境容量，使灌区农田排水、工业废水和生活污水得到有效稀释，避免了污水直排黄河，减轻了黄河水质风险。乌梁素海广阔的水域面积通过吸收、释放热量调节局地气温，减少昼夜温差。同时乌梁素海植被能够吸收二氧化碳，促进区域碳循环和维持碳平衡，湿地还具有涵养水源、保持水土、防风固沙、保护生物多样性等生态调节功能。这一功能受水文特征水量、水质状况、空间物理结构和水生生物多样性、湖泊景观等因子的影响。

4. 景观功能

随着社会的发展和人类生活水平的提高，人类在追求物质满足感的同时，越来越需要丰富精神文化生活，越来越需要与大自然相接触的娱乐空间。在干旱和半干旱草原上，气候适宜、环境优越、风光独特的乌梁素海是游人体验鸟语花香、碧波荡漾的绝佳之地。乌梁素海的这一功能与水文特征、水质状况、空间物理结构、水生生物多样性及湖泊景观五个影响因子都有关，而且，这一功能是随着时间的演进逐渐增强的。

7.1.7　基于改进 AHP 的乌梁素海生态系统服务功能评价

1. 评价方法

层次分析法（Analytic Hierarchy Process，AHP）是将决策有关的元素分解成目标、准则、方案等层次，在此基础之上进行定性和定量分析的决策方法（Saaty，1980；许树柏，1988）。该方法是美国运筹学家 T. L. Satty 于 20 世纪 70 年代初，在应用网络系统理论和多目标综合评价方法的基础上提出的一种层次权重决策的分析方法。这种方法的特点是在对复杂决策问题的本质、影响因素及其内在关系等进行深入分析的基础上，利用较少的定量信息使决策思维过程数学化，从而为多目标、多准则或无结构特性的复杂问题提供简便的决策方法（谭跃进等，1999）。改进的层次分析法是在层次分析法（AHP）基础上引入最优传递矩阵的概念，以严密的数学理论作支撑，较好实现了定性分析与定量分析相结合。

1）建立层次结构模型

运用改进的 AHP 进行系统分析，首先要将问题所包含的因素分组，每一组作为一个层次，按照最高层、若干有关的中间层和最低层的形式排列起来。

2）构造判断矩阵

改进 AHP 的信息基础主要是人们对每一层次各因素的相对重要性给出的判断，这些判断用数值表示成矩阵形式即判断矩阵，它表述了每一层各要素相对其上层某要素的相对重要程度。

所构造的判断矩阵为：

$$A = \begin{bmatrix} a_{11} & a_{12} & \cdots & a_{1j} & \cdots & a_{1n} \\ a_{21} & a_{22} & \cdots & a_{2j} & \cdots & a_{2n} \\ \vdots & \vdots & \vdots & \vdots & \vdots & \vdots \\ a_{i1} & a_{i2} & \cdots & a_{ij} & \cdots & a_{in} \\ \vdots & \vdots & \vdots & \vdots & \vdots & \vdots \\ a_{n1} & a_{n2} & \cdots & a_{nj} & \cdots & a_{nn} \end{bmatrix} \qquad (7\text{-}1)$$

式中，a_{ij} 表示针对相邻上一层次要素 c_k 而言，要素 A_i 相对于要素 A_j 重要程度的数值，即重要性的标度。采用 "1~9" 的标度法，则 a_{ij} 取 1, 2, 3…9 及它们的倒数。其含义为：a_{ij} =1, 3, 5, 7, 9 分别表示式 A_i 和 A_j 一样重要、A_i 比 A_j 稍微重要、A_i 比 A_j 明显重要、A_i 比 A_j 强烈重要、A_i 比 A_j 绝对重要；它们之间的 2, 4, 6, 8 分别表示上述两相邻判断的中值；因素 A_i 与 A_j 比较得 a_{ij}，则因素 A_j 与 A_i 比较得 $a_{ji} = \dfrac{1}{a_{ij}}$。判断矩阵 $A = \left(a_{ij}\right)_{n \times n}$ 有如下性质：

① $a_{ij} > 0$，$(i, j = 1, 2, \cdots n)$；

② $a_{ji} = \dfrac{1}{a_{ij}}$，$(i, j = 1, 2, \cdots n)$；

③ $a_{ii} = 1$，$(i = 1, 2, \cdots n)$。

由以上这些性质可知构造判断矩阵只需给出 $n(n-1)/2$ 个判断值。

3）层次单排序

在构造判断矩阵之后，求出判断矩阵的最大特征值 $\lambda_{\max}$ 和对应的特征向量 W，W 经过标准化后，即为同一层次中相应元素对于上一层次中的某个因素相对重要性的排序权值，这一过程称为层次单排序。

总的步骤为：

（1）依据矩阵 A，得到矩阵 $B = \lg A$，即 $b_{ij} = \lg a_{ij}$ $(i, j = 1, 2, \cdots n)$；

（2）依据 $c_{ij} = \dfrac{1}{n} \sum_{k=1}^{n} \left(b_{ik} - b_{jk}\right)$，得到矩阵 C；

（3）依据 $a_{ij}^{*} = 10^{c_{ij}}$，得到矩阵 A^{*}；

（4）求矩阵 A^{*} 的特征向量，然后将其归一化所得的向量 W 即为层次单排序的结果。（不需要一致性检验）。

4）层次总排序

层次总排序是计算同一层次所有因素对于最高层（总目标）相对重要性权值的排序，即指标层的次序排列。总排序是在各层单排序基础上，从最高层到最低层逐层进行。假定层次结构模型共分 3 层，即目标层 A、准则层 B 和指标层 C。准则层各要素 $C_1, C_2, \cdots C_n$ 对于目标 A 的单排序已经完成，其数值分别为 $w_1, w_2 \cdots w_n$；且指标层各要素 $I_1, I_2, \cdots I_n$ 对 C_j 的层次单排序结果是 $w_1^{j}, w_2^{j}, \cdots w_n^{j}$，则层次总排序（指标 I_i 对目标 A 的权值）为

$$\sum_{j=1}^{m} w_j w_i^{j}，(i = 1, 2, \cdots n)。$$

2. 乌梁素海生态系统服务功能评价

1）生态系统服务功能层次结构模型构建

以实现乌梁素海生态系统服务功能为目标层，以各功能为准则层，各影响因素为指标层构建层次结构模型。如图 7-1 所示。

2）构造判断矩阵

根据乌梁素海生态系统各项服务功能的重要性比较构造判断矩阵 A（相对于总目标而言，各准则之间的相对重要性比较）：

$$A = \begin{bmatrix} 1 & \dfrac{1}{2} & \dfrac{1}{3} & \dfrac{1}{5} \\ 2 & 1 & \dfrac{1}{6} & \dfrac{1}{4} \\ 3 & 6 & 1 & 2 \\ 5 & 4 & \dfrac{1}{2} & 1 \end{bmatrix}$$

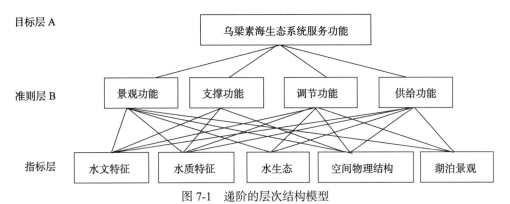

图 7-1　递阶的层次结构模型

同上，构造判断矩阵 A_1、A_2、A_3 和 A_4（分别为相对于调节、支撑、供给和景观功能而言，各指标间的相对重要性比较）：

$$A_1 = \begin{bmatrix} 1 & \dfrac{1}{2} & 5 & 4 & 2 \\ 2 & 1 & 6 & 5 & 3 \\ \dfrac{1}{5} & \dfrac{1}{6} & 1 & \dfrac{1}{2} & \dfrac{1}{4} \\ \dfrac{1}{4} & \dfrac{1}{5} & 2 & 1 & \dfrac{1}{3} \\ \dfrac{1}{2} & \dfrac{1}{3} & 4 & 3 & 1 \end{bmatrix}, \quad A_2 = \begin{bmatrix} 1 & \dfrac{1}{4} & \dfrac{1}{3} & 1 \\ 4 & 1 & 2 & 4 \\ 3 & \dfrac{1}{2} & 1 & 2 \\ 1 & \dfrac{1}{4} & \dfrac{1}{2} & 1 \end{bmatrix},$$

$$A_3 = \begin{bmatrix} 1 & \dfrac{1}{3} & 3 \\ 3 & 1 & 5 \\ \dfrac{1}{3} & \dfrac{1}{5} & 1 \end{bmatrix}, \quad A_4 = \begin{bmatrix} 1 & \dfrac{1}{2} & 3 & 4 & 2 \\ 2 & 1 & 4 & 5 & 3 \\ \dfrac{1}{3} & \dfrac{1}{4} & 1 & 2 & \dfrac{1}{2} \\ \dfrac{1}{4} & \dfrac{1}{5} & \dfrac{1}{2} & 1 & \dfrac{1}{3} \\ \dfrac{1}{2} & \dfrac{1}{3} & 2 & 3 & 1 \end{bmatrix}。$$

3）层次单排序

依据 $b_{ij} = \lg a_{ij} (i,j=1,2,\cdots n)$，得到矩阵 B：

$$B = \begin{bmatrix} 0 & -0.301 & -0.477 & -0.699 \\ 0.301 & 0 & -0.778 & -0.602 \\ 0.477 & 0.778 & 0 & 0.301 \\ 0.699 & 0.602 & -0.301 & 0 \end{bmatrix}。$$

依据 $c_{ij} = \dfrac{1}{n} \sum\limits_{k=1}^{n} (b_{ik} - b_{jk})$，得到矩阵 C：

$$C = \begin{bmatrix} 0 & -0.0995 & -0.758 & -0.619 \\ 0.0995 & 0 & -0.659 & -0.520 \\ 0.758 & 0.659 & 0 & 0.139 \\ 0.619 & 0.520 & -0.139 & 0 \end{bmatrix}。$$

依据 $a_{ij}^* = 10^{c_{ij}}$ 得到矩阵 A^*：

$$A^* = \begin{bmatrix} 1 & 0.795 & 0.174 & 0.240 \\ 1.257 & 1 & 0.219 & 0.302 \\ 5.733 & 4.559 & 1 & 1.377 \\ 4.162 & 3.310 & 0.726 & 1 \end{bmatrix}。$$

求矩阵 A^* 的特征向量并将其归一化得向量 W，即为层次单排序的结果。

$$W = \begin{bmatrix} 0.082 & 0.103 & 0.472 & 0.342 \end{bmatrix}^{\mathrm{T}}$$

同上，可计算得各权向量 W_1、W_2、W_3 和 W_4：

$$W_1 = \begin{bmatrix} 0.274 & 0.425 & 0.058 & 0.073 & 0.171 \end{bmatrix}^{\mathrm{T}}$$

$$W_2 = \begin{bmatrix} 0.219 & 0.538 & 0.121 & 0.121 \end{bmatrix}^{\mathrm{T}}$$

$$W_3 = \begin{bmatrix} 0.258 & 0.637 & 0.105 \end{bmatrix}^{\mathrm{T}}$$

$$W_4 = \begin{bmatrix} 0.263 & 0.417 & 0.097 & 0.062 & 0.160 \end{bmatrix}^{\mathrm{T}}$$

4）层次总排序

层次总排序就是针对目标层而言的指标层的次序排列。它是在各层单排序基础上，从上到下逐层进行。乌梁素海生态系统服务功能层次结构模型共分 3 层，即目标层 A、准则层 B 和指标层 C。准则层各要素 $C_1, C_2, \cdots C_m$ 对于目标层 A 的单排序分别为 $w_1, w_2 \cdots w_m$；指标层各要素 $I_1, I_2, \cdots I_m$ 对 C_j 的层次单排序结果是 $w_1^j, w_2^j, \cdots w_m^j$，则层次总排序为 $\sum\limits_{j=1}^{m} w_j w_i^j$，$i = 1, 2, \cdots n$。乌梁素海生态系统服务功能层次总排序计算结果如表 7-1 所示。

5）结果分析

计算结果（表 7-1）表明，乌梁素海生态系统各项服务功能的重要性排序（由重到轻）为：调节功能–供给功能–支撑功能–景观功能，这与乌梁素海主要接纳河套灌区退水，在黄河内蒙古河段枯水期向黄河补给水源，以及黄河汛期、凌期和当地局地暴雨时

表 7-1　层次总排序计算结果

| | C_1 | C_2 | C_3 | C_4 | 层次总排序 | 指标（因子） |
	0.082	0.103	0.472	0.342	权值	排序
I_1	0.258	0.219	0.274	0.263	0.264	2
I_2	0.637	0.538	0.425	0.417	0.452	1
I_3	0.105	0.121	0.073	0.062	0.079	4
I_4	0	0.121	0.073	0.062	0.069	5
I_5	0	0	0.171	0.16	0.136	3

作为滞洪库，并且是当地鱼类等水产品及经济作物芦苇的主要来源地的功能相符合。对影响这些功能的因子，根据表 7-1 中层次总排序权值的大小进行重要性排序（由重到轻）为：水质状况–水文特征–湖泊景观–水生态–空间物理结构，这为合理排列湖泊生态系统服务功能影响因子保护力度的主次顺序提供了参考，即要充分发挥乌梁素海生态系统服务功能，首先需保证水质优良、水量充足并具有一定的流动性；其次，要构建优美和谐的湖泊景观；然后，提高水生态系统中的生物多样性，建立和谐的水生生物与环境生态复合体；最后，在物理结构方面，尽可能地减少人为破坏，既要维护其生态功能和美学价值，又达到稳固的目的。

7.2　湖泊生态系统健康评价

生态系统健康概念最早出现在 20 世纪 70 年代，生态系统健康是指系统内的物质循环和能量流动未受到损害，关键生态组分和有机组织保存完整，且缺乏疾病，对长期或突发的自然或人为扰动能保持着弹性和稳定性，整体功能表现出多样性、复杂性、活力和相应的生产率，其发展终极是生态整合性（高桂芹，2006）。生态系统健康内涵包含两方面，即满足人类社会合理要求的能力和生态系统本身自我维持与更新的能力，前者是后者的目标，而后者是前者的基础（李瑾等，2001）。生态系统健康应具有以下特征：不受对生态系统有严重危害的生态系统胁迫综合征的影响；具有恢复力，能够从自然的或人为的正常干扰中恢复过来；在没有或几乎没有投入的情况下，具有自我维持能力；不影响相邻系统，也就是说，健康的生态系统不会对别的系统造成压力；不受风险因素的影响；在经济上可行；维持人类和其他有机群落的健康，生态系统不仅是生态学的健康，而且还包括经济学的健康和人类健康（肖风劲和欧阳华，2002）。湖泊生态系统健康研究就是为了解决湖泊生态系统在发展的过程中，由于人类不合理的开发利用而影响系统健康发展的矛盾，从而寻求人类与湖泊和谐相处及健康、可持续发展的路径。

7.2.1　湖泊生态系统健康评价方法

1. 指示物种法

指示物种评价生态系统健康，主要是依据生态系统的指示物种、特有物种、关键物种、濒危物种和环境敏感物种等的数量、生物量、生产力、结构指标、功能指标及一些生理生态指标来描述生态系统的健康状况。指示物种评价法一般适用于自然生态系统的健康评价。该方法是生态系统健康研究的基本方法，但因指示物种的筛选标准及指示物种监测参数不明确，该方法的应用受到限制。

2. 指标体系法

指标体系法是指结合物理、化学和生物学的方法，并借鉴常规的湖沼学、生态学、生理学和毒理学手段建立指标体系，对大量复杂信息进行综合。指标体系法在应用时应注意考虑不同组织水平和尺度，物种类群选择时要综合考虑不同尺度和不同组织水平下的物种，同时应考虑不同物种间在同一组织水平内的相互作用和不同时间尺度时物种监测指标的变化。

3. 综合健康指数法

综合健康指数法是在生态学理论框架下，应用人们对健康的观点和理念来描述湖泊生态系统的特征，确定生态系统破坏的最低和最高阈值，对系统健康状况划分等级，然后通过多因素和多指标的综合评价而得到定论，是在指标体系法的基础上构建的一种新评价方法。综合健康指数（comprehensive health index，CHI）是通过公式计算得到的一个取值在 0~1 的数值，当其值为 1 时代表生态系统的健康状态最好，取值为 0 时代表生态系统的健康状态最差，取值在 0~1 时代表健康状况处于差和好之间。为了更清楚地描述生态系统所处健康状态，将 CHI 值划分为 0~0.2、0.2~0.4、0.4~0.6、0.6~0.8、0.8~1.0 共 5 个区间，分别对应着 5 种健康状态，即很差、差、中等、好、很好。当取值为边界值时根据从优不从劣的原则，健康状况按较优等级对待。

综合健康指数的计算公式如下：

$$CHI = \sum_{i=1}^{n} w_i \times I_i \tag{7-2}$$

式中，i 表示评价指标个数，$i=1,\cdots,n$；w_i 表示评价指标的权重；I_i 表示指标归一化值。

湖泊生态系统健康评价的综合健康指数法共分 5 步：首先选取评价指标，对各指标进行归一化处理，计算各指标权重，根据公式计算综合健康指数，最后根据计算得到健康指数值判断评价对象的健康状态。

7.2.2　乌梁素海生态系统健康评价

生态系统健康评价有多个指标，针对不同类型的生态系统，评价指标的选取不同。根据所研究湖泊的自然生态特征、主要服务功能和所在区域的社会经济环境状况，引入压力–状态–响应模型来确定评价指标体系（pressure-state-response，PSR）。

1. 评价范围

乌梁素海接纳了巴彦淖尔地区部分工业、城镇生活污水及河套灌区绝大部分农业退水，同时乌梁素海的出水直接影响到入黄河口以下黄河干流的水量和水质，本次评价的核心区界定为乌梁素海湖区，评价总面积为 7500km²，其中核心区面积为 410km²，涉及河套灌区面积 5740km², 山洪直接入湖水土流失区面积 1350km²。

2. 评价指标的选取

评价指标体系是广义的, 而针对某一具体的湖泊, 依照湖泊的自身条件和指标选取相关的原则, 选择最适宜的指标, 同时要考虑指标的完整性和指标值的可获得性。本节指标选取的时间序列为 2005~2009 年。

根据寒旱区湖泊特点, 压力指标选取区域社会经济部分指标和区域气象指标。区域社会经济部分指标包括耕地面积、农作物总播种面积、农林牧渔总产值, 区域气象指标包括平均气温、最高气温、最低气温、风速、降雨量、日照时数。

状态指标选取湖泊水质和底泥的部分监测指标, 包括溶解氧、电导、泥深、COD$_{cr}$、BOD$_5$、总氮、总磷、叶绿素和悬浮物。

响应指标选取政策法规贯彻力度、管理水平和公众环保意识 3 项定性指标, 同时, 乌梁素海引黄水量、排干出湖水量、入湖水量在一定程度上受政策和人为控制, 所以将该 3 项指标也纳入响应指标体系。具体指标选取如表 7-2 所示。

表 7-2 基于 PSR 模型的乌梁素海指标体系

压力指标	状态指标	响应指标
耕地面积	电导	引黄水量
农作物总播种面积	泥深	排干入湖水量
粮食播种面积	溶解氧	排干出湖水量
粮食总产量	COD$_{cr}$	政策法规贯彻力度
农林牧渔总产值	BOD$_5$	管理水平
平均气温	总氮	公众环保意识
最高气温	总磷	
最低气温	叶绿素	
风速	悬浮物	
降雨量		
日照时数		

3. 数据来源

本次评价所构建指标体系共包括 26 项指标, 其中定性指标 3 项、定量指标 23 项。耕地面积、农作物总播种面积、农林牧渔总产值数值来源于内蒙古河套灌区管理总局统计资料; 平均气温、最高气温、最低气温、风速、降雨量、日照时数来源于评价区 2 旗 2 县 1 区气象站点, 取其平均值; 水温、电导、泥深、浊度、透明度、溶解氧、COD$_{cr}$、BOD$_5$、总氮、总磷、叶绿素和悬浮物指标数值由笔者所在的内蒙古农业大学河湖湿地研究团队实验测得; 引黄水量、排干出入湖水量分别来自内蒙古河套灌区总排干沟管理局, 巴彦淖尔市水务局, 八排干、九排干沟管理局, 乌拉特前旗灌域管理局, 五原义长灌域管理局, 新安扬水站, 乌毛计闸管理处, 内蒙古沙盖补隆水文站; 政策法规贯彻力度、管理水平和公众环保意识分别请环保专家和乌梁素海保护区管理单位有关领导打分获得。评价的各指标值如表 7-3 所示。

表 7-3　乌梁素海生态系统健康评价指标值

指标	2005 年	2006 年	2007 年	2008 年	2009 年
耕地面积/万亩	888.525	887.595	871.425	878.16	884.74
农作物总播种面积/万亩	584.085	578.49	588.075	727.785	757.91
粮食播种面积/万亩	325.89	302.37	272.6	362.19	394.28
粮食总产量/t	1470436	1454524	1427577	1718337	1847739
农林牧渔总产值/万元	655856.3	683404.7	767911.7	930570.1	1095346
平均气温/℃	8.1	8.2	7.5	8	7.5
最高气温/℃	36.5	35.8	33.4	34	38.1
最低气温/℃	−22.5	−27.3	−26	−23.9	−25.1
风速/(m/s)	2.9	2.67	2.74	2.77	2.54
降雨量/mm	160.66	167.09	257.5	212.41	284.69
日照时数/h	3160.1	3137.6	3126.3	3169.2	3325.8
电导/(ms/cm)	3.96	4.7	3.12	4.87	3.78
泥深/m	0.5	0.62	0.73	0.81	0.81
溶解氧/(mg/L)	5.58	7.58	5.27	6.85	7.16
COD_{cr}/(mg/L)	70.55	85.52	72.65	73.93	81.84
BOD_5/(mg/L)	5.25	6.78	5.07	4.67	6.5
总氮/(mg/L)	4.08	4.41	5.03	4.91	2.05
总磷/(mg/L)	0.11	0.12	0.62	0.12	0.22
叶绿素/(mg/m³)	10.53	64.62	18.26	5.74	14.09
悬浮物/(mg/L)	52.15	69.62	54.63	63.47	59.11
引黄水量/(×10⁸m³)	0.634	0.434	0.664	0.227	0.593
排干入湖水量/(×10⁸m³)	3.342	3.946	4.735	6.04	5.283
排干出湖水量/(×10⁸m³)	0.11	0.41	1.31	2.033	1.824
政策法规贯彻力度	7	7.5	7	7.3	8
管理水平	7	7.1	7.5	7.7	7.8
公众环保意识	6	6	6.5	7	7.5

4. 计算各指标归一化值

　　根据实际情况，计算乌梁素海生态系统健康评价各指标的归一化值时，定性指标选 10 为最佳值，叶绿素 a、COD_{cr}、总氮、总磷选取贫营养时响应值为最佳值，降雨量选近 60 年中的最大值即 2003 年的降雨量 493.8mm 为最佳值。各指标的归一化值如表 7-4 所示。

表 7-4　乌梁素海生态系统健康评价各指标的归一化值

指标	2005 年	2006 年	2007 年	2008 年	2009 年
耕地面积/万亩	1.000	0.999	0.981	0.988	0.996
农作物总播种面积/万亩	0.771	0.763	0.776	0.960	1.000
粮食播种面积/万亩	0.827	0.767	0.691	0.919	1.000
粮食总产量/t	0.796	0.787	0.773	0.930	1.000
农林牧渔总产值/万元	0.599	0.624	0.701	0.850	1.000
平均气温/℃	0.988	1.000	0.915	0.976	0.915
最高气温/℃	0.958	0.940	0.877	0.892	1.000
最低气温/℃	0.824	1.000	0.952	0.875	0.919
风速/(m/s)	1.000	0.921	0.945	0.955	0.876
降雨量/mm	0.325	0.338	0.521	0.430	0.577
日照时数/h	0.950	0.943	0.940	0.953	1.000
电导/(ms/cm)	0.813	0.965	0.641	1.000	0.776
泥深/m	0.617	0.765	0.901	1.000	1.000
溶解氧/(mg/L)	0.736	1.000	0.695	0.904	0.945
COD_{cr}/(mg/L)	0.047	0.039	0.045	0.045	0.040
BOD_5/(mg/L)	0.774	1.000	0.748	0.689	0.959
总氮/(mg/L)	0.122	0.132	0.151	0.147	0.062
总磷/(mg/L)	0.003	0.003	0.016	0.003	0.006
叶绿素/(mg/m³)	0.095	0.015	0.055	0.174	0.071
悬浮物/(mg/L)	0.749	1.000	0.785	0.912	0.849
引黄水量/(×10⁸m³)	0.955	0.654	1.000	0.342	0.893
排干入湖水量/(×10⁸m³)	0.553	0.653	0.784	1.000	0.875
排干出湖水量/(×10⁸m³)	0.054	0.202	0.644	1.000	0.897
政策法规贯彻力度	0.700	0.750	0.700	0.730	0.800
管理水平	0.700	0.710	0.750	0.770	0.780
公众环保意识	0.600	0.600	0.650	0.700	0.750

5. 权重

权重结果如表 7-5 所示。

6. 计算结果

按公式计算得综合健康指数如表 7-6 所示。

依据本节划分标准，乌梁素海生态系统所处健康状态如表 7-7 所示。由计算结果可以看出，在本节选取的评价时段内乌梁素海区域生态系统健康水平处于中等–偏好的状态，2005~2009 年这 5 年时间内综合健康指数逐年升高，表明乌梁素海区域总体生态系统健康状态逐年变好。这一方面是由于河套灌区实施科学施用化肥农药和推广节水灌溉技术，农业面源污染扩大趋势得到有效遏制；另一方面，政府相关部门和有关企业不断加大环保投入，城镇生活污水和工业废水处理效率逐年提高，入湖水质有所改善；同时，从气象角度分析，2007~2009 年降雨量较历史平均值偏大，这既有利于农业生产的发展也有益于湖泊水质的改善。

表 7-5　评价指标权重值

指标	权重	指标	权重
耕地面积	0.039	溶解氧	0.044
农作物总播种面积	0.042	COD_{cr}	0.051
粮食播种面积	0.027	BOD_5	0.048
粮食总产量	0.028	总氮	0.068
农林牧渔总产值	0.038	总磷	0.066
平均气温	0.023	叶绿素	0.061
最高气温	0.024	悬浮物	0.048
最低气温	0.018	引黄水量	0.063
风速	0.026	排干入湖水量	0.036
降雨量	0.049	排干出湖水量	0.030
日照时数	0.034	政策法规贯彻力度	0.020
电导	0.030	管理水平	0.031
泥深	0.031	公众环保意识	0.031

表 7-6　乌梁素海综合健康指数

年份	2005	2006	2007	2008	2009
健康指数	0.5752	0.6048	0.6153	0.6483	0.692

表 7-7　乌梁素海生态系统健康状态

年份	2005	2006	2007	2008	2009
健康状态	中等	好	好	好	好

7.3　本章小结

乌梁素海生态系统各项服务功能的重要性排序（由重到轻）为：调节功能–供给功能–支撑功能–景观功能，这与乌梁素海主要接纳河套灌区退水，在黄河内蒙古河段枯水期向黄河补给水源，以及在黄河汛期、凌期和当地局地暴雨时作为滞洪库，并且是当地鱼类等水产品及经济作物芦苇的主要来源地的功能相符合。

采用改进的 AHP 法，建立了自然满足一致性要求的判断矩阵，分析了乌梁素海各功能的相对重要性以及各影响因子的相对重要性，定性分析与定量分析相结合。

乌梁素海的管理机构可依据评价结果，统筹经济、社会和生态效益，遵循保护性开发原则，合理开发和保护乌梁素海，构建和谐的湿地–社会环境。

在前人研究的基础上，提出了生态系统健康的概念，认为生态系统健康是指系统内的物质循环和能量流动未受到损害，关键生态组分和有机组织保存完整，且缺乏疾病，对长期或突发的自然或人为扰动能保持着弹性和稳定性，整体功能表现出多样性、复杂性、活力和相应的生产率，其发展终极是生态整合性。

对生态系统健康评价的方法和评价的指标体系进行了分析，基于 PSR 模型构建了包括 26 个指标的寒旱区湖泊生态系统健康评价指标体系。

应用综合健康指数模型对乌梁素海生态系统健康进行了评价，结果表明 2005~2009 年乌梁素海生态系统健康处于中等偏好水平，并且逐年变好。

参 考 文 献

高桂芹. 2006. 东平湖湿地生态系统健康评价研究.中国优秀硕士学位论文, 6

李瑾, 安树青, 程小莉, 等. 2001. 生态系统健康评价的研究进展.植物生态学报, 25(6): 641–647

牛翠娟, 孙儒泳. 2002. 基础生态学(第 2 版). 北京: 高等教育出版社

许树柏. 1988. 层次分析法原理.天津:天津大学出版社

谭跃进, 陈英武, 易进先. 1999. 系统工程原理.长沙:国防科技大学出版社, 80

肖风劲, 欧阳华. 2002. 生态系统健康及其评价指标和方法.自然资源学报, 2(17): 203–209

Saaty T L. 1980. The Analytic Hierarchy Process. New York: McGraw-Hill, Inc